准噶尔盆地油气勘探开发系列丛书

新疆吉木萨尔页岩油优质储层评价

霍进 高阳 覃建华 等著

石油工业出版社

内 容 提 要

本书主要阐述了新疆油田吉木萨尔凹陷二叠系芦草沟组页岩油层基本特征及优质储层的识别等内容，在对页岩油勘探开发及国内外研究现状综述的基础上，按照优质储层评价的思路，详细探讨了新疆吉木萨尔页岩油层岩石学特征和成岩作用过程、储层特征、七性关系、优质储层的评价标准以及“甜点”的主控因素等方面的内容。

本书可作为高等院校资源勘查工程、勘查技术与工程和地质工程专业的参考教材，也可供油田生产和科研单位的地质工作者参考。

图书在版编目（CIP）数据

新疆吉木萨尔页岩油优质储层评价/霍进等著. —北京：石油工业出版社，2021.5

（准噶尔盆地油气勘探开发系列丛书）

ISBN 978-7-5183-4555-7

Ⅰ.①新…　Ⅱ.①霍…　Ⅲ.①油页岩-储集层-评价-吉木萨尔县　Ⅳ.①P618.130.2

中国版本图书馆 CIP 数据字（2021）第 036322 号

出版发行：石油工业出版社

（北京市朝阳区安华里 2 区 1 号楼　100011）

网　址：www.petropub.com

编辑部：（010）64523693　图书营销中心：（010）64523633

经　　销：全国新华书店

排　　版：三河市燕郊三山科普发展有限公司

印　　刷：北京中石油彩色印刷有限责任公司

2021 年 5 月第 1 版　2021 年 5 月第 1 次印刷

787 毫米×1092 毫米　开本：1/16　印张：11.75

字数：277 千字

定价：90.00 元

（如发现印装质量问题，我社图书营销中心负责调换）

《新疆吉木萨尔页岩油优质储层评价》编写人员

霍　进　高　阳　覃建华　王林生　王小军
叶义平　邹正银　王延杰　李映艳　印森林
董　岩　何吉祥　费繁旭　韩俊伟　彭寿昌
徐东升　雷祥辉　邓　远　张　方

序

准噶尔盆地位于中国西部，行政区划属新疆维吾尔自治区。盆地西北为准噶尔界山，东北为阿尔泰山，南部为北天山，是一个略呈三角形的封闭式内陆盆地，东西长 700 千米，南北宽 370 千米，面积 13 万平方千米。盆地腹部为古尔班通古特沙漠，面积占盆地总面积的 36.9%。

1955 年 10 月 29 日，克拉玛依黑油山 1 号井喷出高产油气流，宣告了克拉玛依油田的诞生，从此揭开了新疆石油工业发展的序幕。1958 年 7 月 25 日，世界上唯一一座以石油命名的城市——克拉玛依市诞生。1960 年，克拉玛依油田原油产量达到 166 万吨，占当年全国原油产量的 40%，成为新中国成立后发现的第一个大油田。2002 年原油年产量突破 1000 万吨，成为中国西部第一个千万吨级大油田。

准噶尔盆地蕴藏着丰富的油气资源。油气总资源量 107 亿吨，是我国陆上油气资源当量超过 100 亿吨的四大含油气盆地之一。虽然经过半个多世纪的勘探开发，但截至 2012 年底石油探明程度仅为 26.26%，天然气探明程度仅为 8.51%，均处于含油气盆地油气勘探阶段的早中期，预示着巨大的油气资源和勘探开发潜力。

准噶尔盆地是一个具有复合叠加特征的大型含油气盆地。盆地自晚古生代至第四纪经历了海西、印支、燕山、喜马拉雅等构造运动。其中，晚海西期是盆地坳隆构造格局形成、演化的时期，印支—燕山运动进一步叠加和改造，喜马拉雅运动重点作用于盆地南缘。多旋回的构造发展在盆地中造成多期活动、类型多样的构造组合。

准噶尔盆地沉积总厚度可达 15000 米。石炭系—二叠系被认为是由海相到陆相的过渡地层，中、新生界则属于纯陆相沉积。盆地发育了石炭系、二叠系、三叠系、侏罗系、白垩系、古近系六套烃源岩，分布于盆地不同的凹陷，它们为准噶尔盆地奠定了丰富的油气源物质基础。

纵观准噶尔盆地整个勘探历程，储量增长的高峰大致可分为西北缘深化勘探阶段（20 世纪 70—80 年代）、准东快速发现阶段（20 世纪 80—90 年代）、腹部高效勘探阶段（20 世纪 90 年代—21 世纪初期）、西北缘滚动勘探阶段（21 世纪初期至今）。不难看出，勘探方向和目标的转移反映了地质认识的不断深化和勘探技术的日臻成熟。

正是由于几代石油地质工作者的不懈努力和执著追求，使准噶尔盆地在经历了半个多世纪的勘探开发后，仍显示出勃勃生机，油气储量和产量连续 29 年稳中有升，为我国石油工业发展做出了积极贡献。

在充分肯定和乐观评价准噶尔盆地油气资源和勘探开发前景的同时，必须清醒地看到，由于准噶尔盆地石油地质条件的复杂性和特殊性，随着勘探程度的不断提高，勘探目标多呈“低、深、隐、难”特点，勘探难度不断加大，勘探效益逐年下降。巨大的剩余油气资源分布和赋存于何处，是目前盆地油气勘探研究的热点和焦点。

由新疆油田公司组织编写的《准噶尔盆地油气勘探开发系列丛书》在历经近两年时间的努力，今天终于面世了。这是第一部由油田自己的科技人员编写出版的专著丛书，这充分表明我们不仅在半个多世纪的勘探开发实践中取得了一系列重大的成果、积累了丰富的经验，而且在准噶尔盆地油气勘探开发理论和技术总结方面有了长足的进步，理论和实践的结合必将更好地推动准噶尔盆地勘探开发事业的进步。

系列专著的出版汇集了几代石油勘探开发科技工作者的成果和智慧，也彰显了当代年轻地质工作者的厚积薄发和聪明才智。希望今后能有更多高水平的、反映准噶尔盆地特色地质理论的专著出版。

“路漫漫其修远兮，吾将上下而求索”。希望从事准噶尔盆地油气勘探开发的科技工作者勤于耕耘，勇于创新，精于钻研，甘于奉献，为“十二五”新疆油田的加快发展和“新疆大庆”的战略实施做出新的更大的贡献。

新疆油田公司总经理

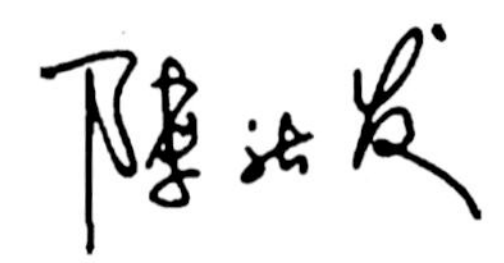

2012. 11. 8

前言

近年来，勘探开发思路开始发生重要转变，从源外远源成藏到近源成藏再到源内成藏，从常规非连续型油藏向大面积非常规连续型油气藏发展，孔喉连通系统从毫米—微米级别到纳米发展。页岩油作为非常规油气类型越来越受到关注，成为重要接替资源类型。页岩油是主要分布于富含有机质泥页岩层系中的滞留液态烃，具有面积大、资源丰度低特点，只有通过水平井、大规模压裂后才能开采的一类非常规能源。国外特别是美国页岩油的成功开发经历了几个阶段。第一阶段为探索发现阶段。1953 年，发现 Antelope 油田（威利斯顿盆地 Bakken 组）；1987 年，Bakken 上段页岩油第一口水平井；1995 年，美国地调局对 Bakken 开展第一轮资源评价。第二阶段为技术突破阶段。2000 年，Bakken 中段第一口水平井，发现 Alm Coulee 油田；2006 年，Eagle Ford 页岩油开始开发；2007 年，水平井分段压裂在 Bakken 得到应用，产量达到 110×10^{4}t。第三阶段为快速发展阶段。2010 年，页岩油产量占到美国本土原油产量 21%；2015 年，页岩油产量达到 2.5×10^{8}t，推动美国石油产量创新高；2018 年，页岩油产量超过 3.29×10^{8}t，占美国石油产量的 59%。在这种情形下，美国页岩油产量将保持持续增长态势。至 2026 年之后，页岩油产量将保持稳定，原油总产量将维持在（1000～1100）$\times10^{4}$bbl/d 的水平，2031 年开始逐年下降，2050 年降至 840×10^{4}bbl/d 左右。2018—2040 年美国页岩油产量将占累计原油总产量的 60%左右。美国页岩油的开发为我们提供了很多成功的经验，包括页岩油开发要逐步降本增效过程、油质以轻质原油与凝析油为主、页岩油区内分级评价方法、技术进步是降低成本核心和有利市场条件与优越地面条件。

2017 年 EIA（Energy Information Administration）评价中国页岩油资源量为 43×10^{8}t，位居全球第三。中国陆相页岩油资源丰富，是我国石油接替的战略性领域。2010 年以来，我国石油企业借鉴北美经验，开展了页岩油的开发探索，尽管在松辽盆地白垩系、渤海湾盆地古近系、江汉盆地古近系、鄂尔多斯盆地三叠系、准噶尔盆地二叠系、吐哈盆地二叠系等均发现页岩油并陆续投入开发，但均未实现有效开发。中国陆相页岩油能否规模有效开发，经济可采资源量有多大，这些问题在业界还未达成共识，是当前面临的最大挑战。我国的富有机质页岩以陆相湖泊沉积为主，盆地形成时间晚，热演化程度偏低，具有油质重、黏度高、流动能力差、黏土矿物含量高、脆性较差、气油比低、地层能量不足等特点，依靠现有技术实现规模效益开发难度还较大，亟须加强科研攻关。

新疆准噶尔盆地二叠系吉木萨尔芦草沟组页岩油，是我国陆相湖盆页岩油典型代表，是目前中国最大的陆源碎屑和内碎屑沉积形成并进行规模开发的页岩油资源，已落实井控储量 11.12×10^{8}t，按照规划“十四五”末年产油量达到 170×10^{4}t，将成为我国首个百万吨页岩油生产基地。因此，把该区目前对页岩油储层的研究成果进行总结和再认识具有十分重要的理论意义和现实意义，为中国陆相页岩油资源有效开发动用提供参考和对比依据。

本书在充分调研页岩油定义、页岩油的分类及评价等方面的研究现状基础上，采用了岩心分析化验资料、测录井资料、生产动态资料等，结合地质分析方法、岩性图版分类方法、分形方法及灰关联方法等，以关键全井段取心井为例，开展了页岩储层岩石学特征及划分方案、页岩储层成岩作用类型及不同阶段的特点、页岩油储层储集特征及定量表征、页岩油七性关系研究及生产效果评价，最后提出了页岩油优质储层评价方法体系及其主控因素。

鉴于目前国内外对于页岩油理论与方法的认识还在不断深化，对页岩油的定义和分类评价标准等还在研讨中。另一方面，当今的技术发展和知识更新十分迅速，且限于篇幅、研究周期和水平，书中难免会有不妥、错误之处，望各位读者批评指正！

著者

2021 年 3 月

CONTENTS 目录

1 绪　　论

随着我国主要含油气盆地石油资源探明程度越来越高，新发现规模效益储量难度越来越大，新增石油储量品位明显变差，新储量建产难度加大，常规油气藏的勘探目标越来越隐蔽，勘探理念正向非常规连续性油气藏转变，极大地推动了油气向“立体”“全方位”拓展，也极大促进了非常规油气领域发展。低—特低渗储量占比由2011年的62%增至2017年的73%；低—特低丰度由2011年的65%增至2017年的78%（图1.1）。常规老油田稳产难度加大，难以支撑规模效益增产，且老油田含水率逐年升高，接近90%，年综合递减率5%~6%，常规石油领域新建产能难以弥补产量递减，亟须另辟蹊径，寻找新的石油增储上产领域，实现战略接续。

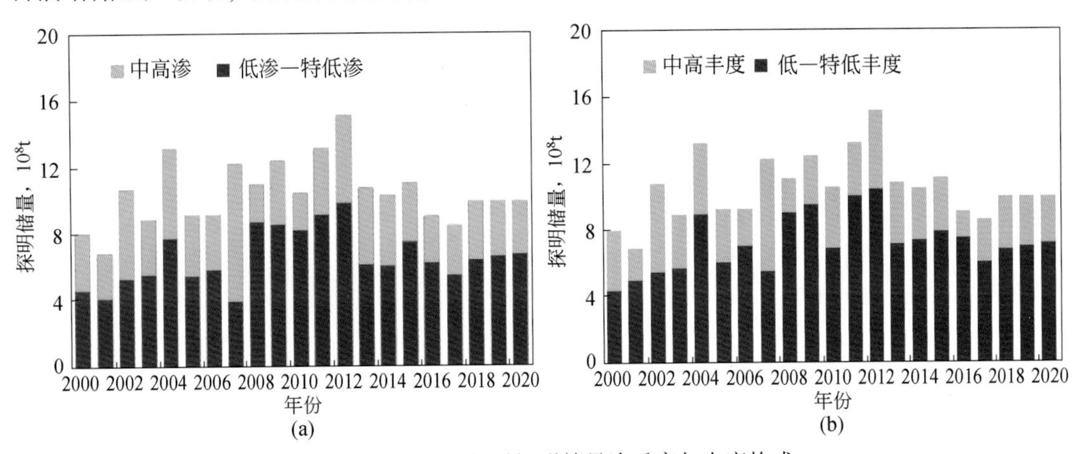

图1.1　我国石油新增探明储量渗透率与丰度构成

（a）渗透率构成；（b）探明储量丰度构成

加快页岩油业务发展是实现石油资源战略接续、保障国家能源安全的现实途径。美国勘探实践证明，盆地源内页岩油资源量远大于源外常规石油资源量，从源外向源内转变是石油工业持续发展的必然选择（表1.1），源内页岩油是常规石油的重大接替领域。我国非常规气技术可采资源量$36.3\times10^{12}m^3$，其中页岩气$12.85\times10^{12}m^3$，近几年页岩气开发取得重大进展，国内天然气产量呈规模增长。非常规石油技术可采资源量151.8×10^8t，其中页岩油有利勘探面积$8.5\times10^4km^2$，近期中国石油评价全国页岩油技术可采资源量为145×10^8t（金之钧等，2019；邹才能等，2020），将成为我国非常规石油勘探开发最为现实的重点领域、石油行业稳定发展的新的增长极（据邹才能等，2013）。

在美国，页岩油产量从2005年开始迅速增加，目前已陆续在中西部和南方地区的上古生界、中生界及新生界以海相为主的页岩层系（如Barnett、Eagle Ford、Marcellus、Woodford、Niobrara、Monterey等页岩）中产出了页岩油（图1.2），2019年的页岩油（致密油）产量达到了38340×10^4t，占总产量的63%，已成为油气勘探开发领域中的重点。除此之外，加拿大等其他国家也在不同程度上取得了页岩油勘探开发突破。

表 1.1 国外典型盆地源外与源内石油资源对比表

盆地	源外石油资源		源内石油资源		源外/源内资源量
	资源量，10^8t	最高产量，10^4t	资源量，10^8t	最高产量，10^4t	
二叠	300	11000	450（Wolfcamp+Spraberry）	8100	1∶1.5
威利斯顿	200	800	500（Bakken+Three Folks）	4800	1∶2.5
西湾	200	500	300（Eagle Ford）	5200	1∶1.5
丹佛	60	450	100（Niobrara）	2500	1∶1.6
阿拉达科	90	500	120（Woodford+Springer）	2125	1∶1.3

资料来源：胡文海等，1995；EIA，2018；USGS，2014，2016，2018；Wikipedia，2018。

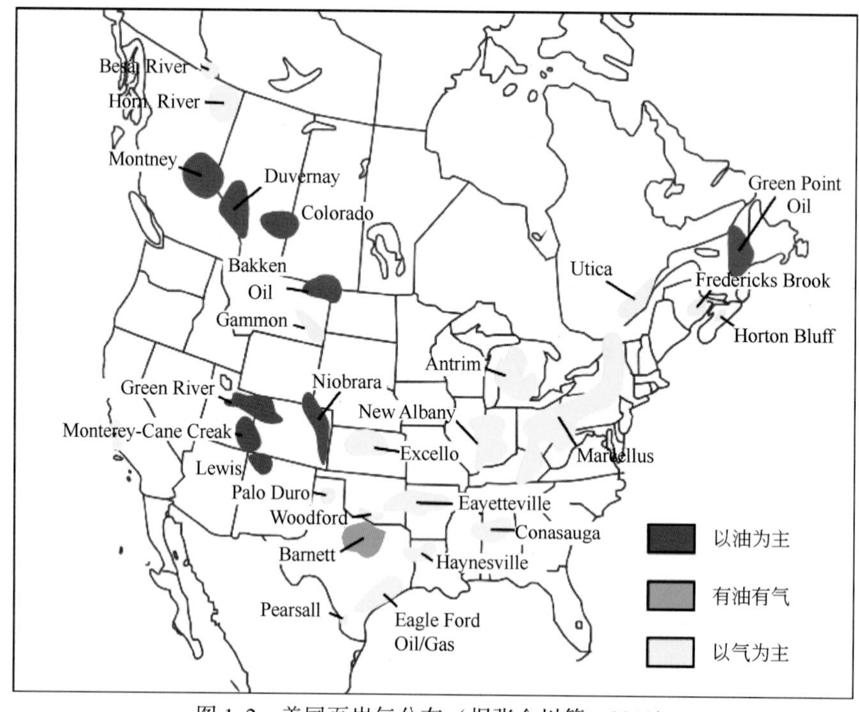

图 1.2 美国页岩气分布（据张金川等，2012）

我国页岩油勘探开发始于“十二五”初期。2011 年首次在陆相页岩油中发现纳米级孔和页岩油，提升了页岩储层的工业价值；之后我国开启了页岩油基础研究和开发试验技术攻关。其中，我国新疆准噶尔盆地吉木萨尔凹陷芦草沟组发育一套厚度稳定、分布广泛的页岩油储层，由于起步早（2011 年），资源规模大，落实程度高，生产效果好，建产工作全面展开，逐步成为我国陆相页岩油勘探开发的典范。

吉木萨尔凹陷位于准噶尔盆地东部的西南，是准噶尔盆地东部边缘的重要组成部分，其北、西、南三侧均以断裂为界，北以吉木萨尔断裂为界与沙奇凸起毗邻，西以西地断裂和老庄湾断裂为界与北三台凸起相接，南面为阜康断裂带，向东逐渐过渡为古西凸起，凹陷整体呈西深东浅、西断东超的箕状，面积为1278km^2。中二叠统芦草沟组沉积期为快速稳定裂陷阶段，芦草沟组面积广、厚度大，厚度大于200m的面积为725km^2；不同岩性类型烃源岩均达到好烃源岩评价标准，优质烃源岩全凹陷分布，源储一体，为典型的自生自储式页岩油储层。该凹陷现今的地质特点受区域地质特征控制，全面了解、客观认识区域地质背景对于深入认识该凹陷地质特征、沉积环境及探索油气形成规律具有重要的实际意义。

1.1 页岩油国内外研究现状

1.1.1 页岩油定义及其分类

1.1.1.1 页岩油及其与致密油的差异性

国际上页岩油、致密油概念并不统一，没有严格定义。20世纪油气田勘探开发工作人员就发现并开始开发在致密孔隙结构和喉道系统中的油气，称为致密油，主要针对低孔隙度和低渗透性储层而言。然而，近些年来学者们和油田工作者发现一类细粒岩（粉砂岩、泥岩、页岩、碳酸盐岩及其与碎屑岩混积岩）储层中丰富的油气，称为页岩油，主要从岩性角度来描述的储层类型。此外，目前学者们对于两者的定义和基本特征及评价标准也有较大差异。致密油（tight oil）是储集在覆压基质渗透率不大于$0.1\times10^{-3}\mu m^2$（空气渗透率不大于$1\times10^{-3}\mu m^2$）的致密砂岩、致密碳酸盐岩等储层中的石油。页岩油（shale oil）是赋存于富有机质纳米级孔喉页岩地层中的石油，是成熟有机质页岩石油的简称。致密油属于近源短距离成藏类型或者源储互层共生，圈闭界限不明显，页岩油为源储一体型，为滞留持续充注成藏。两种类型均为纳米级孔喉、裂缝系统，脆性较高、地层压力较高，压裂后易高产，均呈大面积分布状。对比来说致密油砂泥交互程度大，非均质性严重，水动力联系差（邹才能等，2013）。细分页岩油与致密油是为了区别其地质特征，而采用不同的勘探开发方式。

页岩油是以游离态（含凝析态）、吸附态及溶解态（可溶解于天然气、干酪根和残余水等）等多种方式赋存于有效生烃泥页岩地层层系中且具有勘探开发意义的非气态烃类（张金川等，2012）。页岩油是粉砂泥页岩级地层所生成的原油未能完全排出而滞留或仅经过极短距离运移而就地聚集的结果，属于典型的自生自储型原地聚集油气类型。页岩油所赋存的主体介质是曾经有过生油历史或现今仍处于生油状态的泥页岩地层，也包括泥页岩地层中可能夹有的致密砂岩、碳酸盐岩，甚至火山岩等薄层。

在实际地质条件尤其是陆相油气地质条件下，页岩油常可与页岩气、致密砂岩气、致密砂岩油等非常规类型油气伴生共存。与页岩气、致密砂岩气及致密砂岩油等其他非常规油气资源类型相比，页岩油在其聚集条件、分布特点和规律等方面均存在较大差异。在页岩油勘探开发过程中，黏稠度相对较小的常规物性油、轻质油，特别是凝析油具有良好的综合经济效益，故在北美已开发的页岩油中，目前仍以轻质油（含凝析油）为主要对象。页岩油不以浮力作用为聚集动力，属于非常规油气资源类型，具有储集物性致密、不受常规意义圈闭控制、源内或源缘分布等典型非常规油气特点。根据聚集机理及美国资料统计（表1.2），页岩油地质特点明显。

表 1.2　中国与北美典型页岩油（致密油）地质特征对比（据邹才能等，2015）

盆地		鄂尔多斯盆地	准噶尔盆地	四川盆地	渤海湾盆地	松辽盆地	柴达木盆地	酒西盆地	三塘湖盆地	吐哈盆地	Bakken	Eagle Ford
层位		延长组	二叠系	侏罗系	沙河街组	白垩系	古近—新近系	白垩系	二叠系	侏罗系		
有利面积 10^4km^2		5~10	3~5	4~10	5~10	5~10	1~3	0.3~1	0.5~1	0.7~1	7	2
烃源岩	岩性	湖相泥岩	湖相泥岩	湖相泥岩	湖相泥岩	湖相泥岩	湖相泥岩	湖相泥岩	湖相泥岩	湖相泥岩	海相页岩	海相泥灰岩
	厚度，m	10~100	10~35	100~150	100~30	80~450	20~1200	400~500	50~700	30~60	2~18	20~60
	TOC，%	2~10	3~4	1.0~2.4	1.5~3.5	0.9~3.8	0.4~1.2	1.0~2.5	1~6	1~5	10~14	3~7
	R_o，%	0.7~1.2	0.6~1.5	0.5~1.6	0.5~2.0	0.5~2.0	0.6~1.8	0.5~0.8	0.6~1.2	0.5~0.9	0.6~1.0	0.5~2.0
储层	岩性	粉细砂岩	云质粉砂岩、砂质白云岩	粉细砂岩、介壳灰岩	粉细砂岩、碳酸盐岩	粉细砂岩	泥灰岩、藻灰岩、粉砂岩	泥质云岩、云质泥岩	泥灰岩、灰质白云岩、凝灰质泥岩	粉细砂岩	白云质—泥质粉砂岩	泥灰岩
	厚度，m	10~80	80~200	10~60	100~200	5~30	100~150	100~300	10~100	30~200	2~10	30~90
	孔隙度，%	2~12	3~10	0.2~7.0	5~10	2~15	5~8	5~10	3~13	4~10	10~13	2~12
	渗透率 $10^{-3}\mu m^2$	0.01~1.0	<1.0	0.0001~2.1	0.2~1.0	0.6~1.0	<1.0	<0.1	0.1~1.0	<1.0	<0.01~1.0	<0.01~1.0
原油密度，g/cm^3		0.80~0.86	0.87~0.92	0.76~0.87	0.67~0.86	0.78~0.87		0.82~0.94	0.85~0.90	0.75~0.85	0.81~0.83	0.82~0.87
压力系数		0.75~0.85	1.1~1.8	1.23~1.72	1.24~1.80	1.20~1.58	1.3~1.4	1.2~1.3	1.0~1.2	0.7~0.9	1.35~1.58	1.35~1.8
资源量，10^8t		35.5~40.6	15.0~20.0	15.2~18	20.5~25.4	19.0~21.3	3.6~4.4	1.8~2.3	0.9~1.2	1.0~1.5	566	

虽然国内外研究者及相关机构对于“页岩油”“致密油”的定义存在差异,但大都认为致密油是一种非常规石油资源,产层为具极低渗透率的页岩、粉砂岩、砂岩或碳酸盐岩等致密储层,具有与富有机质烃源岩紧密接触、原油油质轻的基本地质特征。在开采方面,也需要利用水平钻井、分级压裂等页岩气开采的特殊方式。在地质特征、甜点区优选、资源潜力等方面,致密油与页岩油均存在差异(表 1.3)。

表 1.3 致密油和页岩油的定义、基本特征和甜点区评价标准对比表(据邹才能,2013)

类别	页岩油	致密油
定义	赋存于富有机质纳米级孔喉页岩地层中的石油,是成熟有机质页岩石油的简称	储集在覆压基质渗透率不大于 $0.1\times10^{-3}\mu m^2$(空气渗透率不大于 $1\times10^{-3}\mu m^2$)的致密砂岩、致密碳酸盐岩等储层中的石油
基本特征	①源储一体、滞留聚集; ②较高成熟度富有机质页岩,含油性较好; ③发育纳米级孔、裂缝系统,利于页岩油聚集; ④储层脆性指数较高,宜于压裂改造; ⑤地层压力高、油质轻,易于流动和开采; ⑥大面积连续分布,潜力大	①源储共生,圈闭界限不明显; ②主要发育湖相碳酸盐岩、致密砂岩两类储层; ③持续充注,短距离运移为主; ④生油岩成熟区($0.6\%\leqslant R_o\leqslant1.3\%$)气油比高,易高产; ⑤纳米级孔喉系统发育; ⑥油层砂泥岩交互,非均质性严重,水动力联系差; ⑦岩性坚硬致密,天然裂缝相对发育
甜点区评价标准	①有机碳 TOC>2%; ②成熟度 $R_o=0.7\%\sim2.0\%$; ③脆性矿物含量大于 40%,黏土矿物含量小于 30%; ④地层压力为超压系统; ⑤较低的原油黏度,利于开采; ⑥含油页岩的体积规模,保证经济产量	①Ⅰ、Ⅱ类有效烃源岩厚度大于一定值; ②TOC>4%的地层厚度较大,成熟度 $R_o=0.8\%\sim1.2\%$; ③储层厚度大,砂岩 $K>0.8\times10^{-3}\mu m^2$(空气)、$\phi>8\%$,碳酸盐岩 $K>0.5\times10^{-3}\mu m^2$(空气)、$\phi>5\%$; ④甜点区致密砂岩 S_o 较同区砂岩平均 S_o 高 8%; ⑤甜点区致密碳酸盐岩 S_o 较同区碳酸盐岩平均 S_o 高 8%; ⑥有较大面积分布,满足经济规模建产

页岩油和致密油聚集机理的核心是“致密化减孔聚集”,或称为“致密化成藏”,页岩系统依靠压实、成岩等使孔隙减小,实现自身封闭聚集油气,揭示两者聚集机理,直接决定各自地质特征和分布规律。“原位滞留聚集”或“原位成藏”是页岩油聚集机理,包括泥页岩中烃类释放和烃类排出两个过程;液态烃释放受干酪根物理性质、热成熟度、网络结构等控制;液态烃排出受岩性组合、有效运移通道、压力分布及微裂缝发育程度等控制;流体压力、有机质孔和微裂缝的发育和耦合关系,决定着页岩油的动态集聚与资源规模。致密油聚集机理则为“近源阻流聚集”或“近源成藏”,区域盖层或致密化减孔,致使油气遇阻,不能运移进入更远圈闭,形成包括烃类初次运移和烃类聚集两个过程。烃类初次运移受源储压差、供烃界面窗口、孔喉结构等控制,近源烃类聚集主要受长期供烃指向、优势运移孔喉系统、规模储集空间等时空匹配控制。

1.1.1.2 页岩油分类

页岩油泛指富有机质泥页岩在天然状态下赋存或经过加温改造后形成的液态烃。根据成因机理、原油物性、埋藏深度以及可采条件等,可将页岩油进一步划分为传统上所称的(含)油页岩和与页岩气共生、伴生的页岩油两类。其中,露天或埋藏较浅的(含)油页岩既可作为可燃固体矿产,也可经过加工产生类似天然石油的黏稠状液态产物,即国内外一直使用的页岩油(shale oil)或“人造页岩油”,其内涵与目前所指狭义上的页岩油相差较大。目前所指页岩油是以游离、溶解及吸附状态赋存于有效生烃泥页岩层系中,经过钻井、压裂等手段能够直接获取的液态烃，页岩油又可划分为黏稠型和凝析型两种。更进一步，依据页岩油赋存空间、开发生产条件及开发经济效果，可将页岩油划分为基质含油型、夹层富集型和裂缝富集型 3 类。

1）基质含油型

处于生油窗内的富有机质页岩，其基质含油现象普遍存在。页岩油主要赋存在泥页岩基质中的有机质与黏土矿物粒间、粒内、溶蚀等各类微孔隙、微裂缝中。页岩的含油性及其中原油的富集程度与有机质丰度、类型、成熟度等因素密切相关。该类页岩油的开发相对困难，只有达到相对较高含油率时才可能具有工业开发价值。目前已形成工业产能的基质型页岩油实例还相对较少，福特沃斯（前陆）盆地中含油的 Barnett 页岩可作为该类页岩油的重要代表。Barnett 页岩产油段集中于盆地东北部，有效勘探面积超过 12950km^2，页岩厚度 60~90m，埋藏深度 1980~2600m。

有机碳含量分布区间为 4%~8%，有机质热演化程度变化于 0.6%~1.4%，Ⅰ型和Ⅱ型干酪根目前处于热裂解大量生油至生成湿气的过渡阶段。Barnett 页岩段具有致密特点，页岩孔隙度为 2%~14%，页岩油主要赋存于泥页岩的微裂缝和基质孔隙中，产物以轻质油和凝析油为主。据美国地质调查局 2009 年估计，Barnett 页岩油资源量为 2.74×10^8t，占美国页岩油资源量的 7%。

2）夹层富集型

相对于泥页岩层段，其中的粉砂质泥岩、粉砂岩、粉细砂岩、碳酸盐岩以及火山岩类等夹层虽然单层厚度较薄，但孔隙度和渗透率等物性条件相对较好。上下邻层泥页岩有机质含量高，生油窗内的富有机质页岩生油能力强，所生成的原油只需经过极短距离的运移即可进入夹层聚集。进一步，夹层的岩性较脆且易于进行储层改造，易于形成页岩油流。因此，夹层是原油赋存富集的有利场所，层数多、厚度薄、物性好、脆性强的夹层是页岩油勘探开发的有利目标。

上白垩统的 Niobrara 页岩地层分布广泛，沿科迪勒拉褶皱带从加拿大到墨西哥均有分布，但目前的产区主要位于丹佛、粉河等盆地中，在大羊角、大绿河、尤因塔及皮申斯等盆地中也有一定的勘探开发潜力。该套地层岩性为富有机质页岩夹泥灰岩和白垩，属于夹层型页岩层系，页岩厚度为 80~140m，产油区目的层埋藏深度为 2400~2700m，有机碳含量为 2%~8%，有机质热演化程度为 0.6%~1.3%，Ⅱ型干酪根有机质处于大量生油到生湿气阶段。该套页岩孔隙度范围在 4%~13%，渗透率为 $(0.1\sim3.0)\times10^{-3}\mu m^2$。Niobrara 页岩油气的勘探开发开始于 1984 年，目前已有 16000 口钻井，其中水平井的平均日产油量可达 80t。在 Niobrara 页岩中，SmokyHill 白垩和 FortHays 泥灰岩夹层的孔渗性和脆性均优于泥页岩层段，是页岩油的主要产出层段。

3）裂缝富集型

页岩油主要以游离相赋存富集于泥页岩层系的裂缝及微裂缝中，因此页岩油的富集和采出条件好、可开采程度高。该类页岩油的富集受控于裂缝及裂缝体系的发育，当富有机质泥页岩层系的脆性条件较好时，易于形成按一定规律发育的构造裂缝，构造裂缝带主要发育在构造挠曲、褶皱轴部及构造转折端等断裂带系统中。裂缝是页岩油的主要甜点类型，但由于断裂带的发育范围通常有限，故裂缝富集型页岩油的高产区分布也相对有限。与传统的“泥页岩裂缝油气藏”不同，裂缝富集型页岩油来源于富有机质泥页岩本身而不是经过二次运移后的异地来源。

中新统的 Monterey 页岩位于美国西海岸的圣华金盆地，有效勘探面积达 4538km^2。该套泥页岩地层厚逾千米，埋藏深度为 2130~4267m。地层有机碳含量为 0.7%~5.6%，热演化成熟度为 0.3%~1.1%，Ⅱ型为主的干酪根处于热解大量生油阶段。该套地层沉积时代较新，孔隙度较好，渗透率较大，裂缝构成了页岩油赋存和富集的主要空间。据美国地质调查局 2009 年估计，Monterey 页岩油资源量为 20.5×10^{8}t，约占美国页岩油资源量的 64%。

1.1.2 页岩油资源量分布及潜力

页岩油、致密油在中国含油气盆地广泛分布，初步预测中国致密油技术可采资源量为 (20~25)×10^{8}t。2015 年，EIA 估算中国页岩油技术可采资源量为 43.7×10^{8}t；2019 年，中国石化初步估算全国页岩油技术可采资源量为（74~372)×10^{8}t；近期中国石油评价全国页岩油技术可采资源量为 145×10^{8}t（含油页岩)。页岩油与致密油形成机理、富集规律与常规油气藏不同，现有理论与技术方法已不能有效支撑致密油进一步扩大勘探成果，迫切需要通过对细粒沉积机理与分布模式、致密储层成因机制与储集能力、致密油层地球物理响应机理、致密油与页岩油富集规律、资源潜力、压裂技术及开发流动机理等关键问题开展研究，为致密油勘探开发进展和页岩油突破提供理论指导与技术保障。

受页岩气成功勘探开发的启示，表明页岩不仅可以作为烃源岩和盖层，还可以成为储层。在生油页岩层中滞留了石油是客观存在的规律，通过生油岩储集空间、聚集油量等基础地质研究，以及水平井压裂技术攻关，页岩油很有可能实现大规模工业化开发。

美国页岩油主要分布在白垩系和泥盆系的海相富有机质页岩中，中国页岩油主要分布在中—新生代陆相湖盆富有机质页岩中，在鄂尔多斯盆地延长组长 7 段、松辽盆地白垩系青山口组、准噶尔盆地二叠系、渤海湾盆地沙河街组、四川盆地侏罗系自流井—凉高山组、江汉盆地古近—新近系、南襄盆地古近—新近系等具有页岩油形成条件。按照第三轮全国资源评价数据，中国陆相地层总生油量为 6×10^{12}t，资源量为 1300×10^{8}t，运聚系数为 2.2%，除形成常规油和致密油，以及破坏散失外，绝大部分滞留在生油岩内。页岩油的突破将具有十分重要的战略意义（胡文瑞等，2010；康玉柱，2012；马永生等，2012；赵政璋等，2011；邹才能等，2012a，2012b，2012c；杨华等，2013)。

近年来，中国针对页岩层系中的石油资源，开展了一系列的“甜点区”评价、钻探和试验，如辽河西部凹陷曙古 165 井沙三段页岩、泌阳凹陷安深 1 井核三段页岩（吕明久等，2012）等，获得了较好的效果，但都与裂缝有关。在页岩基质地层发现纳米级孔隙，并有石油滞留，初步展示了中国也具有页岩油的资源潜力，未来页岩油的发展主要取决于开采技术方法的突破。

1.1.3 页岩油地质特征与研究进展

1.1.3.1 页岩油地质特征

页岩油是指已生成仍滞留于富有机质泥页岩地层微纳米级储集空间中的石油，富有机质泥页岩既是生油岩，又是储集岩，具有以下明显地质特征（表 1.4)。

表 1.4　页岩油地质特征（据邹才能，2015）

盆地		鄂尔多斯盆地	准噶尔盆地	四川盆地	渤海湾盆地	松辽盆地	柴达木盆地	酒西盆地	三塘湖盆地	吐哈盆地	江汉盆地	南襄盆地	苏北盆地	Williston	South Texas
层位		延长组	二叠系	侏罗系	沙河街组	白垩系	古近—新近系	白垩系	二叠系	侏罗系	古近—新近系	古近—新近系	古近—新近系	Bakken	Eagle Ford
沉积相		半深湖—深湖	半深湖—深湖	半深湖—深湖	半深湖—深湖	半深湖—深湖	半深湖—深湖	半深湖—深湖	半深湖—深湖	半深湖—深湖	半深湖—深湖	半深湖—深湖	半深湖—深湖	陆棚区	陆棚区
岩性		页岩	页岩、泥质云岩	页岩	页岩	云质泥岩	页岩、灰质泥岩	页岩	云灰质泥岩	页岩	页岩	页岩	页岩	海相页岩	海相泥灰岩
储层特征	页岩厚度，m	10~40	10~200	20~60	30~200	50~200	30~200	50~200	20~100	30~60	30~100	30~120	30~100	5~12	20~60
	埋深，m	1500~3000	1800~4500	2000~4500	1500~5000	1800~2400		3500~4600	1000~4500	1000~4500	2500~3500	2300~3700	2500~3500	2590~3200	914~4267
	储集空间类型	基质孔、微裂缝	基质孔、微裂缝	基质孔、微裂缝	基质孔、微裂缝	基质孔、微裂缝	基质孔、微裂缝	基质孔、微裂缝	微裂缝、基质孔	微裂缝、基质孔	基质孔	基质孔	微裂缝	基质孔、微裂缝	微裂缝、基质孔
	孔隙度，%	~4	~5	~3	~3	3~6	~3	~3	~3	~3	~5	~4	~2	~3	~3
	渗透率 $10^{-3}\mu m^2$	~0.1	~0.1	~0.1	~0.1	~0.15	~0.1	~0.1	~0.1	~0.1	~0.1	~0.1	~0.1	~0.1	~0.1
	孔喉直径，nm	~300	~300	~100	~200	~200	~150	~300	~300	~300	~200	~200	~200	~200	~150
脆性指数特征	脆性指标，%	40~55	45~55	45~55	40~80	37~58	40~50		40~55	40~50	30~40	45~75	20~30	20~40	45~65
	泊松比	0.20~0.30	0.20~0.30	0.25~0.35	0.20~0.35	0.25~0.35	0.25~0.35		0.25~0.30	0.25~0.30	0.25~0.30	0.25~0.30	0.30~0.35		0.20~0.30

续表

盆地		鄂尔多斯盆地	准噶尔盆地	四川盆地	渤海湾盆地	松辽盆地	柴达木盆地	酒西盆地	三塘湖盆地	吐哈盆地	江汉盆地	南襄盆地	苏北盆地	Williston	South Texas
含油性特征	TOC,%	3~28	1.4~6.9	1.8~17	2~17	0.7~8.7	0.7~1.2	1.0~2.5	2~8	1~5	1~2	1~3	1~2	10~14	3~7
	R_o,%	0.6~1.1	0.5~1.0	0.9~1.5	0.35~2.0	0.5~2.0	0.6~1.8	0.5~0.8	0.6~1.2	0.5~0.9	0.6~1.3	0.5~1.2	0.6~1.3	0.6~0.9	0.7~1.3
	S_1, mg/g	1~6	1~6	1~7	1~10	1~3	1~3		1~4	1~2	1~2	1~3	1~2	3~5	
	氯仿沥青“A”含量,%	0.6~1.2	0.3~1.0	0.3~1.0	0.2~2.0	0.2~1.0	0.3~0.5		0.2~0.7	0.1~0.5	0.1~0.7	0.1~0.6	0.1~0.5		
流体特性	原油黏度 mPa·s	6.1~6.3	55~125	5~20	5~30	20~200		10~250		0.7~14	5~350	4~18			
	原油密度 g/cm^3	0.80~0.85	0.87~0.92	0.76~0.87	0.67~0.86	0.78~0.87	0.72~0.8	0.82~0.94	0.85~0.9	0.75~0.85	0.8~0.86	0.84~0.87	0.81~0.85	0.81~0.83	0.82~0.87
	压力系数	0.75~0.85	1.2~1.6	1.23~1.72	1.30~1.90	1.2~1.58	1.40~1.50		1.0~1.2	0.90~1.10	0.90~1.10	0.90~1.10	0.90~1.10	1.35~1.58	1.35~1.80
可采资源	分布面积 10^4km^2	8~10	6~8	7~9	9~11	8~9	2~3	0.3~0.5	0.5~1	0.7~1	0.2~0.3	0.2	0.2~0.3	7	4
	可采资源量 10^8t	25~35	20~25	15~20	20~25	20~25	5~8	2~3	3~5	2~3	1~2	1~2	1~2		

1）页岩油成藏模式

页岩油也是典型的源储一体、滞留聚集、连续分布的石油聚集。原油没有运移或仅具有初次运移或极短距离的二次运移特点，属于典型的原地（就地）或自生自储聚集模式。与页岩气不同，页岩油主要形成在有机质演化的液态烃生成阶段。在富有机质泥页岩持续生油阶段，石油在泥页岩储层中滞留聚集，呈现干酪根内分子吸附相、亲油颗粒表面分子吸附相和亲油孔隙网络游离相3种类型，具有滞留聚集特点。只有在泥页岩储层自身饱和后才向外溢散或运移。因此，处在液态烃生成阶段的富有机质泥页岩均可能聚集页岩油。页岩油具有油源岩储层化、储层致密化、聚集原地化、机理复杂化及分布规模化等特点，中、小型盆地有望成为页岩油发育分布和勘探发现的重要场所。

2）页岩油源岩特征

较高成熟度富有机质页岩，含油性较好。富有机质页岩主要发育在半深湖—深湖相沉积环境，常分布于最大湖泛面附近的高位体系域下部和湖侵体系域。富含有机质是泥页岩富含油气的基础，当有机质开始大量生油后，才会富集有规模的页岩油。高产富集页岩油一般 TOC>2%，有利页岩油成熟度为 0.7%~2%，形成轻质油和凝析油，有利于开采。

3）页岩油赋存状态

首先，发育微纳米级孔与裂缝系统。页岩油储层中广泛发育纳米级孔喉系统，一般孔径大小为 50~300nm 的孔隙构成主要的储集空间，局部发育微米级孔隙。孔隙类型包括粒间孔、粒内孔、有机质孔、晶间孔等。其次，微裂缝在页岩油储层中也非常发育，类型多样，以未充填的水平层理缝为主，其次为干缩缝，近断裂带处发育有直立或斜交的构造缝。与页岩气储层相比，页岩油储层成岩程度较低、埋深较浅，储集空间较大。大部分泥页岩中黏土矿物呈片状结构、有机质纹层结构等多种微观结构类型，页岩油以游离态、溶解态或吸附状态赋存于有效生烃泥页岩层系中，主要赋存于泥页岩层系基质（微孔隙和微裂缝）、其他岩性夹层及页岩裂缝中，其赋存状态主要受介质条件、原油物性、气油比等因素控制。

4）页岩油储层特征

储层脆性指数较高，宜于压裂改造。脆性矿物含量是影响页岩微裂缝发育程度、含油性、压裂改造方式的重要因素。页岩中高岭石、蒙脱石、水云母等黏土矿物含量越低，石英、长石、方解石等脆性矿物含量越高，岩石脆性越强，在外力作用下越易形成天然裂缝和诱导裂缝，利于页岩油开采。中国湖相富有机质页岩脆性矿物含量总体比较高，可达40%以上，如鄂尔多斯盆地延长组长7段湖相页岩石英、长石、方解石、白云石等脆性矿物含量平均达41%，黏土矿物含量低于50%，长7段中下部页岩中黄铁矿的含量较高，平均为9.0%。泥页岩基质孔隙度小、孔喉半径小、渗透率低，属于典型的致密储层（孔隙度小于12%，渗透率小于 $0.01\times10^{-3}\mu m^2$）。有机质微孔及微裂缝是页岩油赋存的主要空间类型，当裂缝发育时，渗透率可有较大增加。

5）页岩油地层压力系统

地层压力高且油质轻，易于流动和开采。页岩油富集区位于已大规模生油的成熟富有机质页岩地层中，在密闭系统中，干酪根向原油的转化过程易于形成高异常地层压力；在开放系统中，高异常地层压力难以保存。页岩油可形成多种地层压力特点，典型的页岩油常具有高异常地层压力特征，压力系数可达1.2~2，也有少数低压，如鄂尔多斯盆地延长组压力系数仅为0.7~0.9。页岩油一般油质较轻，原油密度多为0.70~0.85g/cm^3，黏度多为0.7~20mPa·s，气油比高，在纳米级孔喉储集系统中，更易于流动和开采。

6）页岩油分布特征

大面积连续分布，资源潜力大。页岩油分布不受构造控制，无明显圈闭界限，含油范围受生油窗富有机质页岩分布控制，大面积连续分布于盆地坳陷或斜坡区。页岩生成的石油较多滞留于页岩中，一般占总生油量的20%~50%，资源潜力大。北美海相页岩分布面积大、厚度稳定、有机质丰度高、成熟度较高，有利于形成轻质和凝析页岩油。盆地沉降—沉积中心及斜坡常是页岩油形成与分布的有利部位，页岩油常可与稠油及天然气等形成共生过渡关系（如得克萨斯州的Eagle Ford页岩油），湿气、凝析气及干气向沉降—沉积中心方向逐渐增多；轻质油、中质油及稠油向盆地斜坡及边缘方向逐渐增多。中国陆相富氢有机质页岩主要发育在半深湖—深湖相沉积环境，以Ⅰ型和$Ⅱ_1$型干酪根为主，易于生油；页岩成熟度普遍偏低（R_o一般为0.7%~1.3%），处于生成偏轻的石油阶段；页岩有机质丰度较高（TOC≥2%）；形成商业性页岩油气，有效页岩厚度一般在10~20m以上。陆相页岩层系油源岩中，纹层状页岩与块状泥岩在各种地球化学指标上差异较大。以鄂尔多斯盆地长7段为例，大量测试分析显示，长7段页岩有机质丰度和生烃潜力远大于泥岩，页岩生烃潜力是泥岩的5~8倍；长7段黑色页岩的有机碳平均含量高达18.5%，是泥岩的5倍；页岩可溶烃（S_1）平均含量为5.24mg/g，是泥岩的5倍以上；页岩的热解烃（S_2）平均含量为58.63mg/g，近乎泥岩的7倍，因此页岩的平均生烃潜力（S_1+S_2）约为泥岩的8倍；而且页岩的氢指数（HI）、有效碳（PC）、降解率（D）和烃指数都大于泥岩。富有机质页岩不但是长7段烃源岩层系中最主要的生油岩，也是页岩油聚集的主要类型。

7）页岩油勘探开发特征

与常规油藏相比，页岩油聚集门槛降低，具有广泛的形成与分布意义。由于机理相似，页岩油特别是轻质油，常与页岩气形成共伴生关系。甜点，特别是裂缝型和孔隙型甜点，是页岩油勘探开发的重要目标。

1.1.3.2 页岩油研究进展

1）我国页岩油分布

我国大地构造演化经历了复杂的多旋回、多期次构造运动，在中—新生代时期连续形成了多套规模大、类型多样、埋深适中、有机质丰富的泥页岩层系。受构造演化历史和有机质热成熟度控制，我国北方大面积地区和南方局部地区（川西坳陷、江汉盆地、苏北盆地等）各中—新生代陆相盆地普遍具有良好的页岩油发育地质条件。

我国页岩油资源分布的突出特点是与“陆相生油理论”相辅相成的，自西向东依照区域构造格局分布特征明显。西部挤压前陆型盆地主要发育中生界陆相富有机质泥页岩层系，累计厚度大，常夹有煤层，有机质含量高，成熟度较低。在准噶尔盆地，二叠系、侏罗系页岩累计厚度超过200m，有机碳含量为4.0%~10.0%，有机质类型为偏腐泥—混合型，R_o 为 0.5%~1.0%。在中部坳陷型盆地，例如，鄂尔多斯盆地三叠系湖相页岩大规模发育，一般厚度为 50~120m，有机碳含量为 0.5%~6.0%，R_o 主要在 0.7%~1.5%。四川盆地及周缘上三叠统—下侏罗统泥页岩层系分布广、厚度大、有机质类型复杂、热演化程度适中。南方局部地区发育中生界陆相富有机质泥页岩层系，页岩累计厚度大，夹层发育。东部断陷型盆地，在松辽、渤海湾（辽河、济阳、濮阳等坳陷）及南襄等中—新生代陆相盆地中，均已不同程度地获得了页岩油流。松辽盆地白垩系富有机质页岩分布稳定，厚度 100~300m，有机质以腐泥型和混合型为主，有机碳含量在 0.7%~2.5%，R_o 为 0.7%~2.0%。综上，我国页岩油资源丰富，特别是中—新生代陆相泥页岩层系中的页岩油资源已引起各石油企业的高度重视，相关理论研究与勘探开发实践陆续展开。

我国目前已在泌阳凹陷、辽河坳陷、济阳坳陷及东濮凹陷等地质单元中获得了页岩工业油流，揭示了我国陆相盆地泥页岩层系页岩油的资源潜力。依据页岩油形成条件和勘探现状，可将我国页岩油潜力区划分为三类：一类页岩油发育潜力区页岩油发育条件最好，主要包括渤海湾、松辽、鄂尔多斯、江汉、准噶尔、南襄等盆地；二类页岩油发育潜力区页岩油发育条件良好，主要包括柴达木、三塘湖、二连、塔里木等盆地；三类页岩油发育潜力区主要是勘探程度较低、油气发现数量较少的中小型盆地，包括伊犁、焉耆、银额、三江等盆地。

中国陆相盆地有机质类型多样，陆相尤其是陆相断陷盆地通常具有特殊的地层发育序列。在盆地底砾层之上顺序发育小规模的河流、沼泽相富含Ⅲ型干酪根泥页岩，深湖、半深湖相富含Ⅰ型和$Ⅱ_1$型干酪根泥页岩，浅湖、三角洲相富有机质含$Ⅱ_2$型和Ⅲ型干酪根泥页岩，沼泽、河流相含Ⅲ型干酪根泥页岩。尽管有机碳含量有高低不同变化，但在大中型湖盆的中心部位，深湖、半深湖相发育时期常可形成偏生油的Ⅰ型和$Ⅱ_1$型干酪根，为页岩油的形成提供物质基础。在剖面上，$Ⅱ_2$型和Ⅲ型干酪根泥页岩主要分布在上部层系或斜坡部位，与盆地埋深结构相对应，常具有相对较低的有机质热演化程度，可对应形成规模性分布的页岩气；Ⅰ型和$Ⅱ_1$型干酪根泥页岩主要分布在盆地的沉降—沉积中心，目前主体处于大量生烃—生湿气阶段，有利于页岩油的形成和发育（张金川等，2012）。

2）研究进展

初步建立了陆相盆地页岩油评价方法体系，形成了岩相特征及评价、烃源岩特征及评价、储层特征及评价、含油性和产能特征及评价等评价方法（童姜楠，2015）。开展了中国陆相页岩油与粉砂质致密油源储细粒沉积岩沉积机理与分布模式研究，创新和建立沉积学研究的一个新分支——细粒沉积学，以页岩、粉砂岩等不同岩性细粒沉积物的物理与化学性质及其沉积作用、沉积过程等为研究内容，将为明确细粒致密储层、富有机质页岩分布预测、有利沉积相带和富集区优选提供基础依据。

（1）页岩油细粒沉积模式。

基于致密油与页岩油储层物性差、粒度细、非均质性强，油气源储一体或近源聚集等特殊地质特征，致密油/页岩油在沉积环境与分布模式、储层特征与成因机理、油气聚集规律、地质评价预测与地球物理响应等多方面遇到极大挑战，成为制约中国致密油与页岩油工业化发展的瓶颈。

页岩是指岩石粒级小于 0.0625mm 的颗粒含量大于 50%的碎屑沉积岩，由黏土和粉砂等细粒物质组成，包含少量的盆地内生碳酸盐、生物硅质、磷酸盐等颗粒的“细粒沉积岩”（方邺森等，1987；冯增昭等，1994），属于细粒沉积岩的重要类型。细粒沉积岩不包括海相碳酸盐岩，约占全球各类沉积岩分布的70%左右（方邺森等，1987；冯增昭等，1994），具有分布范围广、粒度细的地质特征。

国内外学者对细粒沉积岩岩石学特征、成因模式与分布模式等已开展了相关研究。其中，国外学者对富有机质页岩成因、分布模式以探讨为主，认为滞流海盆、陆棚区局限盆地、边缘海斜坡与边缘海盆地等低能环境为海相富有机质页岩发育环境，初步建立了水体分层、海侵、门槛、洋流上涌等4种富有机质页岩沉积模式。中国学者研究多集中在黏土矿物成分、结构等岩石矿物学与有机质生烃分析评价等方面，开展了湖泊成因、湖泊相类型与烃源岩分布特征关系等基础研究（邓宏文等，1990；姜在兴等，2013）。从烃源岩评价出发，以有机地球化学为主的沉积—有机相研究，提出了陆相烃源岩有机相的概念与分类方案，探讨了有机相的成因与分布（邓宏文等，1990；郝芳等，1993；姜在兴等，2013）。

中国陆相页岩油与粉砂质致密油，油源岩与储层均属于细粒沉积岩。油源岩以陆相半深湖—深湖相富有机质页岩以Ⅰ型和$Ⅱ_1$型干酪根为主，成熟度普遍偏低，R_o一般为0.7%~1.3%，处于生成偏轻的石油阶段，页岩有机质丰度较高（TOC一般在2.0%以上，最高可达40%），是陆相页岩油与致密油重要的烃源岩类型。储层多形成于三角洲前缘—前三角洲—深湖—半深湖等细粒沉积环境，而有别于常规油气储层形成的冲积扇—河流—三角洲平原等粗粒级沉积环境（图1.3）。

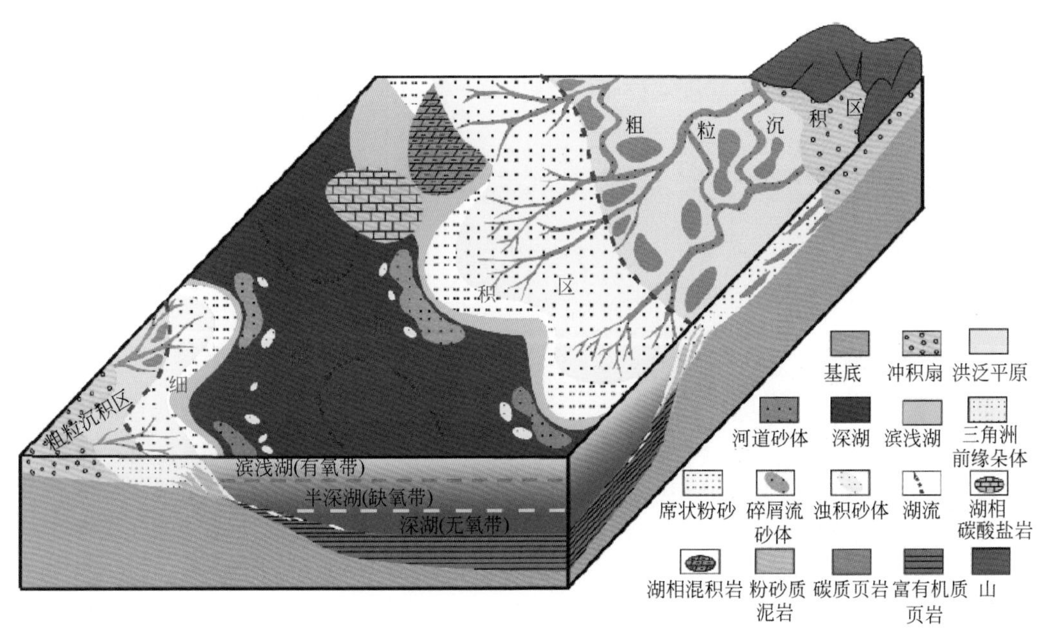

图1.3 陆相细粒沉积环境与粗粒沉积环境分布模式图（据邹才能等，2015）

（2）页岩油与致密油储层微观成分及结构。

页岩油储层物性差，渗透率多小于$1\times10^{-3}\mu m^2$，发育微—纳米级孔喉系统，成岩作用与非均质性强等而区别于常规油气储层，故致密砂岩、碳酸盐岩与页岩等致密储层成因机制与储集能力研究成为致密油与页岩油的核心问题。细粒页岩、粉砂岩以及混积岩石学与微观结构等储层基本特征成为储层储集性能评价的基础，精细表征微—纳米孔喉微观结构成为致密储层评价的难点。

页岩油储层包括常见的致密砂岩、致密灰岩、页岩，也包括陆相湖盆碎屑岩与湖相碳酸盐岩混合成因的混积岩类，岩石成分复杂；不同矿物与有机质呈纹层状或分散状分布，成为页岩油或致密油有利的微观源储组合（图 1.5），特别是致密油储层以陆源碎屑与碳酸盐组分在空间上构成交替互层或夹层的混合（冯进来等，2011），有机质与长石、黏土等陆源碎屑或白云石、方解石等碳酸盐矿物呈纹层状或分散状分布的特征，为致密混积岩油形成提供了有利源储条件。混积岩属于陆源碎屑岩和海相或陆相湖盆碳酸盐岩之间过渡岩石，是陆源碎屑与碳酸盐组分经混合沉积作用而形成的岩石，自 1984 年首次提出混合沉积物概念（Mount，1984）以来，在美国威利斯顿盆地 Bakken 组、Maverick 盆地 Eagle Ford 及中国准噶尔、柴达木、四川等盆地均发现分布广泛的混积岩储层，并取得了致密油的重大突破。但因混积岩成分复杂（张宁生等，2006；董桂玉，2007）、岩性名称不统一，科学有效开展湖相混积岩研究将为揭示该类致密油提供理论基础。

中国陆相湖盆混积岩主要由陆源碎屑与湖相碳酸盐组分混合沉积形成，分布在陆源物质供给丰富的半深湖—深湖环境（图 1.3），受气候、水体性质、注入流及生物作用等因素的影响，混积岩成分复杂，可见不同矿物成分按不同组合方式的纹层结构（图 1.4）。因此，学者依据准噶尔盆地吉木萨尔坳陷二叠系页岩油储层与酒泉盆地白垩系下沟组混积岩为基础，结合前人分类方案，综合认为混积岩分类应考虑其自身成因，以成分为分类依据，按照混积岩中矿物所属类别（长英质组分、碳酸盐组分、黏土质组分）作为分类端元，以岩石三级命名原则为基础，以 5%~25%为“含××”、25%~50%为“××质”、>50%

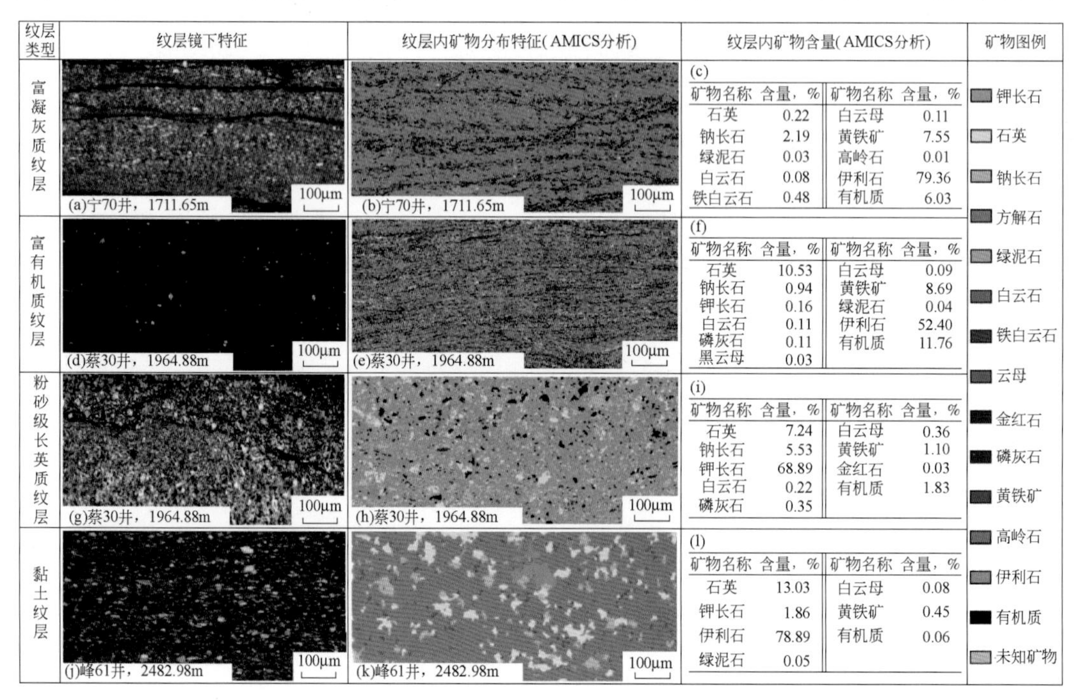

图 1.4 鄂尔多斯盆地延长组长$_7^3$亚段页岩纹层类型与特征（据蒽克来等，2015）

为“××岩”。如酒泉盆地青西坳陷白垩系下沟组混积岩以长石、石英、白云石以及黏土矿物为主，分属长英质组分、碳酸盐组分、黏土3个端元，故可命名为泥质白云岩、含泥白云岩、粉砂质白云岩、白云质粉砂岩等。

近年来，北美地区页岩油气的勘探开发成为世界油气资源增长的重要基础，随着1821年美国首次从裂缝页岩储层中采出了天然气，从蒙特雷页岩阿圭洛角油田获得可采储量（4000~7000）×10^4t的勘探实例，国内外石油地质学家发现致密粉砂岩、泥质粉砂岩、石灰岩甚至泥页岩中也存在工业储量的油气资源，泥页岩、致密砂岩、致密灰岩已不单是传统认识的生油层或者盖层，而且也成为油气富集的储层（冯进来等，2011），迫使石油地质学家将常规认为非储层的致密岩石，作为具有自生自储一体特征进行储集性能评价。

致密砂岩储层孔隙微观结构、孔隙类型、孔隙演化及控制因素、储集性能参数等已成为致密油/页岩油储层研究的重点，探索建立氩（Ar）离子抛光、高分辨率场发射扫描电镜、原子力显微镜和透射电子显微镜等二维孔隙分析技术，X射线微米CT、Nano-CT、双离子束（FIBSEM）、能谱（ESD）、背散射图像（BEI）等三维孔隙分析技术以及气体吸附、压汞、小角散射等孔隙大小定量分析方法，实现了直观描述孔隙大小、分布、成因类型（白斌等，2013，2014），计算孔隙度、迂曲度、各向异性等结构参数，重构不同类型孔喉三维特征，数值模拟微—纳米级孔喉系统连通性，建立致密储层孔隙模型的研究内容。最终首次在中国海相页岩气储层中发现了5~200nm的孔隙，致密砂岩油储层孔径为50~900nm，致密灰岩油储层孔径为40~500nm，页岩油储层孔径为30~400nm。孔隙类型分为有机质微孔、粒间溶蚀微孔、粒间原生微孔、粒内原生微孔、晶间微孔等多种类型，准确揭示了致密油与页岩油储层微观结构特征。其中，纳米级孔喉系统的发现，改变了微米级孔隙是油气储层唯一微观孔隙的传统认识，对明确常规与非常规储层特征、研究连续型油气聚集机理、提升资源潜力具有重要的科学意义（朱如凯等，2009；邹才能等，2011，2014；于炳松，2012）。

但国内外石油地质学家对致密油与页岩油储层储集空间多以实验观察与描述为主，对其发育特征、演化规律及其控制因素，以及不同岩性岩相孔隙度、渗透率、流体饱和度、可动流体储集空间与流动能力等深层次机理仍处于探索阶段，加强构建有利致密储层综合判识参数体系，开展致密储层建模方法，典型区块致密储层参数分布特征，建立不同地区致密储层模型，将为准确评价优选有利致密油与页岩油储层提供重要依据。

（3）致密油层、页岩油层地球物理响应机理。

致密储层孔隙结构复杂、流体黏滞性偏高，微裂缝发育，介质条件和孔隙流体复杂，对基于均匀介质和理想流体假设的经典孔隙介质声学理论模型和声、电、磁等地球物理响应机理研究提出了挑战。与以圈闭描述为对象的常规地球物理勘探理论和技术相比，致密油层油水分异差，油层地球物理响应差异小，致密油层识别、有效储层划分、储层参数计算、储层展布预测、工程参数测井评价等遇到挑战。

目前，国外致密油、页岩油层岩石物理研究以常规物性测试、测井分析了解岩性、黏土含量、孔隙度、TOC、含水饱和度等岩石物理特征为主，岩石脆性评价基于泊松比和杨氏模量，北美致密油勘探普遍使用三维地震技术，采用叠后波阻抗、叠前弹性参数与测井资料结合，预测相对高孔储层和裂缝发育段，利用三维三分量地震数据及低频异常信息等，预测致密油层及含油饱和度。国内岩石物理实验开展孔隙结构、核磁共振、低频及声电联测，探索致密介质地震波传播规律（唐晓明，2011），为致密储层测井评价和地震预测提供实验支撑。致密油层、页岩油层测井评价进入定性到半定量阶段，发展了地层微电阻率扫描成像测井、多元素测井、单井反射声波成像测井等方法，提出了岩性、物性、脆性、含油性、电性、各向异性及页岩特性“七性关系”致密油层测井评价方法（赵政璋等，2011）。当然，非常规页岩油地质地球物性参数的差异性是一方面，由于最终的产能与开发改造方式有较大的关系，因此探讨致密油层、页岩油层地球物理响应参数的同时也要考虑开发改造后的参数特征。

（4）页岩油资源评价。

致密油、页岩油是一种典型的非常规石油资源，其聚集机制、富集规律、资源分布、评价方法与常规油气有很大差异，传统的成藏理论与资源评价方法受到挑战。致密油以致密砂岩油、致密碳酸盐岩油为主，储集空间主要是微米—纳米级孔隙及微裂缝，经过短距离运移，对聚集量、聚集机制、富集规律等认识程度很低。页岩油滞留聚集，滞留量及赋存状态不清，资源量难以评价。开展致密油、页岩油形成条件和分布规律研究，优选致密油、页岩油富集参数，建立不同类型的地质预测方法。开展大尺度致密油、页岩油分布的物理与数值模拟，可揭示地层条件下致密油、页岩油的分布及富集规律；开展致密油、页岩油资源评价模型及方法研究，可建立评价模型及标准，探索其分布范围及边界确定方法，最终评价中国大陆主要盆地致密油、页岩油地质、技术可采资源量。开展致密油勘探开发先导区试验研究，可确定致密油富集区评价参数、制定评价标准和建立评价方法。评价优选出致密油富集区与重点勘探区，明确页岩油有利区。致密油资源评价方法以类比法和统计法为主，注重生产数据和油藏模拟，方法有 FORSPAN 及其改进法、资源密度网格法、随机模拟法、体积法，重视技术可采资源量和储量的计算（邹才能等，2013）。

页岩油评价的基础是：处于生油窗内的富有机质泥页岩中广泛含油，但只有当满足一定条件时才可能在现今的经济技术条件下具有工业勘探开发价值。进行页岩油资源评价时需考虑以下基本条件：

① 评价层段的含油性。对于拟计算的评价单元或层系来说，需有充分的证据证明泥页岩层段的含油性或含油泥页岩层段的发育，即在钻井、录井、测井或试井过程中需要有泥页岩的荧光、油迹、油斑、油显示、油流或其他证据。

② 含油率。虽然富有机质泥页岩地层层系中可能广泛含烃，但只有地层中的含油率达到一定水平（如美国产油页岩含油率下限为 0.18%）并相对富集时，才具有工业开发价值。如果泥页岩地层中的含油率较低或者地质条件较差而无法满足含油率水平达到或超过工业下限的条件时，则目前经济技术条件下就不具备页岩油工业化勘探开发条件，对其所进行的页岩油资源评价就不具备现实意义。

③ 有机地球化学条件。形成页岩油时，有机质成熟度一般为 0.5%~1.2%，当有机质成熟度条件相同或相似时，泥页岩的含油率可与其中的有机碳含量呈正相关关系，即有机

碳含量越高，生油量越大，泥页岩地层中的含油率就越高。为使泥页岩地层含有足量的液态烃，泥页岩的有机碳含量必须达到一定标准。

④ 其他条件。适当的埋深、较轻的油质、较高的地层压力及较好的保存条件均有利于页岩油的形成和分布。

页岩油地质资源量是根据一定的地质依据计算当前可开采利用或可能具有潜在利用价值的页岩油数量，即在勘探工作量和勘探技术充分使用的条件下，根据目前地质资料计算出的最终可探明的具有现实或潜在经济意义的页岩油总量。与页岩气相似，页岩油资源计算参数难以准确把握，故仍需使用概率体积法、类比法及统计法进行参数筛选赋值、分析计算和结果表征。目前国内外页岩油资源评价方法如表 1.5 所示，对前述方法进行参数进行了细化，主要包括 EUR 类比法、资源丰度类比法、体积法、随机模拟法和成因法，不同方法使用条件存在差异和优缺点。

表 1.5　页岩油评价方法分类及特点

主要类型		代表性方法	主要特点（适用范围、优缺点）
类比法	EUR 类比法	①USGS 的 FORSPAN 法； ②ExxonMobil 的资源密度网格法	适用范围：中高勘探地区 优点：评价过程简单、快速 缺点：关键参数难以确定，未充分考虑 EUR 空间相关性等
	资源丰度类比法	①中国工程院的面积丰度类比法； ②中石油的刻度区类比法	适用范围：中低勘探地区 优点：评价过程简单、快速 缺点：未考虑资源丰度分布非均质性，类比标准及类比参数选取主观性强等
统计法	体积法	①EIA 和 ARI 的容积法； ②中国工程院的含气量法； ③国土资源部的容积法、含气量法	适用范围：中低勘探地区 适用范围：中低勘探地区 缺点：未考虑含气量、孔隙度等关键参数具有明显非均质性等
	随机模拟法	①USGS 的随机模拟法； ②中石油的资源空间分布预测法； ③GSC 的随机模拟法（基于地质模型）	适用范围：中高勘探地区 优点：考虑参数空间位置关系，给出资源量空间分布位置 缺点：要求参数多，要有已发现储量分布，计算过程复杂，评价周期长等
成因法	成因法	①美国 Humble 地化服务中心的热模拟法； ②中石油的致密砂岩气藏预测法	适用范围：中低勘探地区 优点：能够系统地了解油气资源地质分布特征和聚集规律 缺点：重要参数受样品采集、测试等影响，盆地模拟过程复杂，评价周期长等

含油率是体积法计算页岩油资源量的核心参数，可通过多种方法获得，如岩心实测法、地球化学法（氯仿沥青“A”法、全烃法、热解法等）、统计法（建立有机碳含量—含油率、孔隙度—含油率关系图版等）、含油饱和度法（通过孔隙度、含油饱和度、泥页岩密度等参数计算获得）。在资源计算中，页岩油地质资源量与可采系数相乘可得页岩油可采资源量。“可动”页岩油是未来一段时间内页岩油机理研究需解决的重要问题。

（5）致密油、页岩油工业化开采。

根据致密油概念，单井一般无自然产能或自然产能低于工业油流下限，在一定经济条件和技术措施下可获得工业石油产量。通常情况下，需要采用酸化压裂、多级压裂、水平井、多分支井等开采技术（邹才能等，2014），得以突破。

对于页岩油，邹才能等（2015）认为应借鉴国外页岩气勘探的经验，加强以下 3 方面工作，加快推进发展：

① 加快分布区研究，以陆上各盆地已知页岩层系为重点，积极开展不同类型页岩油的解剖与分析测试等基础研究工作，解决页岩油运聚机理、赋存状态与渗流机制等科学问题，解决页岩油资源潜力与分布的基础问题；

② 加强核心区评选，以老井复查为基础，积极新钻一批地质调查参数井，开展系统测试分析化验，取全、取准评价所需的关键参数，确立合理的评价标准，选取合适的评价方法，科学评价出中国陆相页岩油技术可采资源量和有利分布区；

③ 加大工业化试验区建设，借鉴国外成熟的开采技术，针对页岩油的特殊性，加强原位加热改质［图 1.5(a)］、纳米剂驱油、二氧化碳与空气等气驱油、水平井体积压裂［图 1.5(b)］等关键技术攻关与现场试验，积极探索页岩油大规模经济有效开发模式，解决关键技术与开发模式问题。

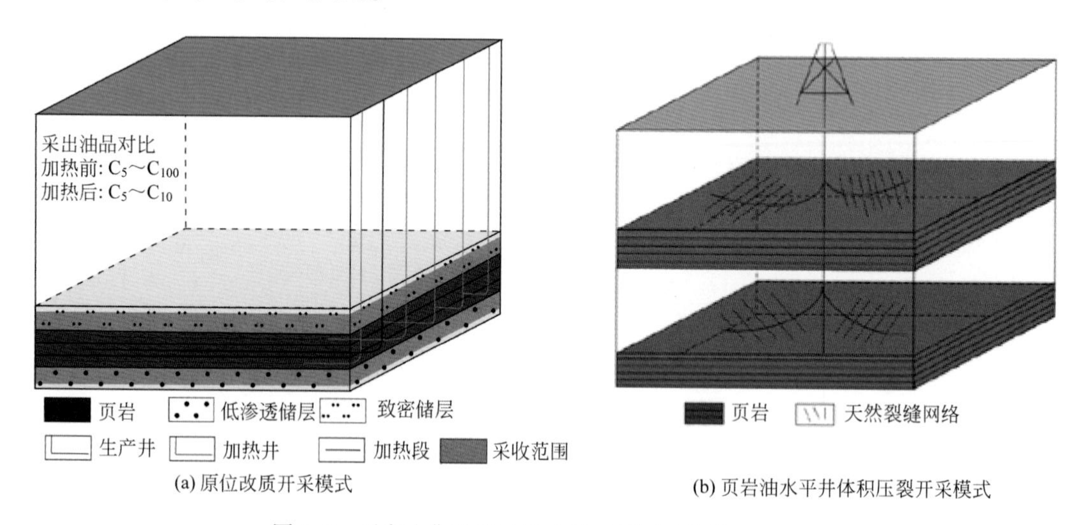

(a) 原位改质开采模式

(b) 页岩油水平井体积压裂开采模式

图 1.5 页岩油典型开采模式图（据邹才能等，2015）

1.1.4 我国页岩油勘探开发进展

页岩油气作为非常规油气资源重要类型之一，已成为油气增储上产的“重点领域”与“亮点类型”，尤其一近两年我国页岩油气的勘探开发取得了突破性进展，已在准噶尔、鄂尔多斯、四川、吐哈、松辽、渤海湾等盆地实现工业化生产，为页岩油勘探开发提供了技术先导试验，起到技术引领作用。鄂尔多斯盆地的上三叠统延长组油藏是著名的三低（低孔、低渗、低产）油田，实际是一种典型的页岩油层，近年来产量上升迅速，已成为我国第一大油田；四川盆地的页岩油储量达 8.118×10^7t，控制储量 2.354×10^7t，预测储量 5.649×10^7t，2010 年川中地区产油 8.98×10^4t，其中 80%原油产自侏罗系大安寨组，大安寨组探明地质储量 7.535×10^7t、预测储量 1.064×10^7t。致密气和页岩油是中国目前最为现实的待开发的非常规油气资源。

我国页岩油主要分布于准噶尔盆地与三塘湖盆地二叠系、柴达木盆地古近系、鄂尔多斯盆地延长组、酒西和江汉盆地白垩系、松辽盆地青山口组和泉头组、四川盆地中—下侏罗统以及渤海湾盆地古近系等。贾承造等（2012）根据页岩油层与生油岩层紧密接触的成因关系，总结出我国页岩油的3种主要类型：(1）湖相碳酸盐岩页岩油——致密储层为白云岩、白云石化岩类、介壳灰岩、藻灰岩和泥质灰岩等，主要分布于准噶尔和三塘湖盆地二叠系、酒西和江汉盆地白垩系、柴达木和渤海湾盆地古近系等；（2）深湖水下三角洲砂岩页岩油——致密储层主要为三角洲前缘和前三角洲形成的砂—泥薄互层沉积体，主要分布于松辽盆地青山口组和泉头组、渤海湾盆地沙河街组、鄂尔多斯盆地延长组以及四川盆地中—下侏罗统等；(3）深湖重力流砂岩页岩油——致密储层主要为砂质碎屑流和浊流形成的以砂质为主的丘状混合沉积体，主要分布于鄂尔多斯盆地延长组、渤海湾盆地沙河街组等。

近年来，新疆油田公司在吉木萨尔凹陷东斜坡区部署了一系列预探井和评价井，在二叠系芦草沟组均见大段荧光显示和气测异常。芦草沟组页岩油全区共完钻44口井，其中水平井14口，发现上下两套“甜点体”；完钻井芦草沟组全井段气测显示均异常；23井24层试油试采，目前已有20井21层在“甜点”发育段，通过有效压裂改造均出油，试油见油率高，其中13井13层获工业油流，取得了显著的勘探开发成果。研究成果表明，二叠系芦草沟组为吉木萨尔凹陷最主要的烃源岩，目前已钻探井大多钻遇该套岩层，岩性主要为一套灰黑色泥岩、白云质泥岩，其生油岩厚度大、面积广，厚度大于200m的有利区面积达806km^2，达到好—最好生油岩标准，有机质类型以Ⅰ型与Ⅱ$_1$型为主，成熟度主体达到成熟阶段，凹陷中心区一般较边缘区烃源岩丰度高、厚度大。经对吉木萨尔凹陷芦草沟组烃源层热史模拟，在侏罗纪末期开始进入生油阶段，在白垩纪—现今进入生油、排油高峰期，油气持续充注，凹陷中心芦草沟组在三叠纪末期埋深达低成熟油气生排烃门限，侏罗纪末为低成熟油主要生排烃期，白垩纪—古近纪凹陷中心烃源岩已进入成熟油排烃高峰。目前勘探结果发现埋深较浅的吉23井原油的成熟度相对较低，埋深相对深的井原油成熟度较高，油质相对较好。

吉木萨尔凹陷芦草沟组储层具有分布面积大、有效厚度大、低孔、特低渗的特点。通过精细地震标定及井震结合，在区域追踪出二叠系芦草沟组上、下“甜点体”的分布范围。“上甜点体”主要岩性为砂屑云岩、泥质粉砂岩、云屑砂岩，为咸化滨浅湖滩坝相沉积，据目前的资料预测其厚度大于5m的有利区面积398km^2，平均厚度24.8m；“下甜点体”主要岩性为云质粉砂岩，为咸化浅湖、三角洲前缘相沉积，预测厚度大于20m的有利区面积871km^2，平均厚度34.8m。根据吉174、吉25、吉23等多口井钻井取心储层物性分析资料，二叠系芦草沟组二段二层组（$P_2l_2^2$）分析孔隙度在1.1%~20.4%之间，平均为9.88%；渗透率在（0.01~36.3）$\times10^{-3}\mu m^2$之间，平均为0.07$\times10^{-3}\mu m^2$。依据吉174井储层物性分析资料，芦草沟组一段二层组（$P_2l_1^2$）分析孔隙度在2.1%~26.5%之间，平均为8.75%；渗透率在（0.01~52.6）$\times10^{-3}\mu m^2$之间，平均为0.05$\times10^{-3}\mu m^2$。总体评价二叠系芦草沟组储层属中低孔、低渗—特低渗的致密储层。

吉木萨尔凹陷二叠系芦草沟组地震、测井、录井及分析化验资料综合分析表明，芦草沟组具有厚度大、分布范围广的优质烃源岩；滨浅湖环境下形成的“甜点体”在横向、纵向上展布布范围较大；烃源岩、“甜点体”交互沉积，“甜点”与致密层的互层式展布为连续型页岩油藏的成藏与保护起到了关键作用。

1.2 吉木萨尔凹陷区地质概况

1.2.1 区域构造特征

准噶尔盆地东部地区是指北界为克拉美丽山，南界为博格达山所围限的区域。本区晚古生代以来，经历了海西、印支、燕山、喜马拉雅等多期构造运动，现今的盆山结构是喜马拉雅期构造作用造成，但盆地内二叠纪以来的沉积盖层因受多期构造活动不同程度的叠加改造，地层关系、构造特征较为复杂，突出表现为：其一，不同时期地层不整合发育，即P/C、J/T、K/J、E/K、Q/N；其二，准东地区现今白垩系以下各地震反射构造层呈现为凹凸相间、错落有致的构造格局，而大小不一、形态各异的凸起和凹陷，则多受到不同时期、不同走向的逆（走滑）断层控制。区内发育近东西向（北西西向）和近南北向（北北东向）的两组构造线，前者形成于海西运动期，主要表现为边界断裂和古隆起，对晚古生界沉积和构造起控制作用；后者形成于印支—燕山运动期，表现为北北东向的二级构造带叠合在海西期近东西向构造背景上，它们奠定了准东地区现今凹、隆相间的构造格局（图1.6）。

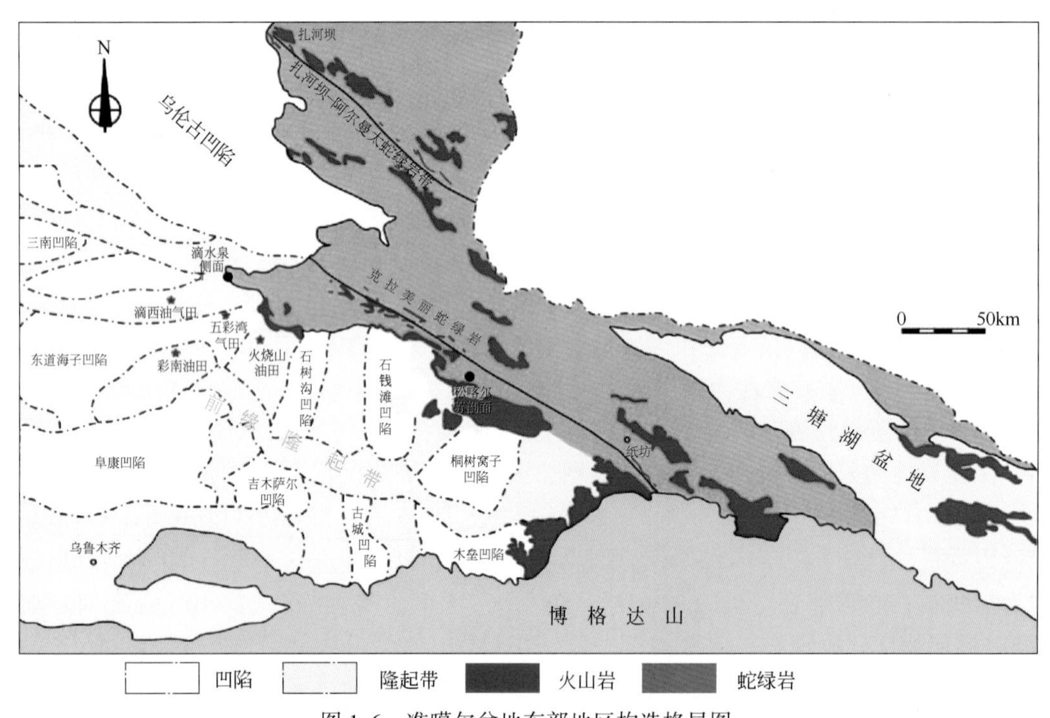

图1.6　准噶尔盆地东部地区构造格局图

吉木萨尔凹陷是在中石炭统褶皱基底上发展起来的一个西断东超的箕状凹陷，其周边边界特征明显，西面以西地断裂和老庄湾断裂与北三台凸起相接，北面以吉木萨尔断裂与沙奇凸起田比邻，南面则以三台断裂和后堡子断裂与阜康断裂带相接，向东则表现为一个逐渐抬升的斜坡，最终过渡到古西凸起上。

多期次强烈的构造运动不仅影响了该区的构造格局，也控制了该区的沉积背景及油气成藏。根据构造运动、构造沉降和抬升、地质结构变化以及构造应力转变等的特点，将吉木萨尔凹陷划分为4个演化阶段：海西运动期前陆盆地演化阶段、印支运动期泛盆演化阶段、燕山运动期振荡演化阶段和喜马拉雅运动期类前陆演化阶段（图1.7）。

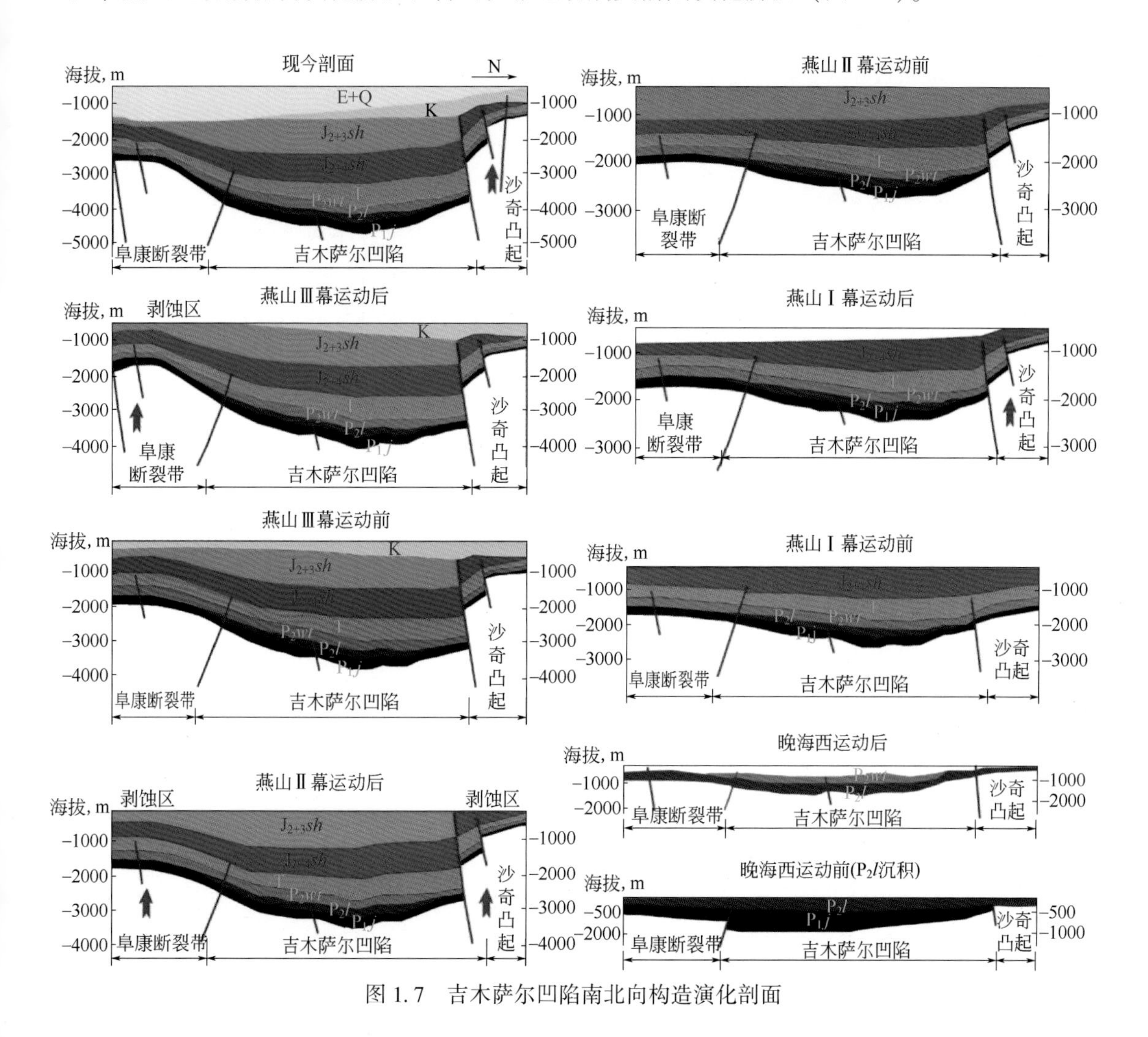

图1.7 吉木萨尔凹陷南北向构造演化剖面

1.2.1.1 海西运动期前陆盆地演化阶段

海西运动是准噶尔盆地的成盆运动，周边海槽的回返时间不同，具有构造运动的迁移特征。晚石炭世盆地东北部的克拉美丽海槽、早二叠世盆地西北缘的西准噶尔海槽相继褶皱回返。

博格达山前海槽褶皱回返时间相对较晚，至石炭纪末阜康断裂带所在位置处于较稳定环境，中石炭统巴塔玛依组为一套灰色凝灰质砂砾岩、火山角砾岩，灰黑色碳质泥岩、火山碎屑岩、玄武岩、凝灰岩、火山角砾岩及角砾熔岩，火山熔岩以基性玄武岩和中性安山岩为主，主要物源区为其北部的沙奇凸起。上石炭统石钱滩组发育一套滨海相沉积，在阜康断裂带可能也有分布，以灰绿色砂质泥岩、深灰色泥岩为主，夹浅灰色灰岩、暗色沉凝灰岩。

早二叠世晚期，盆地周缘仅残存的博格达海槽开始闭合造山，形成了博格达山前中二叠世早期的前陆型箕状坳陷，沉积了中二叠统井井子沟组南厚北薄的火山—磨拉石建造，山前前渊部位沉积厚度大，岩性较粗，主要为冲积扇—河流相的粗碎屑岩沉积，井井子沟组上部有湖相泥岩和泥灰岩沉积。

中二叠世井井子沟组之上沉积了中二叠统芦草沟组的深湖—半深湖相以暗色泥岩、油页岩为主的沉积物，广泛发育的中二叠世晚期的芦草沟组咸湖相白云质泥岩是该区的主力烃源岩。

晚二叠世末，重力均衡作用代替断陷作用，阜康断裂带地区下沉，并接受了下仓房沟群一套河流相沉积的褐色、褐红色砂泥岩建造。阜康断裂带前渊凹陷区下仓房沟群梧桐沟组可分上下两段，下段主要发育厚层浅灰色扇三角洲水下分流河道相砂和前缘席状砂，岩性以砾岩和含砾不等粒砂岩为主；上段主要发育一套岩性较细的浅湖相沉积，在靠近凹陷边缘局部区域发育扇三角洲前缘亚相泥岩与砂岩、砂砾岩互层沉积。

1.2.1.2 印支运动期泛盆演化阶段

印支运动特征在全盆表现不明显，难以界定。以前认为准东地区的印支运动表现明显，而从垂直于阜康断裂带的地震地质解释剖面上看，印支期的形变特征并不明显。整体上，自晚三叠世开始，盆地的沉积范围空前扩大，大大超过二叠纪的沉积范围，盆地进入一个泛盆沉积时期，早侏罗世八道湾期沉积范围又进一步扩大，因此在吉木萨尔凹陷以及周边构造单元沉积了较厚的三叠系、侏罗系下—中统。下三叠统为一套河流相的砂、泥岩沉积，灰绿色、紫灰色厚层—块状砂岩、砾砂岩发育，与灰绿色、暗红色泥岩、砂质泥岩的互层沉积；中—上三叠统小泉沟群为一套湖相的砂泥岩沉积，储层不太发育，但储层物性相对较好。

从构造形变上分析印支运动主要表现在阜康断裂带东段和吉木萨尔凹陷东侧的局部地区，地壳运动以垂直运动为主，水平方向的构造运动表现不明显，三叠纪中期在现今的古西凸起处发生缓慢的抬升，造成阜康断裂带及吉木萨尔凹陷东侧中三叠世的沉积范围缩小，形成八道湾组与下伏三叠系、二叠系、石炭系之间的超覆不整合接触现象。

海西—印支运动期，阜康断裂带表现为以南北向挤压运动为主，在燕山运动Ⅰ幕发生前，阜康断裂带前渊凹陷的阜康凹陷—吉木萨尔凹陷为统一坳陷，沉积范围广，中二叠统、三叠系、侏罗系中下统水西沟群在全区都有分布。二叠系沉积厚度均匀，三叠系及侏罗系中—下统水西沟群厚度西厚东薄。

1.2.1.3 燕山运动期振荡演化阶段

燕山运动期准噶尔盆地构造活动频繁，具有强烈的振荡性，准噶尔盆地的燕山运动在该区有三幕，且三幕运动都强烈，是吉木萨尔凹陷及周边构造单元的主要改造期。受燕山期多期构造运动的叠加影响，特别是经喜马拉雅运动的强烈改造，研究区在燕山运动期的单幕形变特征不易恢复，整体上燕山运动期构造抬升幅度东段大于西段。

燕山运动第一幕（YSⅠ）：侏罗纪的早中期，研究区继承了三叠纪的沉积格局，广泛接受了一套温润潮湿环境下的河沼相含煤建造——水西沟群。燕山运动第一幕为侏罗纪水西沟群沉积后（西山窑期末）发生的一次强烈的构造运动，在准噶尔盆地表现为全盆性的头屯河组（J_2t）或石树沟群（J_2Sh）与下伏西山窑组（J_2x）之间的区域性角度不整合，造成盆地周边广大地区西山窑组遭到明显的剥蚀和大面积缺失中—晚侏罗世的沉积。在吉木萨尔凹陷此期运动也比较强烈，凹陷边缘上覆石树沟群与下伏地层之间的角度不整合明显。从目前残留的地层分布及与上下地层的接触关系分析，燕山运动第一幕的影响范围非常广，但强度在燕山运动的三幕中相对较弱，中—下侏罗统或多或少都有一定的残余。侏罗纪后期发生的构造运动基本继承了燕山运动第一幕时的构造格局。

燕山运动第二幕（YSⅡ）：中—晚侏罗世，研究区由以前的潮湿环境变为干燥环境，广泛沉积了石树沟群一套河流相的红色、杂色砂泥岩—头屯河组、齐古组。石树沟期末的燕山Ⅱ幕构造运动为侏罗纪末发生的又一次强烈的构造运动，使凹陷南部的阜康断裂带抬升较高，大部分地区的侏罗系石树沟群遭受严重剥蚀，形成白垩系（K）底界与侏罗系（J）之间全盆性的角度不整合，目前发现的侏罗系油田主要分布在此期构造运动形成的低凸起或其斜坡区上。

燕山运动第三幕（YSⅢ）：白垩纪，研究区接受了少量湖沼相的以泥岩为主的碎屑岩沉积。燕山运动第三幕为白垩纪末期发生的一次强烈的构造运动，凹陷南部的阜康断裂带以冲断抬升作用为主，引起上白垩统的普遍剥蚀，在西地—阜康断裂带东段一带甚至被剥蚀殆尽，形成了区域性的角度不整合。

1.2.1.4 喜马拉雅运动期类前陆演化阶段

新近纪—第四纪喜马拉雅运动南北强大挤压应力使北天山快速、大幅度隆升，并向盆地腹部冲断，使阜康断裂带下盘发育了冲断型类似于前陆盆地前渊的箕状凹陷，凹陷自南向北新近系和第四系地层呈楔状沉积，在断裂带上盘发生冲断推覆，地层强烈变形，形成高陡构造带，使上盘的早期油气藏又遭调整。

喜马拉雅期构造运动在阜康断裂带使阜康等大型断裂逆冲推覆，从建场测深剖面分析，逆冲推覆水平距离 18~20km，推覆断裂走向基本与博格达山平行，断面呈上陡下缓状。阜康断裂上盘曾深埋地下，由于古生界、中生界急剧抬升，致使上盘挤压变形，三叠系、二叠系出露地表。

1.2.2 区域地层特征

吉木萨尔凹陷是在下石炭统褶皱基底上形成的，由于凹陷内部构造活动相对较弱，因此凹陷内形成了一套自二叠系至第四系较为齐全的沉积地层，最大沉积厚度可达 5000 余米。表 1.6 中给出了不同区域地质层位对比。凹陷内缺失上石炭统，发育下石炭统巴塔玛依内山组。巴塔玛依内山组上部为灰色凝灰质砂砾岩、火山角砾岩，下部为灰黑色碳质泥岩、火山碎屑岩和灰色玄武岩，为一套火山—沉积地层系统，其中的灰黑色碳质泥岩为良好烃源岩，值得重视。中二叠统将军庙组和芦草沟组在凹陷内连续沉积，将军庙组为一套厚度巨大的棕褐色、褐灰色泥岩、砂质砾岩夹浅灰色中细砂岩，底部为棕褐色砂质砾岩。

表 1.6 准噶尔盆地不同区域地质层位对比表

界	系	各区地质层位		
		西北缘	东北缘	南缘
新生界	第四系	西域组 Q_1x		西域组 Q_1x
	新近系	独山子组 N_2d	独山子组 N_2d	独山子组 N_2d
		塔西河组 N_1t	塔西河组 N_1t	塔西河组 N_1t
		沙湾组 N_1s	沙湾组 N_1s	沙湾组 N_1s
	古近系	安集海河组 E_3a	安集海河组 E_3a	紫泥泉子组 $E_{1-2}z$
中生界	白垩系	东沟组 K_2d	东沟组 K_2d	东沟组 K_2d
		吐谷鲁群 K_1Tg	吐谷鲁群 K_1Tg	吐谷鲁群 K_1Tg
	侏罗系	头屯河组 J_2t	石树沟群 J_2Sh	头屯河组 J_2t
		西山窑组 J_2x	西山窑组 J_2x	西山窑组 J_2x
		三工河组 J_1s	三工河组 J_1s	三工河组 J_1s
		八道湾组 J_1b	八道湾组 J_1b	八道湾组 J_1b
	三叠系	白碱滩组 T_3b	黄山街组 T_3hs	黄山街组 T_3hs
		百口泉组 T_1b	上仓房沟群 T_1Ch	韭菜园组 T_1j
上古生界	二叠系	上乌尔禾组 P_3w	下仓房沟群 P_2Ch	梧桐沟组 P_3wt
		下乌尔禾组 P_2w	平地泉组 P_2p	芦草沟组 P_2l
		夏子街组 P_2x	将军庙组 P_2j	将军庙组 P_2j
		风城组 P_1f	金沟组 P_1jg	下芨芨槽子群 P_1J
		佳木河组 P_1j		
	石炭系	太勒古拉组 C_2t	石钱滩组 C_2s	奥尔吐组 C_2a
				祁家沟组 C_2q
			巴塔玛依内山组 C_2b	柳树沟组 C_2l
		包谷图组 C_1b	滴水泉组 C_1d	
		希贝库拉斯 C_1x		

芦草沟组沉积期为快速稳定裂陷阶段，整个盆地东部处于前陆盆地发育期，对应南北两大前陆冲断带，所发育的克拉美丽、博格达前陆坳陷，具有陆缘近海湖沉积背景。周边山地大部夷为低缓丘陵，沉积物主为富含有机质的淤泥或粉砂质淤泥，沉降速率大于沉积速率，水体较深并具有分层结构，深断裂带常成为水下火山喷溢活动通道，在暗色泥岩中夹较多火山喷溢体—烃源岩发育区—基性火山岩—暗色泥页岩烃源岩组合，富含有机质的暗色泥页岩夹有厚度不等的玄武质熔岩和凝灰岩等，并常夹有富含沸石的云质岩、油页岩和生物灰岩等。芦草沟组形成了特色的咸化湖泊相，Sr/Ba>1（1.4）、B/Ga>4.5（7.7）、Th/U=0~2（1.6，缺氧还原），其深湖—半深湖亚相为一套富云质细粒沉积体系。

梧桐沟组沉积期凹陷快速沉降，在凹陷东斜坡快速沉积了一套以扇三角洲及浊积扇为主的粗碎屑岩，为研究区内一套重要的储集岩，也是目前吉木萨尔凹陷主要产油层。韭菜园组上部主要以巨厚层的灰褐色泥岩为主，中下部为泥岩夹浅灰色薄层粗砂岩、粉砂岩；烧房沟组下部为灰色细砂岩、粉砂岩、含砾砂岩夹薄层泥岩，中上部主要以厚层的深灰色、灰褐色泥岩为主。中—上三叠统小泉沟群与下伏地层不整合接触，在凹陷大部分地区遭到剥蚀，目前仅残留克拉玛依组，主要为灰色、褐灰色、黄绿色泥岩、砂质泥岩与粉砂岩、细砂岩互层，晚三叠世发生较大规模的湖侵，上三叠统发育大套暗色湖相泥岩，受三叠纪末的印支运动影响，上三叠统在工区大部分地区剥蚀殆尽。侏罗系与下伏三叠系呈不整合接触，地层向东、北东方向超覆在三叠系、二叠系之上，削截下伏地层。侏罗系发育大套河湖相砂砾岩、砂岩、泥岩及煤层，西山窑组在凹陷东部遭后期剥蚀，向东尖灭。中上侏罗统头屯河组、齐古组沉积期南部博格达山活动增强，地层沉积厚度较大，发育河流相杂色砂砾岩、泥岩及砂泥互层沉积，向北三台凸起地层逐渐减薄，向东地层遭受后期剥蚀而尖灭。

白垩纪工区呈东高西低的构造格局，吉木萨尔凹陷白垩系由西向东超覆在侏罗系之上，主要沉积一套灰色、棕褐色泥岩、砂砾岩夹灰绿色、红色泥岩，白垩纪末期的燕山运动Ⅲ幕造成白垩系遭受严重剥蚀，吉 5 井以东缺失白垩系。

新生代受博格达山抬升影响，吉木萨尔凹陷和南面的三台凸起的差异性升降活动减弱，开始了统一的沉降，前陆盆地叠置在这两个正负向单元之上，古近—新近系以洪（冲）积扇和河流相红色砂泥岩为主，地层厚度由南向北、由西向东逐渐减薄，呈明显的北薄南厚的楔状，发育红色粗碎屑岩，第四纪发育戈壁沙漠。

1.2.3 目的层芦草沟组地质特征

1.2.3.1 地理位置

研究区位于准噶尔盆地东部隆起吉木萨尔凹陷，距乌鲁木齐市 150km，申报区行政隶属于新疆维吾尔自治区吉木萨尔县管辖。地表为草地、农田、公益林和居民区等，地形较平坦，地面海拔 580～660m。工区年温差大，夏季最高气温可达 40.8℃，冬季最低气温可至-36.6℃。气候干燥，春秋两季多风沙，最大风力可达 10 级。年平均降水量小于 200mm，属大陆干旱性气候。工区地面交通较为便利，有多条油田公路穿过，具备一定的地面开发条件。申报区东南部与已探明开发的吉 7 井区二叠系梧桐沟组油藏相邻。

1.2.3.2 地层特征

芦草沟组平均厚度 260m。根据岩性和电性特征，自下而上划分为芦草沟组一段（P_2l_1）和二段（P_2l_2），分别简称为芦一段、芦二段。芦一段（P_2l_1）在吉木萨尔凹陷全区分布，在凹陷东部地层剥蚀尖灭。芦二段（P_2l_2）在凹陷大面积分布，北部、东部及南部西侧地层超覆尖灭。

芦一段（P_2l_1）自上而下分为芦一段一砂组（$P_2l_1^1$）、芦一段二砂组（$P_2l_1^2$）和芦一段三砂组（$P_2l_1^3$）三个砂组。芦二段（P_2l_2）自上而下分为芦二段一砂组（$P_2l_2^1$）、芦二段二砂组（$P_2l_2^2$）和芦二段三砂组（$P_2l_2^3$）三个砂组。其中芦一段三砂组（$P_2l_1^3$）地层厚度 33~81m，平均 55m；芦一段二砂组（$P_2l_1^2$）地层厚度 21~56m，平均 44m；芦一段一砂组（$P_2l_1^1$）地层厚度 28~75m，平均 54m；芦二段三砂组（$P_2l_2^3$）地层厚度 22~63m，平均 45m；芦二段二砂组（$P_2l_2^2$）地层厚度 22~85m，平均 48m；芦二段一砂组（$P_2l_2^1$）地层厚度 8~34m，平均 18.6m。

从录井、测井资料分析，芦草沟组见大段连续的油气显示，纵向上发育储层物性、含油性较好的层段，具有“甜点”特征。芦草沟组优质储层主要发育于芦一段二砂组（$P_2l_1^2$）和芦二段二砂组（$P_2l_2^2$），如图 1.8、图 1.9 所示。

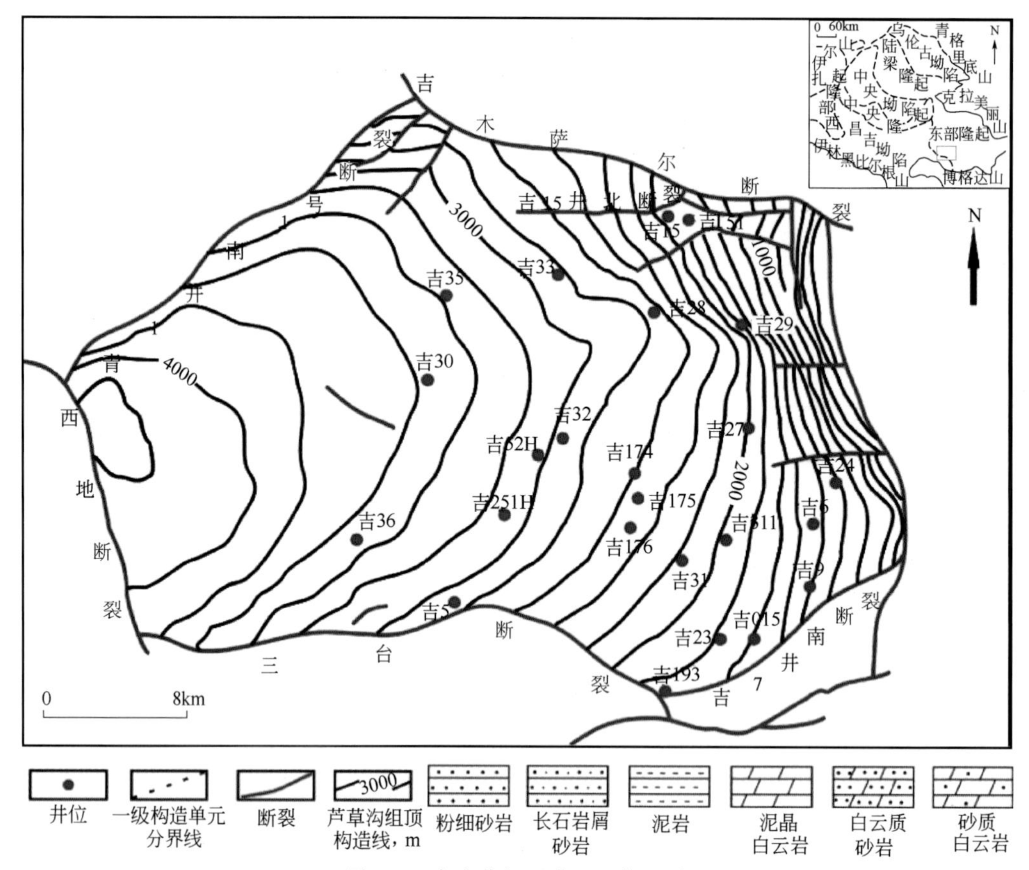

图 1.8 吉木萨尔凹陷工区位置图

1.2.3.3 构造特征

芦草沟组顶界构造形态表现为东高西低、东陡西缓的西倾单斜。在凹陷中部及西部地层较缓，地层倾角为 3°~10°，凹陷北部、东部及南部边缘地层较陡，以吉 15—吉 28—吉 27 井一线东侧为最陡，地层倾角达 20°，整体构造呈“箕状”特征。沿吉 29—吉 28—吉 33 井轴线南侧存在长轴凹槽，凹槽北侧构造以西南倾向为主，凹槽南侧构造以西北倾为主。吉木萨尔凹陷内 $P_2l_2^2$ 有利储层大面积发育，北部沿吉 35—吉 15 井南侧一带尖灭，东部沿吉 151—吉 24 井西侧一带尖灭，南部沿吉 36—吉 25—吉 23 井南侧一带尖灭，西部受西地断裂控制，东南部受吉 7 井南断裂控制，$P_2l_2^2$ 有利储层面积为 640km^2（图 1.8、图 1.9）。

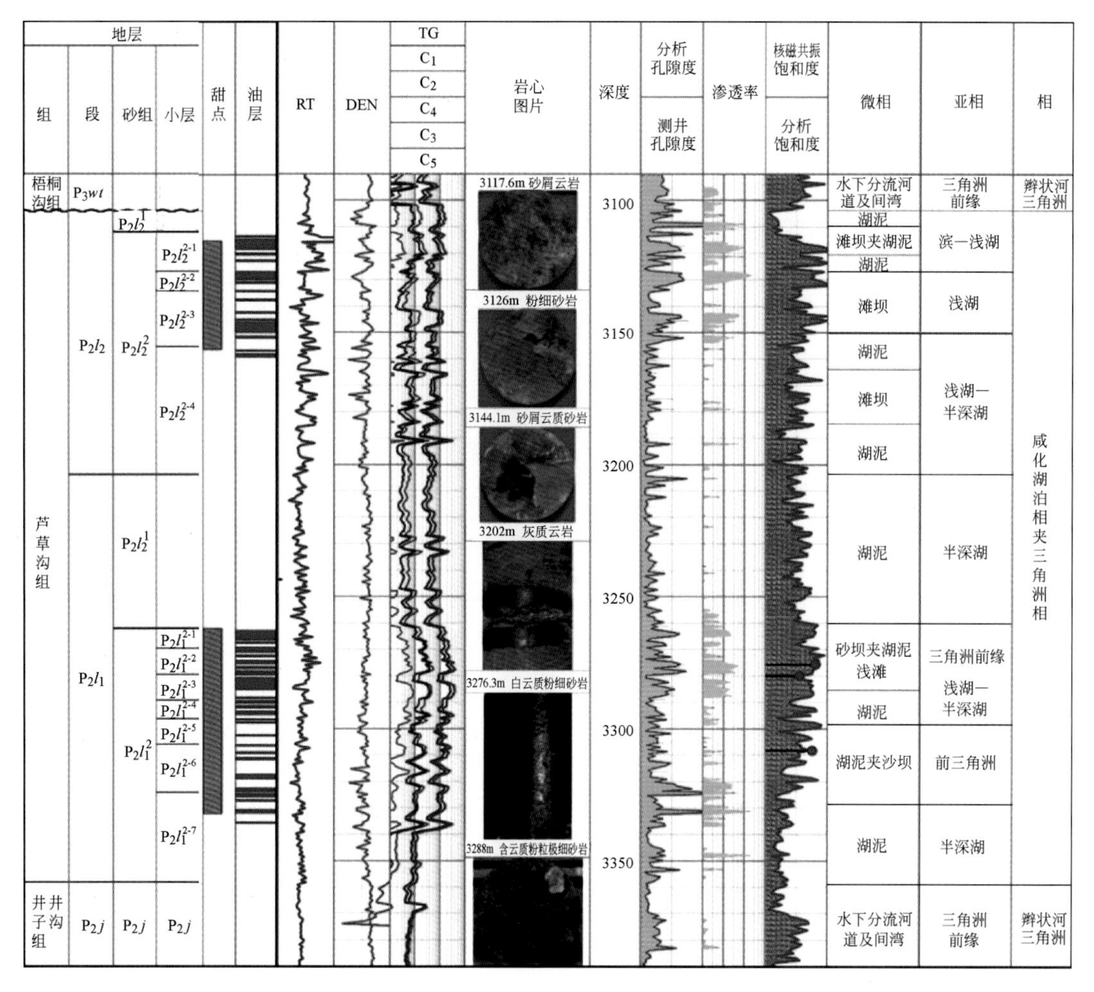

图 1.9　吉 174 井综合特征分布图

1.2.3.4　沉积特征

芦草沟组主要沉积相类型为浅湖相、滨浅湖相、滨湖相夹云泥坪相，且依次向东展开，主要岩性为内碎屑沉积的砂屑云岩、岩屑长石粉砂岩、云屑砂岩。主力储集岩为砂屑云岩和岩屑长石粉砂岩，泥晶白云岩储集物性相对较差；中部主要为滨浅湖相沉积，储集岩以云质粉砂岩为主，夹薄层状砂屑云岩；西部吉 30 井附近发育浅湖相沉积，主要储集岩为云质粉砂岩，其中白云石含量较少，砂体单层厚度都很薄，但是由于储层与烃源岩匹配关系较好，含油性也很好。芦草沟组页岩油 $P_2l_2^2$ 有利储层主要发育在凹陷东斜坡处，厚度 13.4~43.0m，平均 33m。

1.2.3.5　储层特征

根据现有研究成果，确定芦草沟组优势岩性初步可分为两大类六小类：碎屑岩类以细粒级沉积为主，主要为泥岩、云质粉细砂岩、岩屑长石粉细砂岩和云屑粉细砂岩。碳酸盐岩类主要为同生（准同生）的微晶、泥晶云岩及砂屑云岩。芦草沟组储层主要发育4种储集岩类型：云质（泥质）粉细砂岩、云屑砂岩、砂屑云岩、微晶云岩，占比分别为73%、12%、8%、7%。

统计薄片、电镜资料，芦草沟组储层碎屑成分较为复杂。填隙物含量较高，成分以泥质、高岭石、方解石等为主。碎屑颗粒磨圆度主要为次棱角状，分选较差，以颗粒支撑为主，接触方式主要为线—点状接触、点—线状接触。胶结类型以压嵌式—孔隙式主，压嵌式次之。

根据研究区内4口井59块岩心样品分析的覆压孔渗数据，吉17、吉37井区块芦草沟组 $P_2l_2^2$ 储层覆压孔隙度为5.52%~19.84%，中值为9.59%，覆压渗透率为（0.0004~1.950）$\times10^{-3}\mu m^2$，中值为 $0.013\times10^{-3}\mu m^2$。

铸体薄片、扫描电镜统计表明，二叠系芦草沟组储层主要发育四种储集空间类型：剩余粒间孔、微孔（晶间孔）、溶孔、溶缝。纳米级微孔较发育，部分纳米级微孔中充填有油膜。芦草沟组储层孔隙类型以溶孔、粒内溶孔为主。恒速压汞资料显示，芦草沟组毛管压力曲线整体呈细歪度特征，储层孔隙结构变化较大，以微细孔喉为主，但常规孔喉亦有发育（表1.7）。

表1.7 吉木萨尔凹陷芦草沟组页岩油储层孔隙类型及结构特征参数表

层位	孔隙类型及含量，%						总面孔率 %	孔隙直径最大值 μm	孔隙直径最小值 μm	平均孔隙直径 μm
	溶孔	粒内溶孔	剩余粒间孔	晶间孔	体腔孔	其他				
$P_2l_2^2$	44	32.1	7.3	3.6	2.4	10.6	0.01~2.94 0.26	17.13~2039.18 196.97	2.12~20.13 8.11	4.78~1449.22 115.44
$P_2l_1^2$	60	19.8	8	4.8		7.4	0.01~0.89 0.19	12.75~118.9 43.98	2.12~16.58 6.90	6.58~43.96 19.61
平均	52	26	7.6	4.2	1.2	9.0	0.01~2.94 0.23	12.75~2039.18 120.48	2.12~20.13 7.51	4.78~1449.22 67.53

1.2.3.6 油藏特征

目前开发的芦二段 $P_2l_2^2$ 大面积发育，北部沿吉35—吉15井南侧一带尖灭，东部沿吉151—吉24井西侧一带尖灭，南部沿吉36—吉25—吉23井南侧一带尖灭，西部受西地断裂控制，东南部受吉7井南断裂控制。整体为受断层、烃源岩控制，没有边底水，大面积连续分布的源储一体油藏（图1.10）。吉木萨尔凹陷二叠系芦草沟组取得合格覆压资料2井2层，静压资料2井2层。根据测压资料（表1-7），建立了芦草沟组油藏地层压力与海拔关系式。吉木萨尔凹陷二叠系芦草沟组 $P_2l_2^2$ 地层压力为40.84MPa，压力系数为1.31，饱和压力为7.58MPa，饱和程度为18.56%，油藏为未饱和油藏（表1.8）。

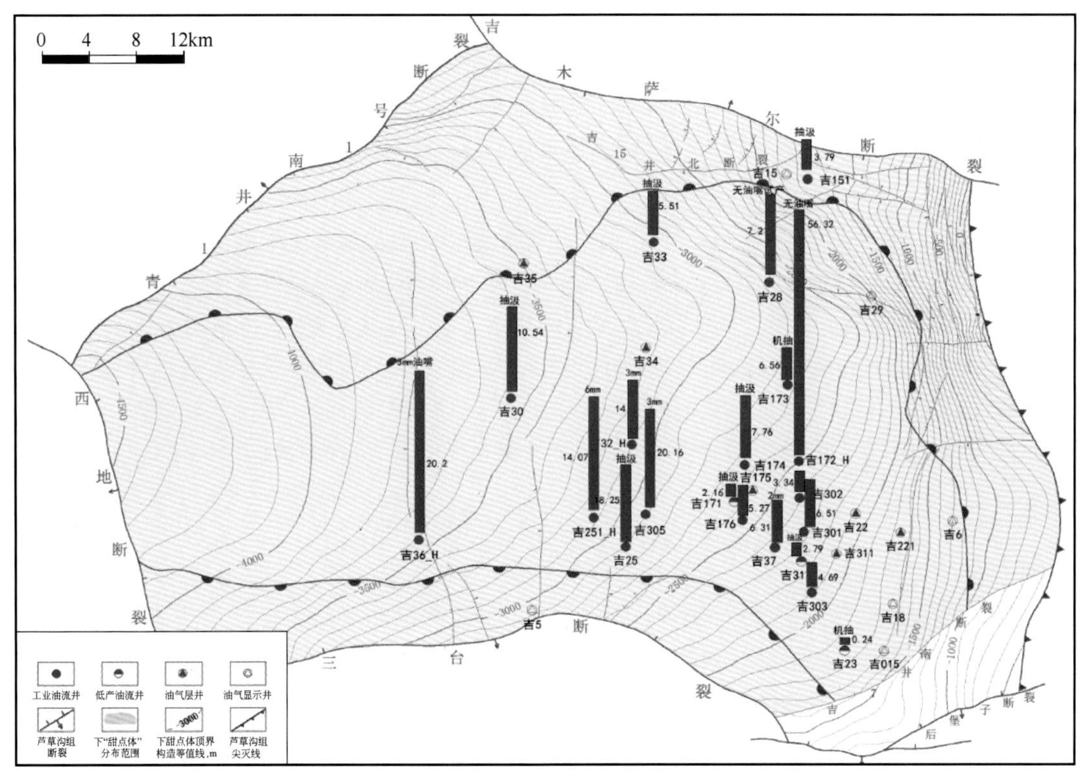

图 1.10 吉木萨尔凹陷芦草沟组 $P_2l_2^2$ 含油面积图

表 1.8 吉木萨尔凹陷芦草沟组 $P_2l_2^2$ 页岩油特征参数表

层位	油藏中部深度 m	油藏中部海拔 m	油藏高度 m	油藏中部压力 MPa	压力系数	饱和压力 MPa	地饱压差 MPa	饱和程度 %	油藏中部温度 ℃	驱动类型	控藏边界
$P_2l_2^2$	3240	−2650	3400	40.84	1.31	7.58	33.26	18.56	92.63	弹性驱动 溶解气驱	断层— 地层

本区芦二段（$P_2l_2^2$）页岩油取得 1 个合格 PVT 资料，根据资料分析，地层油密度 0.8430t/m³，地层油黏度 10.58mPa·s，地层压力下的体积系数 1.060，溶解气油比 17m³/m³。对比油气藏流体性质划分标准，吉 17、吉 37 井区芦草沟组 $P_2l_2^2$ 页岩油原油属于一般黑油。

吉 17 井已开发区块 $P_2l_2^2$ 取得 6 口井 12 个原油分析样品，地面原油密度 0.8727～0.8963t/m³，平均 0.8862t/m³；含蜡量 8.60%～11.60%，平均 10.03%；凝点 12～22℃，平均 18.00℃（表 1.9）。

表 1.9 吉 17、吉 37 井区芦草沟组页岩油原始原油体积系数表

区块	井号	层位	分析结果						
			饱和压力 MPa	体积系数		气油比 m^3/m^3	压缩系数 $10^{-3}MPa^{-1}$	地层油密度 t/m^3	地层压力下原油黏度，mPa·s
				饱压下	地压下				
吉 37 井区	吉 37	$P_2l_2^2$	3.95		1.060	17	0.8408	0.8430	10.58

2 吉木萨尔页岩油岩石学特征

油气储层的岩石类型直接影响着储层的孔隙类型和储集类型，并对成岩演化、孔隙演化乃至含油性具有重大影响。因此，储层岩石学特征的研究是进行储层综合研究、探讨油气成因等影响因素的基础。吉木萨尔凹陷页岩油勘探中，吉174井二叠系芦草沟组全井段取心256m，累计磨制岩石薄片与铸体薄片500余块、X射线衍射分析200余样，并且开展了大量荧光薄片鉴定、有机碳分析等相关的分析化验工作；样品类型齐全，纵向连续性好，可对比性强，为开展研究区页岩油储层岩石类型及特征研究提供了丰富的基础资料保障。

2.1 岩石组分类型及特征

岩石铸体薄片与荧光薄片观察分析表明，二叠系芦草沟组页岩油储层岩石组分复杂，主要包括陆源碎屑、碳酸盐、火山碎屑及有机质等四种组分类型。不同岩石组分在地层中不等量混杂，形成了复杂的混积岩。

2.2.1 矿物成分分布特征

吉木萨尔凹陷芦草沟组岩石的矿物成分多样，存在石英、钾长石、斜长石、方解石、白云石、赤铁矿、黄铁矿、菱铁矿、方沸石、浊沸石以及黏土矿物等多种矿物类型（图2.1）。其中，长石平均含量最高，石英与白云石平均含量相当，黏土矿物平均含量相对较低。该区复杂的矿物成分及含量组合特征与其他盆地细粒沉积岩类页岩油储层存在明显差异，反映了一种碎屑沉积岩与化学沉积岩过渡或者火山碎屑岩与正常沉积岩过渡的混合沉积岩类。不同深度段内各矿物成分相对含量差异较大，并且纵向上各矿物成分相对含量频繁发生变化，表明岩石类型及其组合规律极其复杂。

2.2.2 陆源碎屑组分

陆源碎屑组分含量范围广，从0~100%皆有分布，平均含量约为52.8%，并且各含量范围分布频率差异较大［图2.2(a)］，是研究区岩石的主要组分类型。从组成来看，陆源碎屑组分成分成熟度低，以长石和岩屑为主，石英与黏土矿物含量低（图2.3）。其中，石英相对含量为1%~23%，主要分布范围为3%~12%，平均为7.84%；长石相对含量为3%~86%，主要分布范围为39%~51%，平均为48.5%；岩屑相对含量为8%~36%，主要分布范围为16%~32%，平均为28.4%；黏土矿物相对含量为1%~35.9%，主要分布范围为3%~18%，平均为12.28%；其他成分平均含量为2.92%。从结构来看，陆源碎屑组分粒度细，平均粒径为0.02~0.24mm，主要分布范围为0.02~0.1mm，以粉砂为主，含少量细砂与泥；结构成熟度中等，分选中等—好，分选系数为1.0~1.7，主要分布范围为1.1~1.4；磨圆次棱角状—次圆状（图2.4、图2.5）。

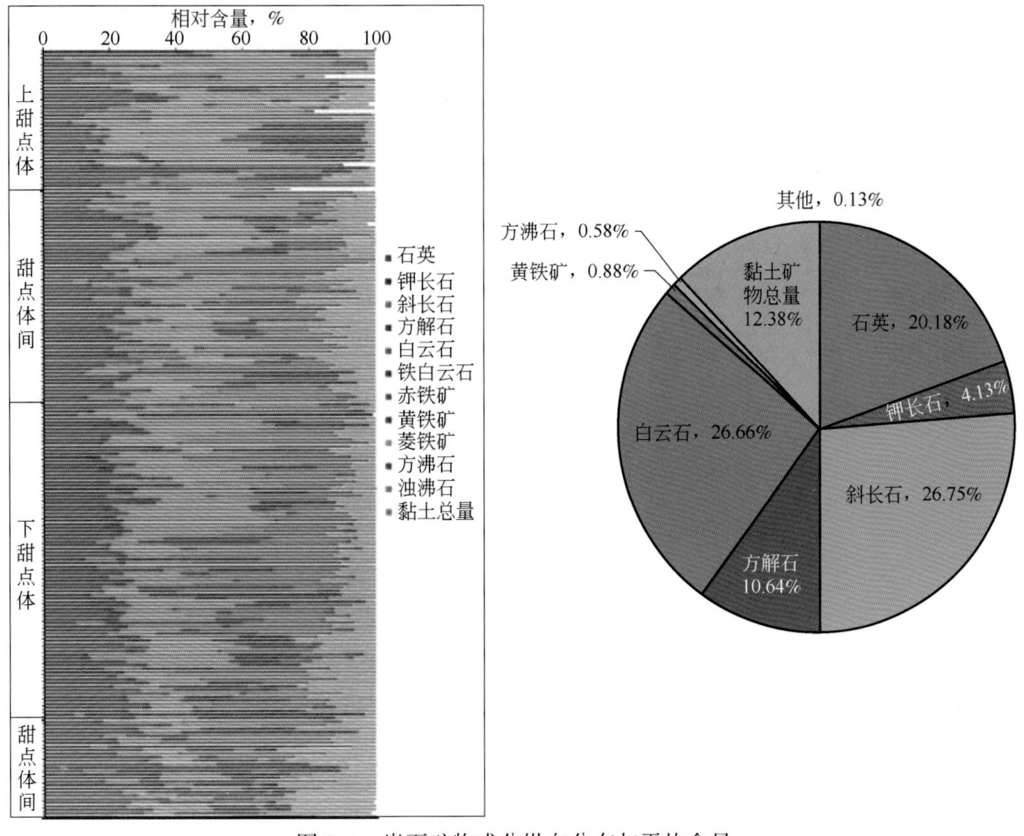

图 2.1　岩石矿物成分纵向分布与平均含量

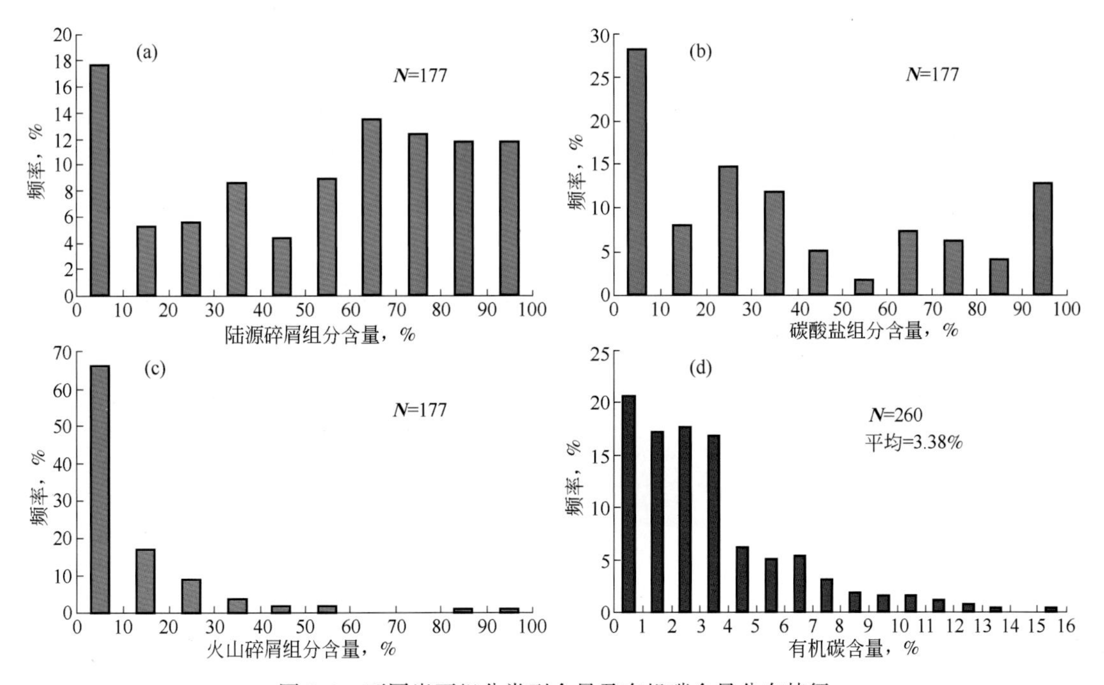

图 2.2　不同岩石组分类型含量及有机碳含量分布特征

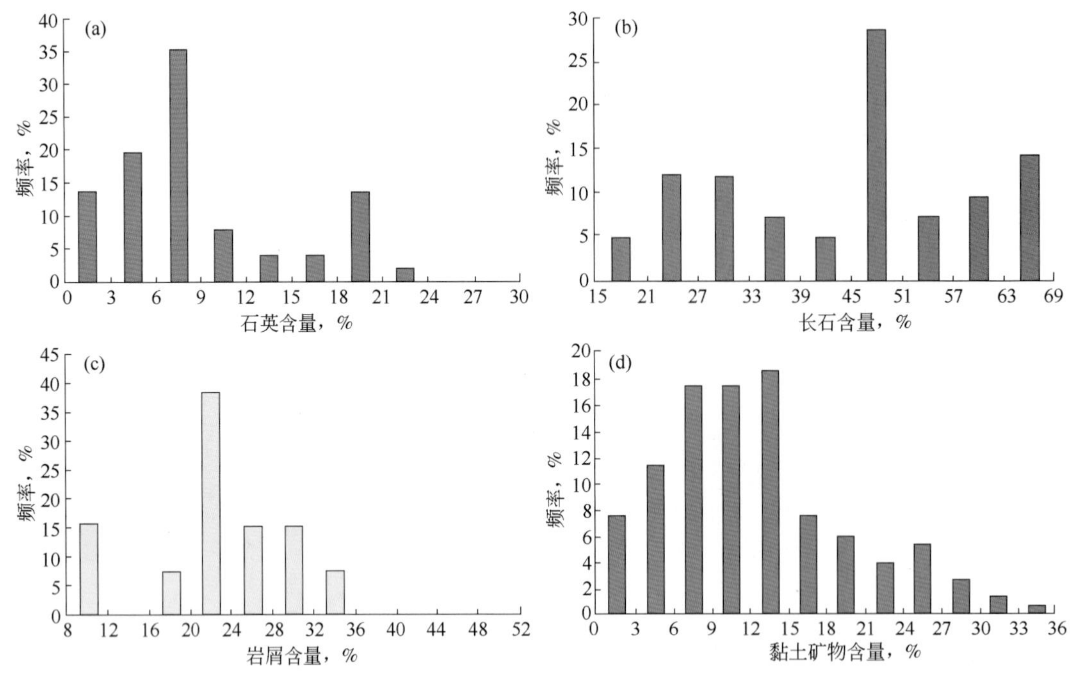

图 2.3 陆源碎屑组分成分含量分布特征

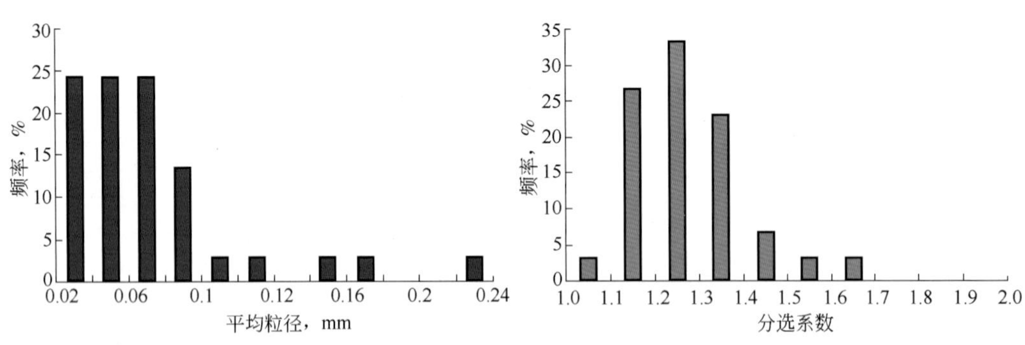

图 2.4 陆源碎屑组分碎屑结构特征

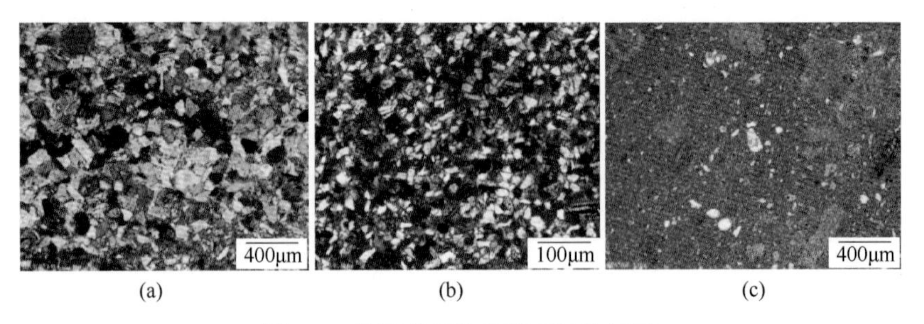

图 2.5 陆源碎屑组分镜下结构特征

(a) 吉 174 井，3142.13m (-)，细砂，分选中等，次棱角状；(b) 吉 174 井，3143.32m (-)，粉砂，分选中等，次圆状；(c) 吉 174 井，3138.76m (-)，泥，分选好

2.2.3 碳酸盐组分

碳酸盐组分含量分布范围为0~100%，平均含量约为37.7%，各含量范围分布频率存在差异，主要含量范围为0~50%，少部分岩石中碳酸盐组分可达90%以上［图2.2(b)］，是研究区岩石的主要组分类型。从组成来看，碳酸盐组分主要为云泥，相对含量主要分布范围为90%~100%，含有少量的灰泥，相对含量主要分布范围为0~10%（图2.6、图2.7）。从晶粒结构来看，碳酸盐组分主要为泥晶，可见少量粉晶（图2.8）。另外，碳酸盐组分中常见砂屑、鲕粒、藻粒及生物碎屑等结构类型（图2.9）。

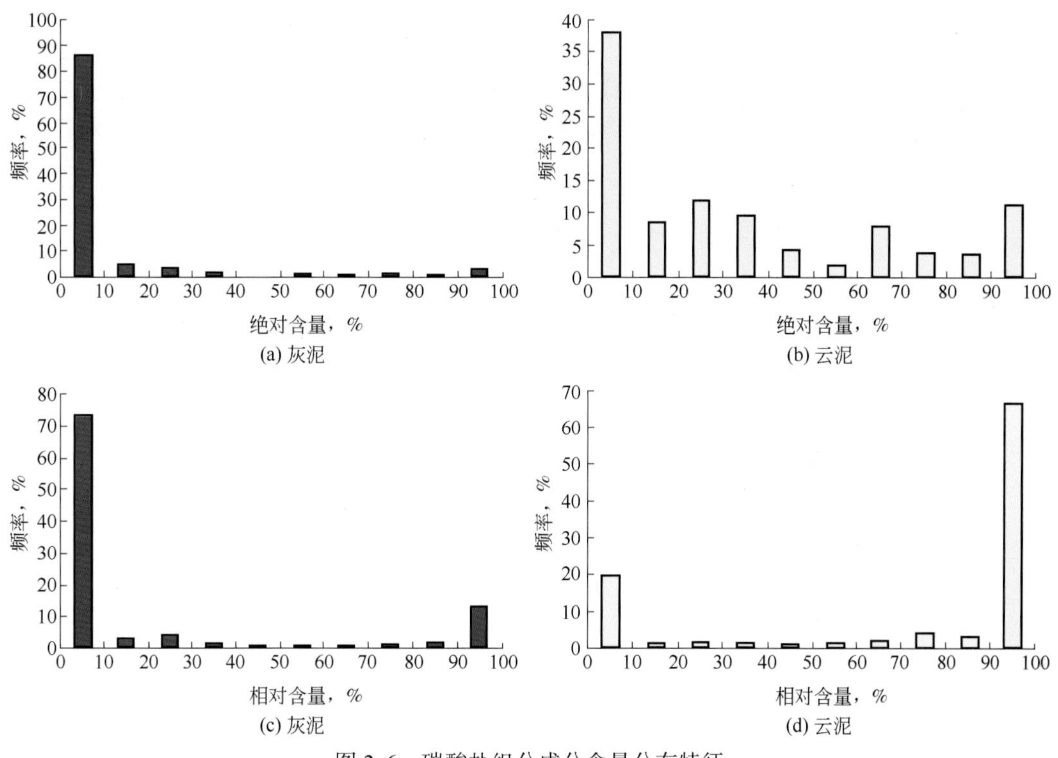

图2.6 碳酸盐组分成分含量分布特征

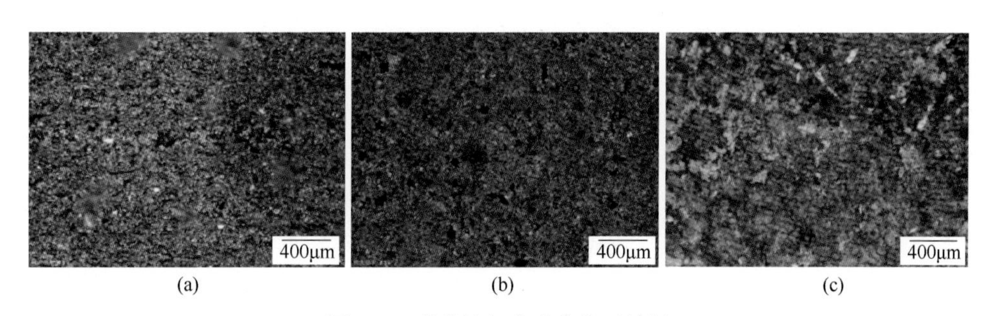

图2.7 碳酸盐组分成分镜下特征

（a）吉174井，3121.68m（+），云泥；（b）吉174井，3115.56m（+），云泥；（c）吉174井，3113.34m（-），灰泥

图 2.8　碳酸盐组分晶粒结构特征

（a）吉 174 井，3134.79m（-），粉晶；（b）吉 174 井，3250.82m（+），泥—粉晶；（c）吉 174 井，3117.16m（-），泥晶

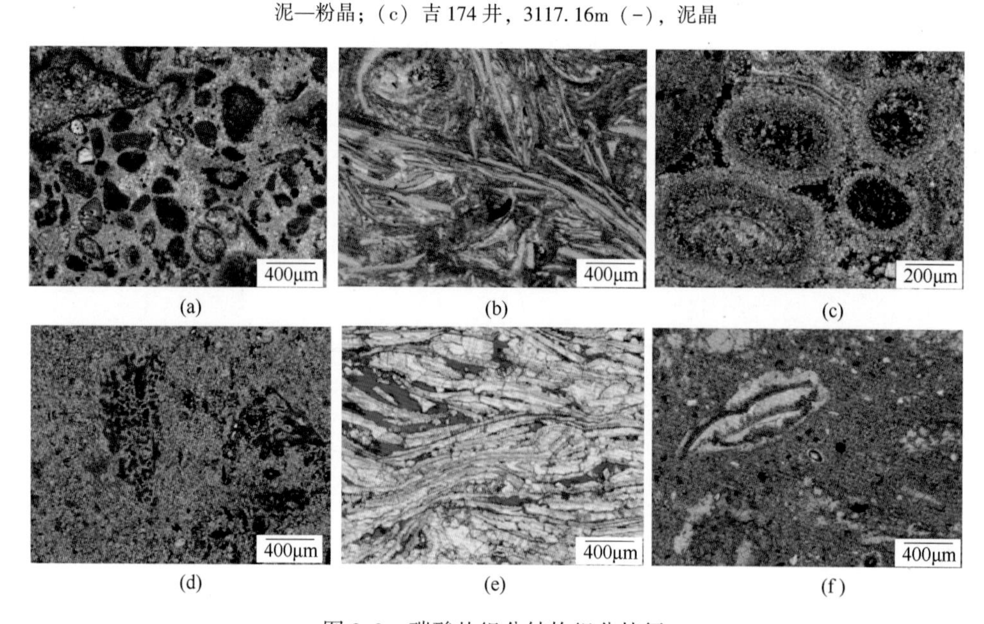

图 2.9　碳酸盐组分结构组分特征

（a）吉 174 井，3182.43m（-），砂屑；（b）吉 174 井，3149.6m（-），生物碎屑；（c）吉 174 井，3183.63m（+），鲕粒；（d）吉 174 井，3134.79m（+），藻粒；（e）吉 174 井，3165.32m（-），生物碎屑；（f）吉 174 井，3172.58m（-），生物碎屑

2.2.4　火山碎屑组分

研究区在二叠纪发生过强烈的火山作用，导致该区芦草沟组岩石中普遍出现火山碎屑组分（图 2.10）。薄片观察与统计表明，火山碎屑组分粒度细，主要以火山凝灰为主，含量分布范围广，从 0~100%皆有分布，但各含量范围分布频率存在较大差异，主要分布范围为 0~30%，仅有极少数岩石中火山碎屑组分含量达 80%~100%［图 2.2(c)］。

火山凝灰物质的加入，不仅使岩石组分来源多样，矿物成分复杂，矿物易于转化，而且会使成岩改造过程更为复杂。火山凝灰物质一般有助于改善储层物性，一方面，主要是由于火山凝灰物质中含有较多的易溶组分，在有机酸的作用下，可以发生大量的溶蚀，有利于形成次生孔隙；另一方面，火山凝灰物质发生脱玻化及蚀变形成钠长石等过程可以发

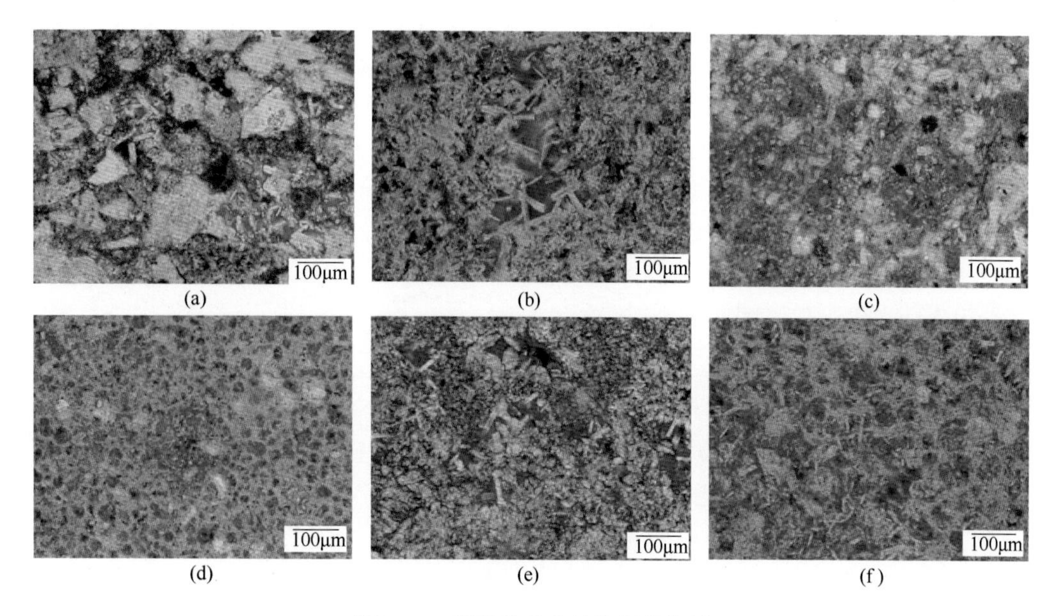

图 2.10 碳酸盐组分结构组分特征

(a) 吉 174 井，3143.32m (-)，凝灰质团块，细粒凝灰溶蚀，残余板条状长石；(b) 吉 174 井，3169.19m (-)，细粒凝灰溶蚀，剩余板条状长石；(c) 吉 174 井，3267.19m (-)，凝灰质团块溶蚀；(d) 吉 174 井，3269.52m (-)，凝灰质溶蚀、钠长石化；(e) 吉 174 井，3121.38m (-)，凝灰质溶蚀；(f) 吉 174 井，3262.59m (-)，凝灰质溶蚀

生缩水与微裂隙化，改善储层物性。根据铸体薄片观察，研究区岩石中火山凝灰物质普遍发生溶蚀与钠长石化，次生孔隙极其发育，并且火山碎屑含量与储层物性之间存在较好的正相关关系（图 2.11）。因此，火山碎屑组分容易发生溶蚀，有效改善储层物性，对研究区页岩油储层具有极其重要的意义。

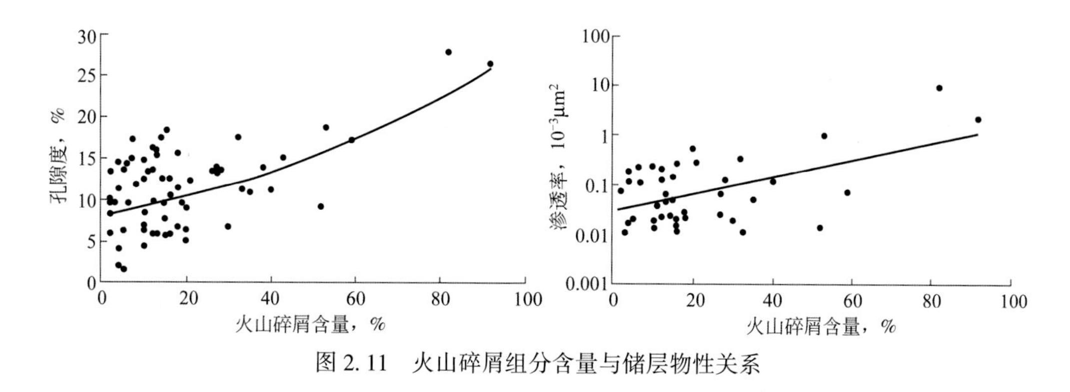

图 2.11 火山碎屑组分含量与储层物性关系

2.2.5 有机质组分

荧光薄片观察表明，二叠系芦草沟组页岩油储层岩石中普遍含有机质组分，有机质荧光显示为黄色，表明其处于低成熟—成熟阶段［图 2.12(a)］。相对于上述三种组分类型，

有机质组分在岩石中的含量分布范围较窄，一般小于 30%，主要分布范围为 0~15%。但是，研究区岩石中有机碳含量普遍较高，达到陆相烃源岩评价中好烃源岩（TOC 大于 1%）标准的岩石约占 80%以上。对研究区 70 余块样品镜下统计表明，随着 TOC 的增加，岩石颜色由浅褐色逐渐变为深褐色，并且不同有机碳含量的岩石中有机质的分布状态存在明显的差异，当 TOC 小于 1.5%时，岩石中有机质在镜下少见或偶见斑点状分布；当 TOC 为 1.5%~4%时，岩石中有机质呈零星斑点状分布至断续的薄纹层状分布；当 TOC 大于 4%时，岩石中有机质呈较为连续的薄层状分布；随着 TOC 的进一步增大，岩石中有机质逐渐呈团块状富集出现［图 2.12(b)~(f)］。

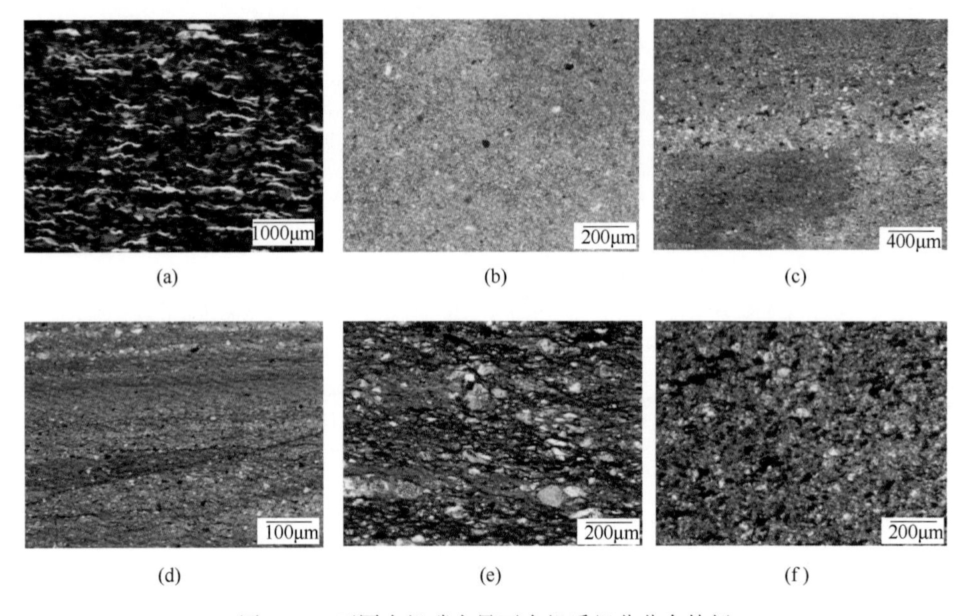

图 2.12　不同有机碳含量下有机质组分分布特征

（a）吉 174 井，3159.75m，有机质黄色荧光（荧光）；（b）吉 174 井，3117.16m（-），TOC=0.39%，偶见斑状有机质；（c）吉 174 井，3146.19m（-），TOC=1.88%，有机质呈斑点状分布；（d）吉 174 井，3130.76m（-），TOC=3.03%，有机质呈断续纹层状分布；（e）吉 174 井，3115.87m（-），TOC=4.66%，有机质呈较连续纹层状；（f）吉 174 井，3152.98m（-），TOC=13.86%，有机质呈团块状富集

岩石中有机碳含量与储层含油性之间具有较好的对应关系，当 TOC 小于 1.5%时，以干层为主，相对含量高达 76.92%以上，含油层较少，相对含量为 23.08%；当 TOC 为 1.5%~4%时，含油层相对含量为 57.14%，略高于干层相对含量 42.86%；当 TOC 大于 4%时，以含油层为主，相对含量高达 72.73%，干层较少，相对含量为 27.27%（图 2.13）。另外，页岩油储集岩中有机碳含量与储层孔隙度具有较好的正相关关系（图 2.13），主要是由于有机质低成熟阶段以生酸为主，生成的有机酸引起岩石中长石、岩屑及火山凝灰物质等酸性易溶组分发生强烈溶蚀，产生大量的次生孔隙。

吉木萨尔凹陷芦草沟组岩石有机碳含量分布，具有三个明显的区间，TOC 小于 1.5%的样品占总数的 35.76%，TOC 为 1.5%~4%的样品占总数的 37.09%，TOC 大于 4%的样品占 27.15%（图 2.14）。

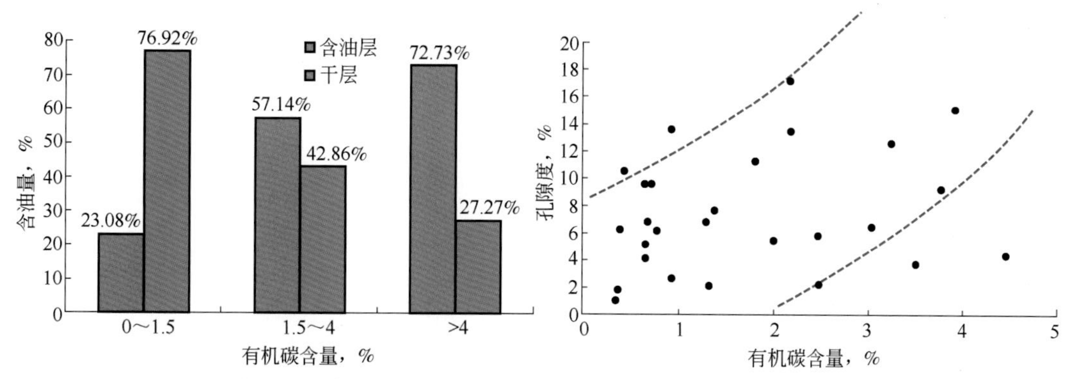

图 2.13　有机碳含量与含油性（左）及孔隙度（右）的关系

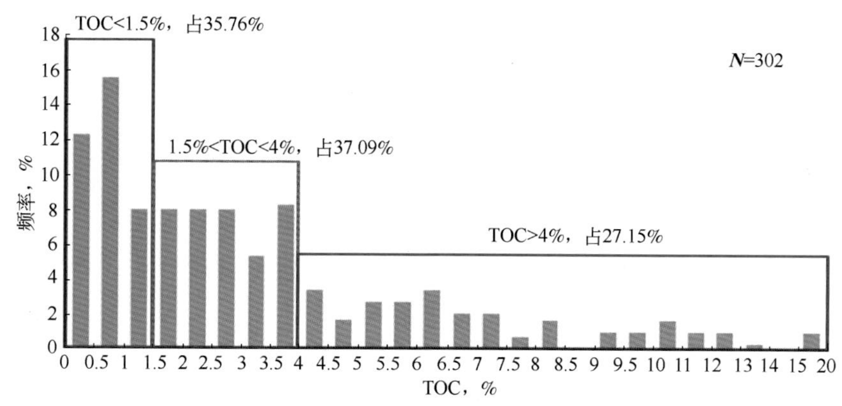

图 2.14　芦草沟组岩石抽提后有机碳含量分布特征

2.2　岩石类型划分方案

吉木萨尔凹陷二叠系芦草沟组页岩油储层岩石组分复杂，矿物成分多样，为碎屑沉积岩与化学沉积岩过渡或火山碎屑岩与正常沉积岩过渡的复杂混合沉积岩类。关于复杂混合沉积岩的分类命名，诸多学者提出了各自的方案，但由于研究区岩石组分的复杂性与特殊性，现有的分类方案均不能有效地对研究区页岩油储层岩石类型进行划分。因此，需要在前人分类方案的基础上，引入新方案对该类复杂混合沉积岩石类型进行划分，为研究区页岩油气勘探开发提供理论支撑。

岩石划分的基本原则是所选用的分类组分既要能够定量识别鉴定，又要能够联系岩石的成因特征，并且划分结果具有较强的实用性与可操作性，能够指导页岩油勘探开发。上述研究表明，二叠系芦草沟组页岩油储层岩石中陆源碎屑组分、碳酸盐组分及火山碎屑组分不仅容易定量识别鉴定，含量分布范围广（从 0~100%皆有分布），而且彼此间的含量组合关系可以反映岩石成因特征与储层质量好坏，能够作为该类复杂岩石类型划分的三个端元组分。同时，岩石中普遍含有机质组分，对“源储一体”型页岩油储层成岩作用、储集物性及含油性具有重要的影响，应该作为页岩油储层岩石类型划分的另一重要组分。因此，本书选用“四组分三端元”的分类方案，对二叠系芦草沟组页岩油储层岩石类型进行划分。四组分是指有机质组分、陆源碎屑组分、碳酸盐组分及火山碎屑组分；三端元是指陆源碎屑含量、碳酸盐含量及火山碎屑含量。

鉴于有机质组分在研究区页岩油储层中的重要作用，在上述研究的基础上，首先以TOC值为1.5%与4.0%为界，将吉木萨尔凹陷二叠系芦草沟组页岩油储层岩石划分为贫有机质（TOC<1.5%）、中有机质（1.5%<TOC<4.0%）与富有机质（TOC>4.0%）三种类型；然后，以陆源碎屑含量、碳酸盐含量及火山碎屑含量为三端元，以各自值50%为界，将每一类有机碳含量级别的岩石划分为4大类（图2.15）。当某一端元组分大于50%时，以该组分为岩石类型的主名，如陆源碎屑岩类、碳酸盐岩类及火山碎屑岩类。分析表明，研究区页岩油储层中陆源碎屑岩类主要为（粉）砂岩类或泥岩类；碳酸盐岩类主要为泥晶云岩类及少量灰岩类；火山碎屑岩类主要为凝灰岩与沉凝灰岩类。当三种端元组分含量均小于50%时，表示三种端元组分的高度混合，定名为正混积岩类。对于前三大类岩石的详细分类，参照传统的分类命名方式，遵循三级命名原则，结合成分、构造及组分含量（10%，25%和50%）进行划分，例如某一岩石中粉砂含量为55%，云泥含量为28%，火山凝灰含量为12%，泥质含量为5%，有机碳含量为1.3%，且为块状构造，应命名为贫有机质块状含凝灰云质粉砂岩；对于正混积岩，则根据含量最高的端元组分命名为“××型正混积岩”，例如某一岩石中火山碎屑组分含量为43%，碳酸盐组分含量为27%，陆源碎屑组分含量为30%，有机碳含量为2.4%，且为块状构造，应命名为中有机质块状火山碎屑型正混积岩。

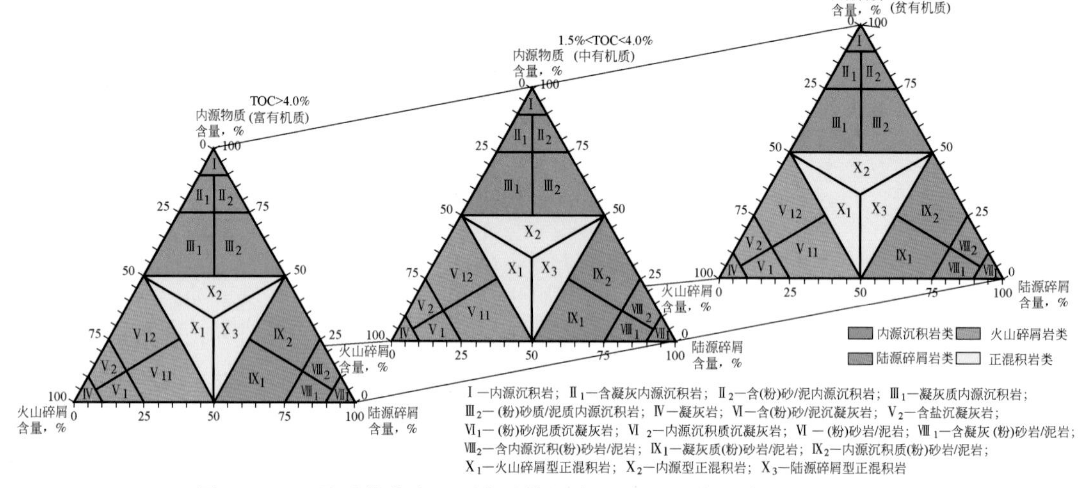

图2.15　二叠系芦草沟组页岩油储层岩石“四组分三端元”分类方案

根据上述分类原则，芦草沟组页岩油储层中每一类有机碳含量级别的岩石可以分为4大类，进一步详细划分为18小类（表2.1）。需要说明的是，在上述岩石分类命名中，陆源碎屑岩类应该明确粒级，如细砂、粉砂及泥等；碳酸盐岩类应该体现晶粒大小与结构组分特征，如泥晶、粉晶、砂屑、鲕粒及生物碎屑等；各类岩石的命名中可根据研究需要体现构造特征，如块状、纹层状及页状等。上述方案一方面把能够反映成因特征，对细粒岩储层及含油性比较适用，适合勘探阶段，并且可以把鉴别与计量的主要岩石组分反映到了岩石的分类命名中；另一方面，尊重传统，分类具有定量的界线，遵循了目前学术上的三级命名原则。

表 2.1 吉木萨尔凹陷芦草沟组岩石“四组分三端元”综合分类命名表

岩石类型		命名规则	碳酸盐含量,%	火山碎屑含量,%	陆源碎屑含量,%	岩石名称	备注
Ⅰ	碳酸盐岩类	碳酸盐岩	>90	<10	<10	石灰岩/白云岩	体现结构组分特征（泥晶、粉晶，内碎屑、生物碎屑、鲕粒等）
Ⅱ1		含××碳酸盐岩	75~90	10~25	10~25	含（粉）砂/泥含凝灰云岩/灰岩	火山碎屑含量大于陆源碎屑含量
Ⅱ2						含凝灰含陆（粉）砂/泥云岩/灰岩	陆源碎屑含量大于火山碎屑含量
Ⅲ1		××质碳酸盐岩	50~75	25~50	10~25	含（粉）砂/泥凝灰质云岩/灰岩	
Ⅲ2			50~75	10~25	25~50	含凝灰（粉）砂质/泥质云岩/灰岩	
Ⅳ	火山碎屑岩类	凝灰岩	<10	>90	<10	凝灰岩	
Ⅴ1		含××沉凝灰岩	10~25	75~90	10~25	含云/灰含（粉）砂/泥沉凝灰岩	陆源碎屑含量大于碳酸盐含量
Ⅴ2						含（粉）砂/泥含灰/云沉凝灰岩	碳酸盐含量大于陆源碎屑含量
Ⅵ1		××质沉凝灰岩	10~25	50~75	25~50	含云/灰（粉）砂质/泥质沉凝灰岩	
Ⅵ2			25~50	50~75	10~25	含（粉）砂质/泥云质/灰质沉凝灰岩	
Ⅶ	陆源碎屑岩类	（粉）砂岩/泥岩	<10	< 10	>90	（粉）砂岩/泥岩	
Ⅷ1		含××（粉）砂岩/泥岩	10~25	10~25	75~90	含灰/云含凝灰（粉）砂岩/泥岩	火山碎屑含量大于碳酸盐含量
Ⅷ2						含凝灰含灰/云（粉）砂岩/泥岩	碳酸盐含量大于火山碎屑含量
Ⅸ1		××质（粉）砂岩/泥岩	0~25	25~50	50~75	含灰/云凝灰质（粉）砂岩/泥岩	
Ⅸ2			25~50	0~25	50~75	含凝灰云/灰质（粉）砂岩/泥岩	
Ⅹ1	正混积岩类	××型正混积岩	0~50	0~50	0~50	火山碎屑型正混积岩	火山碎屑含量最高
Ⅹ2						陆源碎屑型正混积岩	陆源碎屑含量最高
Ⅹ3						碳酸盐型正混积岩	碳酸盐含量最高

注：陆源碎屑岩类明确粒级，如细砂、粉砂、泥等.碳酸盐岩类明确结构，如泥晶、粉晶；泥岩、碳酸盐岩、正混积岩可体现构造，如块状、纹层状、页状等。

2.3 页岩层岩石类型

利用普通薄片与铸体薄片，定量统计陆源碎屑、碳酸盐与火山碎屑的相对含量，将结果在岩石分类三角图中投点。结果表明，吉木萨尔凹陷芦草沟组页岩油储层岩石以碳酸盐岩类与陆源碎屑岩类为主，部分层段含少量的火山碎屑岩类与正混积岩类（图 2.16）。在此基础上，结合岩心观察、薄片鉴定及有机碳测试等，对研究区各大类岩石结构特征、储集特征及含油性特征等进行分析对比，为页岩油勘探开发提供指导。

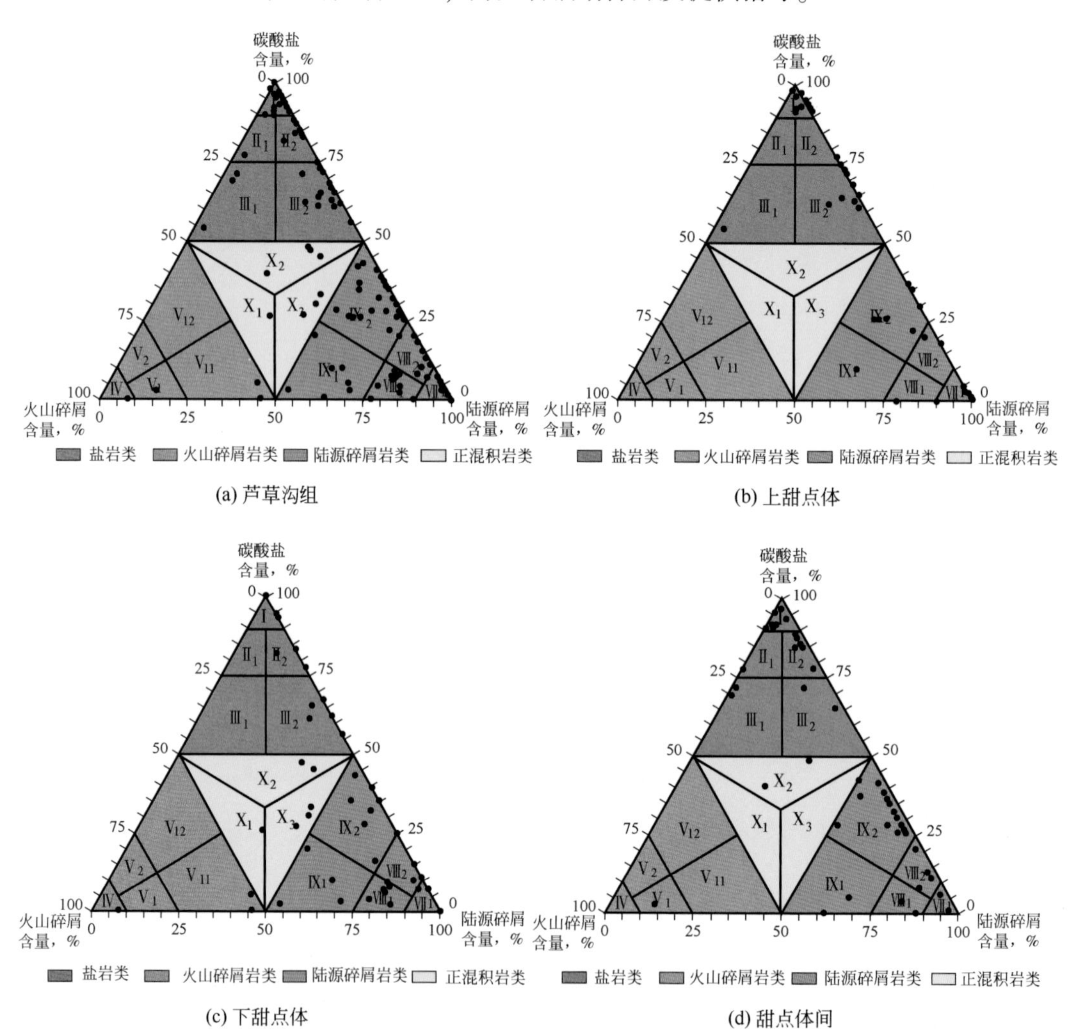

图 2.16　二叠系芦草沟组页岩油储层岩石类型分布图

Ⅰ—碳酸盐岩；Ⅱ$_1$—含凝灰碳酸盐岩；Ⅱ$_2$—含（粉）砂/泥碳酸盐岩；Ⅲ$_1$—凝灰质碳酸盐岩；Ⅲ$_2$—（粉）砂质/泥质碳酸盐岩；Ⅳ—凝灰岩；Ⅴ$_1$—含（粉）砂/泥沉凝灰岩；Ⅴ$_2$—含云/灰沉凝灰岩；Ⅵ$_1$—（粉）砂/泥质沉凝灰岩；Ⅵ$_2$—云/灰质沉凝灰岩；Ⅶ—（粉）砂岩/泥岩；Ⅷ$_1$—含凝灰（粉）砂岩/泥岩；Ⅷ$_2$—含云/灰（粉）砂岩/泥岩；Ⅸ$_1$—凝灰质（粉）砂岩/泥岩；Ⅸ$_2$—云/灰质（粉）砂岩/泥岩；Ⅹ$_1$—火山碎屑型正混积岩；Ⅹ$_2$—碳酸盐型正混积岩；Ⅹ$_3$—陆源碎屑型正混积岩

2.3.1 陆源碎屑岩类

陆源碎屑岩类中陆源碎屑组分含量大于50%，岩石粒度细，主要为粉砂岩与泥岩，该类岩石在研究区大量分布（图2.17）。粉砂岩碎屑颗粒以长石为主，岩屑次之，石英与黏土矿物含量低；粒径大小主要为0.04~0.1mm，分选好，磨圆次棱角状—次圆状；有机碳含量低，平均为1.23%，主要为贫有机质岩石。储集空间主要为溶蚀孔隙，含少量的剩余原生粒间孔隙，由于火山凝灰物质的溶蚀与钠长石化，使得含凝灰粉砂岩与凝灰质粉砂岩储集空间较含云/灰粉砂岩和灰质/云质粉砂岩发育，储层孔隙度为6.8%~17.5%，平均为12.6%，渗透率为（0.011~0.318）$\times10^{-3}\mu m^2$，平均为0.1$\times10^{-3}\mu m^2$。岩心标本含油性好，为页岩油主要的储集岩类，而含云/灰粉砂岩和灰质/云质粉砂岩致密程度高，储集空间欠发育，储层孔隙度为2.1%~11%，平均为6.53%，渗透率为（0.01~0.135）$\times10^{-3}\mu m^2$，平均为0.049$\times10^{-3}\mu m^2$，含油性较差。泥岩颜色较深，主要以块状和纹层状为主，有机碳含量高，平均为3.87%，主要为中有机质与富有机质岩石，有机质常呈较连续的纹层状出现，为良好的生油岩。

图2.17 二叠系芦草沟组页岩油储层陆源碎屑岩发育特征

（a）吉174井，3114.86m（-），含凝灰粉砂岩，粒间孔隙发育；（b）吉174井，3114.86m，岩心标本含油性好；（c）吉174井，3141.04m（-），凝灰质粉砂岩，粒间溶蚀孔隙及自生钠长石发育；（d）吉174井，3141.04m，岩心标本含油性好；（e）吉174井，3291.24m（+），云质粉砂岩，孔隙不发育；（f）吉174井，3141.89m（-），含云泥岩

2.3.2 碳酸盐岩类

碳酸盐岩类中碳酸盐组分含量大于50%，主要以泥晶云岩为主，部分层段含有少量粉晶云岩与灰岩，该类岩石在研究区大量分布（图2.18）。碳酸盐岩类结构组分复杂，可见砂屑、鲕粒及生物碎屑等多种结构组分类型。有机碳含量中等，平均为2.75%，主要

为中有机质岩石，可以作为生油岩。较纯的泥晶云岩致密程度高，储集空间欠发育，孔隙度为1.2%~13.5%，平均为6.87%，渗透率为（0.01~0.261）$\times10^{-3}\mu m^2$，平均为0.049$\times10^{-3}\mu m^2$，含油性较差；粉晶云岩中可见晶间孔隙，含有陆源碎屑与火山碎屑组分的碳酸盐岩中溶蚀孔隙常见，孔隙度为4.1%~15.1%，平均为9.61%，渗透率为（0.02~0.232）$\times10^{-3}\mu m^2$，平均为0.09$\times10^{-3}\mu m^2$，岩心标本见油气显示，可以作为页岩油的储集岩类。整体上，碳酸盐岩类岩石脆性好，储层及围岩中含量较高时，有利于页岩油储层压裂改造。

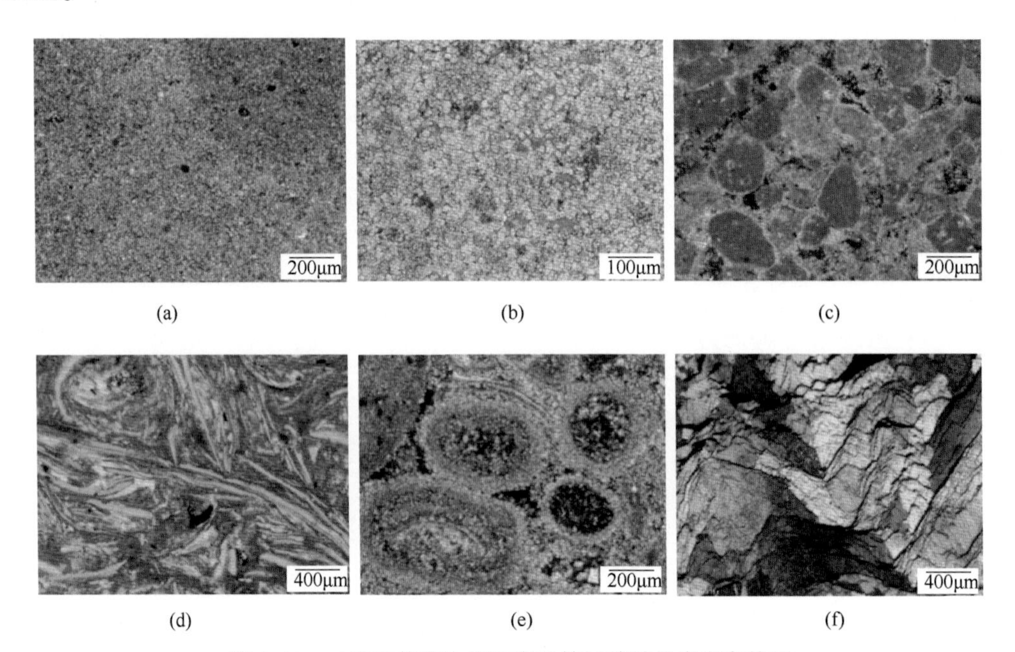

图2.18　二叠系芦草沟组页岩油储层碳酸盐岩发育特征

（a）吉174井，3117.1m（+），泥晶云岩；（b）吉174井，3141.04m（-），粉晶云岩，晶间孔隙及溶蚀孔隙发育；（c）吉174井，3152.46m（-），砂屑泥晶云岩；（d）吉174井，3149.6m（-），生屑灰岩；（e）吉174井，3183.63m（+），鲕粒云岩，粒间剩余原生孔隙及溶蚀孔隙发育；（f）吉174井，3323.38m（+），脊椎灰岩

2.3.3　火山碎屑岩类

火山碎屑岩类的特征是火山碎屑组分含量大于50%，粒度细，主要为火山凝灰；分选较好，磨圆棱角—次棱角状。该类岩石在研究区分布较少，以沉凝灰岩为主，部分层段含极少量的凝灰岩（图2.19），火山凝灰无序或均匀分布，常与粉砂或云泥混合，形成粉砂质/云质沉凝灰岩。有机碳含量中等，较碳酸盐岩类低，平均为2.18%，主要为中有机质岩石，含部分贫有机质岩石。火山凝灰极易发生溶解与钠长石化，导致该类岩石储集空间非常发育，储层孔隙度为9.2%~27.8%，平均为19.92%，渗透率为（0.014~2.03）$\times10^{-3}\mu m^2$，平均为0.783$\times10^{-3}\mu m^2$，岩心标本含油性好，为页岩油主要的储集岩类。

(a) (b) (c)

图 2.19 二叠系芦草沟组页岩油储层火山碎屑岩发育特征

(a) 吉 174 井，3262.59m (-)，凝灰岩，溶蚀孔隙发育；(b) 吉 174 井，3190.57m (-)，含粉砂沉凝灰岩，溶蚀孔隙发育；(c) 吉 174 井，3190.57m，岩心标本含油性好

2.3.4 正混积岩类

正混积岩类中三种端元组分均小于 50%，代表陆源碎屑组分、碳酸盐组分与火山碎屑组分的高度混合。该类岩石在研究区分布较少（图 2.20），但陆源碎屑型、碳酸盐型与火山碎屑型正混积岩均可见，其中以陆源碎屑型与碳酸盐型正混积岩最为常见。有机碳含量低，平均为 1.42%，主要为贫有机质岩石。火山凝灰及部分陆源碎屑长石容易发生溶解，形成次生溶蚀孔隙，储层孔隙度为 5.1%～17.3%，平均为 11.31%，渗透率为 $(0.013\sim0.12)\times10^{-3}\mu m^2$，平均为 $0.048\times10^{-3}\mu m^2$，岩心标本含油性较好，可作为良好的页岩油储集岩类。

(a) (b) (c)

图 2.20 二叠系芦草沟组页岩油储层正混积岩发育特征

(a) 吉 174 井，3301.93m (-)，陆源碎屑型正混积岩；(b) 吉 174 井，3323.38m (-)，碳酸盐型正混积岩；(c) 吉 174 井，3283.74m (-)，火山碎屑型正混积岩

2.4 页岩层岩石纵向分布特征

在储层岩石类型及特征分析的基础上，利用大量的普通薄片、铸体薄片、物性测试及有机碳分析等资料，对二叠系芦草沟组页岩油储层岩石纵向分布规律进行精细研究（图 2.21）。结果表明，研究区页岩油储层“上甜点段”除顶部含有粉砂岩类（$P_2l_2^2$）之外，其余主要为泥晶云岩类（$P_2l_2^3$），底部出现少量灰岩薄夹层，可见少量碳酸盐型正混积岩。

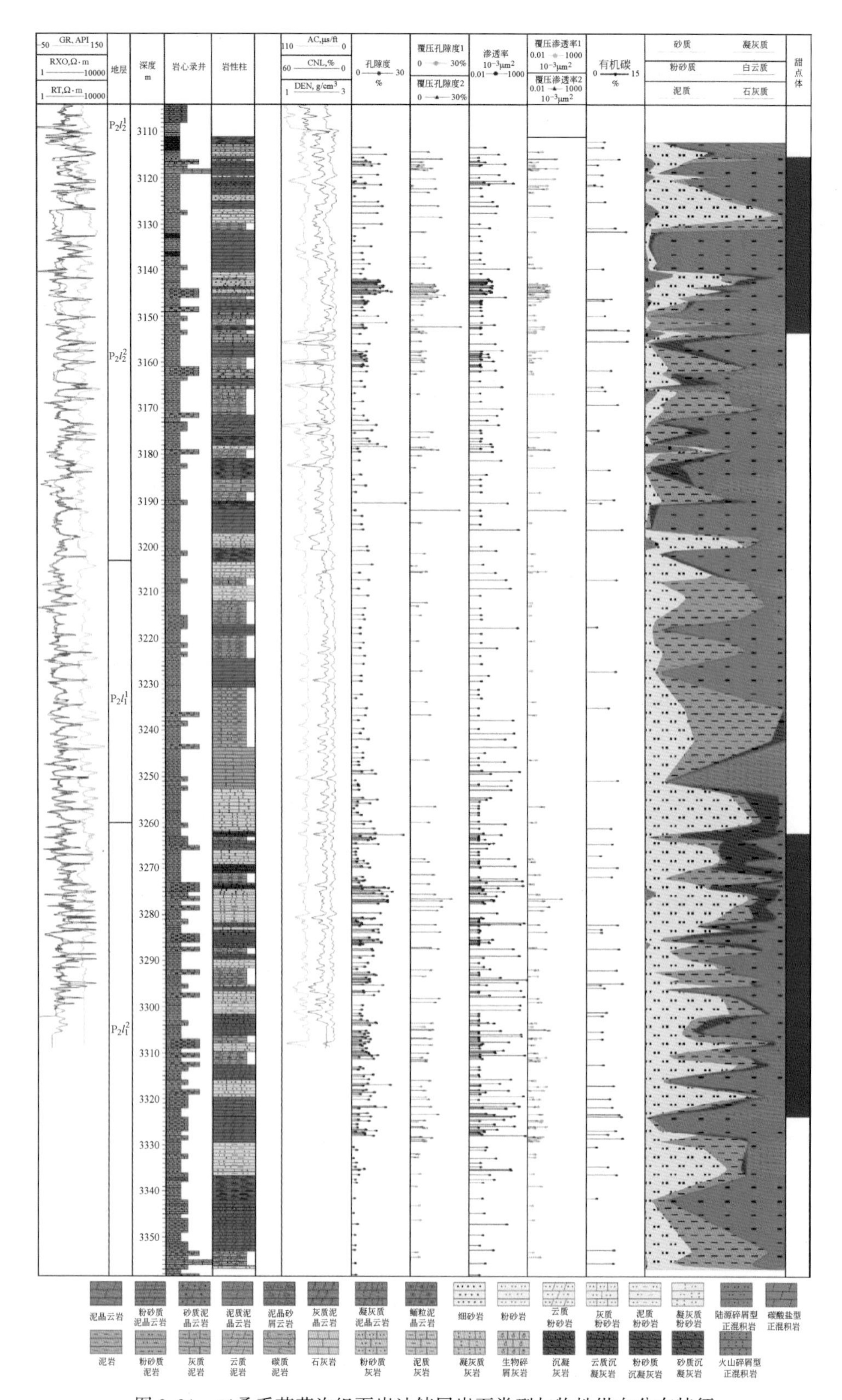

图 2.21　二叠系芦草沟组页岩油储层岩石类型与物性纵向分布特征

沉凝灰岩类在“上甜点段”分布较少，主要集中于“下甜点段”，其中顶部最为富集；泥岩类与石灰岩类主要分布于上、下“甜点段”之间。“下甜点段”以粉砂岩类为主（$P_2l_1^2$），泥晶云岩类与泥岩类含量较低（$P_2l_1^3$），底部含有少量的薄层灰岩（$P_2l_1^4$），可见少量陆源碎屑型正混积岩与火山碎屑型正混积岩含量较高的层段，有机碳含量明显增加；粉砂岩类及沉凝灰岩类含量高的层段，储层物性明显变好。因此，“下甜点段”储层物性整体上好于“上甜点段”，更有利于页岩油的储集，试油日产量为 7.76t，累积产油量 1321.22t，而“上甜点段”储层脆性较好，有利于压裂改造。

3 吉木萨尔页岩油成岩作用特征

吉木萨尔凹陷芦草沟组沉积于陆内裂谷背景下的咸化湖盆环境，形成了一套陆源碎屑物质、碳酸盐组分、火山碎屑物质混积的复杂岩类，岩石类型以陆源碎屑岩类和碳酸盐岩类为主，其次还有少量的火山碎屑岩以及正混积岩。由于受大量偏碱性凝灰物质以及火山喷溢—喷流活动影响，本区烃源岩局部温度场、压力场和化学场改变，热作用及加烃催化加速了湖相有机质的成熟和演化，使本区储层具有早致密、早成藏特征，同时形成了碱性成岩作用和酸性成岩作用交替出现的现象。

以吉木萨尔凹陷吉 174 井为重点，结合其他已有钻井，通过对普通薄片、铸体薄片的镜下观察与鉴定，并结合 X 射线衍射分析、扫描电镜与电子探针等测试分析手段，对吉木萨尔凹陷芦草沟组页岩油储层的成岩作用及成岩相进行综合研究。受复杂混积岩性差异影响，不同岩石类型、不同岩石组分类型表现出不同的成岩作用特征。由于受咸化湖水盐度、湖平面变化、烃源岩演化过程中释放有机酸的影响，岩石发生溶蚀及次生变化类型较多。其中陆源碎屑组分和火山碎屑组分的成岩作用主要包括压实作用、交代作用、胶结作用与溶蚀作用，碳酸盐组分的成岩作用主要表现为压溶作用、重结晶作用、溶蚀作用、白云石化与去白云化作用等。此外，还有硅化作用、方沸石化作用以及黄铁矿胶结等成岩作用类型。

3.1 页岩成岩作用类型

3.1.1 碎屑组分成岩作用类型

芦草沟组岩石碎屑组分主要包括陆源碎屑组分和火山碎屑组分。受孔隙流体性质影响，碎屑组分受酸碱交替成岩作用现象突出，其成岩作用主要表现为压实作用、酸碱交替溶蚀作用、化学胶结作用、机械充填作用、交代作用、重结晶作用和破裂作用。

3.1.1.1 压实作用

沉积物的压实作用受多种因素共同作用，总体上可分为与沉积物本身有关的内因和与沉积物无关的外因两大类：（1）与沉积物有关的因素，如颗粒的成分、粒度、形状、圆度、分选性等；（2）与沉积物无关的因素，如沉积物的埋藏深度、埋藏过程、胶结类型及程度、溶解作用、异常高压等。

吉木萨尔芦草沟组致密储层碎屑物质具有好至极好的分选性，其中长石、石英颗粒粒度普遍较细，以泥—细粉砂级为主，随深度增加，压实增强，岩石致密。芦草沟组地层碎屑岩类整体为强压实，颗粒呈线接触—凹凸接触为主［图 3.1(a)~(d)］，而储层中云母及岩屑等塑形颗粒多弯曲变形呈假杂基充填孔隙，但含量较少，因此对孔隙影响较小。在压实过程中，由于局部岩石成分的不同，沉积物因差异压实作用而形成的变形层理较为普遍，如凝灰质呈透镜状［图3.1(e)］，围岩多弯曲变形，或呈不规则蛇曲状［图3.1(f)］，形态上多具生物潜穴特征。少量岩石早成岩早期在碱性成岩环境中，孔隙中不仅沉淀了大量泥晶方解石或蒙脱石胶结物，使岩石具有一定抗压实性；而且，受大量碱性凝灰质与生物白云岩混合影响，在成岩早期储层存在过短暂的酸性成岩环境，使有机质瞬间成熟形成低熟油，油进入孔隙中，对压实作用具有一定抑制作用。

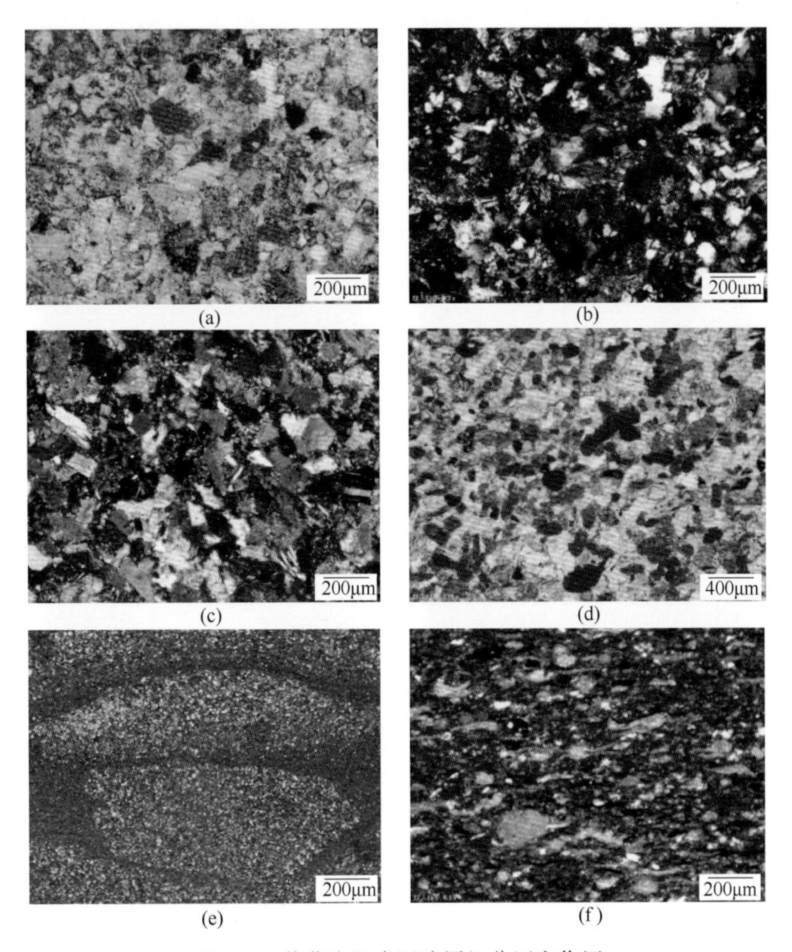

图3.1 芦草沟组岩石碎屑组分压实作用

(a) 吉174井，3127.53m（-），含细砂粉砂岩，强压实，颗粒凹凸接触；(b) 吉174井，3127.53m（+），含细砂粉砂岩，强压实，颗粒凹凸接触；(c) 吉174井，3142.52m（+），颗粒线—凹凸接触；(d) 吉174井，3178.8.m（-），颗粒线-凹凸接触；(e) 吉174井，3261.23m（+），差异压实，凝灰质呈透镜状；(f) 吉174井，3161.54m（+），内碎屑被压扁，呈不规则蛇曲状

3.1.1.2 溶蚀作用

研究区溶蚀作用强烈，经历酸碱胶体溶蚀作用，主要包括凝灰物质、石英、长石、岩屑的溶蚀以及胶结物的溶蚀，尤其是碎屑矿物的溶蚀作用最为发育。

1) *凝灰质溶蚀*

凝灰质溶蚀在研究区最为强烈，主要包括细粒凝灰物质溶蚀以及凝灰质晶屑溶蚀，凝灰质强烈溶蚀产生大量的溶孔是致密储层最为常见的孔隙空间 [图 3. 2(a)~(e)]。凝灰质的溶蚀往往伴有自生钠长石晶体的形成，常作为鉴定凝灰物质溶蚀的证据。在山东灵山岛野外踏勘过程中，发现火山团块机制中溶蚀后形成的钠长石晶体，为研究区火山物质的存在提供了有利的证据 [图 3. 2(f)]。

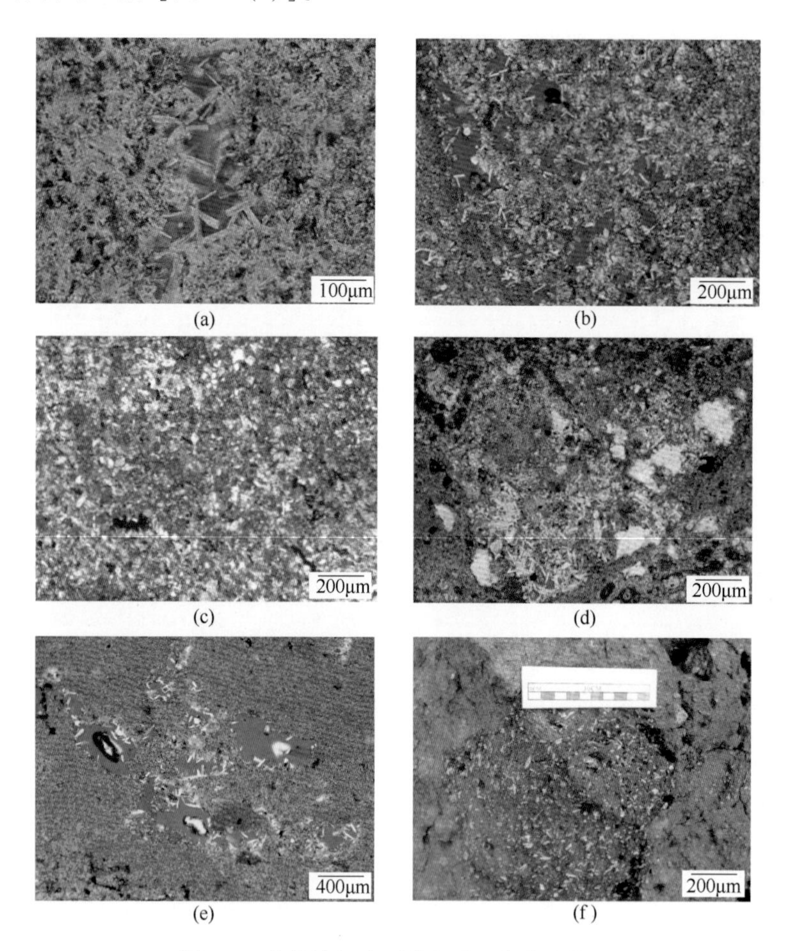

图 3. 2　芦草沟组岩石凝灰质组分溶蚀作用

(a) 吉 174 井，3190. 57m (-)，凝灰质溶蚀；(b) 吉 174 井，3190. 57m (+)，凝灰质溶蚀；(c) 吉 174 井，3269. 74m (-)，凝灰质溶蚀；(d) 吉 174 井，3121. 38. m (-)，火山碎屑团块溶解；(e) 吉 174 井，3155. 95m (-)，凝灰质溶蚀，自生钠长石晶体沿溶蚀孔洞生长；(f) 灵山岛火山碎屑物质 (岩石标本)，火山团块溶蚀后生成自形钠长石

2) *长石溶蚀*

受研究区两期有机质成熟排出的碳酸及有机酸影响，储层中长石晶屑受溶蚀作用显著。在扫描电镜及铸体薄片中，长石晶屑表面或边缘均不同程度受溶蚀影响，形成溶蚀粒间孔、溶蚀粒内孔、铸模孔 [图 3. 3(a)~(d)]。

3) *石英溶蚀*

受早期碱性流体及沉积环境影响，在沉凝灰岩中，石英晶屑边缘受溶蚀呈不规则港湾

图 3.3 芦草沟组岩石石英、长石及碳酸盐胶结物溶蚀作用

(a) 吉 174 井，3253.56m（-），长石溶蚀；(b) 吉 174 井，3261.23m（-），长石溶蚀；(c) 吉 174 井，3126.61m（SEM），长石溶蚀；(d) 吉 174 井，3286.00m（-），长石溶解；(e) 吉 174 井，3171.32m（+），石英溶解；(f) 吉 174 井，3261.23m（-），白云石粒内溶蚀

状［图 3.3(e)］，以及石英晶屑表面溶蚀呈蜂窝状。研究认为，在 pH 值大于 8.5 时有利于石英的溶蚀，pH 值大于 9 时 SiO_2 的溶解度随 pH 值的增大而迅速增高。而石英溶蚀往往表明成岩阶段过程中曾经有碱性流体的存在，对储层具有一定改造作用。

4）碳酸盐胶结物溶蚀

芦草沟组岩石碳酸盐胶结物主要包括方解石、白云石以及铁白云石。通过对铸体薄片及电子探针图像观察表明，研究区方解石胶结物主要呈连晶—嵌晶式胶结产出，溶蚀痕迹不明显，受溶蚀作用并不强烈，仅在局部层段见方解石颗粒受溶蚀影响，但溶蚀强度较弱。因此，研究区连晶—嵌晶状方解石胶结物，对次生孔隙的形成几乎无贡献。研究区白云石胶结物比较少见，白云石形成时期较晚，溶蚀作用不明显，只在局部见到白云石粒内溶蚀［图 3.3(f)］。

3.1.1.3 胶结作用

胶结物类型常与岩石颗粒成分有关，如火山碎屑质砂岩、杂砂岩、岩屑砂岩的胶结物主要是蚀变了的杂基和化学沉淀物的混合物，其成分有黏土矿物、沸石矿物和其他硅酸盐矿物。芦草沟组岩石碎屑组分化学沉淀胶结物包括碳酸盐胶结物与自生钠长石；机械成因的杂基包括蒙脱石等黏土矿物与细粒凝灰质。

1）碳酸盐胶结

芦草沟组岩石碳酸盐胶结物类型多样，主要包括方解石、白云石、铁白云石。受重结晶作用影响，研究区方解石胶结物具嵌晶结构，是最为发育的胶结物类型［图3.4(a)、(b)］；白云石胶结物以泥—细粉晶级晶粒为主，常呈半自形—自形晶粒，并沿长英质晶屑周围呈薄膜式或分散充填于孔隙中，反射光中白云石显浅灰色，易与深灰色长石、石英晶屑区分［图3.4(c)、(d)］。

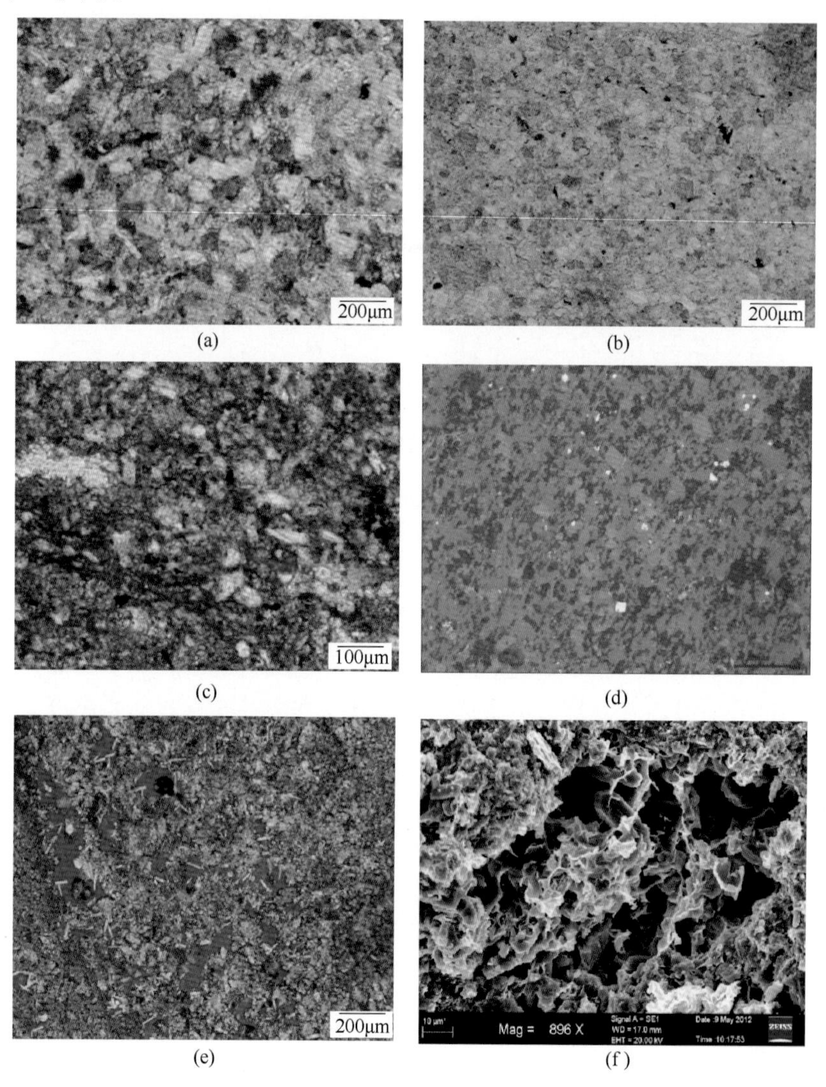

(a) (b) (c) (d) (e) (f)

(g)

(h)

图 3.4 芦草沟组岩石碎屑组分胶结作用

(a) 吉 174 井，3199.75m（-），方解石胶结；(b) 吉 174 井，3334.68m（-），方解石胶结；(c) 吉 174 井，3327.64m（-），白云石胶结物；(d) 吉 174 井，3216.7m（反射光），白云石胶结；(e) 吉 174 井，3121.38m（-），自生钠长石；(f) 吉 174 井，3274.14m（SEM），自生钠长石；(g) 吉 37 井，2845.25m（-），石英次生加大；(h) 吉 174 井，3121.38m（SEM），自生石英晶体

2）自生钠长石胶结

凝灰物质发生强烈溶蚀，形成晶形较好的自生钠长石，在研究区各井段普遍发育，通过对铸体薄片观察，并借助电子探针分析确定，自生钠长石多呈细小的自形晶体，表面干净，简单双晶较为明显，呈柱状沿长石铸模孔边缘垂直分布或悬浮于孔隙中［图 3.4(e)、(f)］。

3）自生硅质

芦草沟组岩石自生硅质主要以石英加大边及自生石英晶体的形式存在，作为长石溶蚀产物之一，其发育程度与长石溶蚀强度存在正相关关系。自生石英晶体晶形较好，多分布在长石溶蚀形成的孔隙内［图 3.4(g)、(h)］。

4）黏土矿物充填

黏土矿物是砂岩中一种重要的填隙物，常见的黏土矿物有高岭石、伊利石、绿泥石、蒙脱石，它们有自生和他生的两种。他生的黏土矿物为来自源区的母岩风化产物，自生的黏土矿物来源于孔隙中沉淀生成或再生的黏土矿物，后者才是真正的胶结物，但数量上比前者要少。

蒙脱石是在碱性介质中形成的外生矿物，主要由火山灰及凝灰岩分解而成。孔隙流体的化学成分对黏土矿物的形成具有重要意义，因为如果溶液中有足够的 K^+ 存在，在一定温度下蒙脱石转变为伊利石或由长石直接转变为伊利石；而如果孔隙流体中有 Mg^{2+}、Fe^{2+} 的存在，在碱性介质条件下可直接沉淀出绿泥石或蒙脱石通过绿蒙混层最终转变为绿泥石等。

以研究区全取心井吉 174 井为主，据 X 射线衍射全岩矿物数据统计发现，芦草沟组页岩油储层黏土矿物整体含量较低，平均含量 12.5%，其中黏土矿物以蒙脱石为主，并含少量的伊利石与绿泥石（图 3.5）。

图 3.5　芦草沟组岩石黏土矿物特征

(a) 吉 174 井，3130.76m (SEM)，伊蒙混层；(b) 吉 174 井，3263.19m (SEM)，绿蒙混层；(c) 吉 174 井，3128.1m (SEM)，片状绿泥石；(d) 吉 174 井，3048.04m (SEM)，丝片状伊利石

3.1.1.4　交代作用

交代作用是指矿物被溶解，同时被孔隙所沉淀出来的矿物所置换的过程。交代作用可以发生于成岩作用的各个阶段乃至表生期。交代作用是在两颗粒之间的溶液膜中进行的，被溶蚀的物质通过薄膜带出，而交代物质通过薄膜替代被溶蚀物质而沉淀，其结果可以使原有的孔隙被充填，也可以形成次生孔隙。交代作用可以交代矿物颗粒的边缘，使其成锯齿状或鸡冠状的不规则边缘，也可以完全交代碎屑颗粒而成为它的假象，导致岩石的结构发生变化，因此，岩石的孔隙度和渗透率也会发生相应的变化。

芦草沟组岩石碳酸盐交代作用强烈，主要表现有方解石、白云石、铁白云石对长石颗粒的交代以及碳酸盐胶结物之间的交代（图 3.6）。其中方解石交代长石晶屑最为强烈，常见方解石沿长石晶屑边缘或长石解理缝交代，部分长石晶屑受强烈交代仅存长石晶屑轮廓，还可见白云石沿长石晶屑边缘或解理缝交代，以及在介壳生物灰岩中，半自形—自形含铁白云石顺亮晶方解石解理缝交代。

3.1.1.5　重结晶作用

重结晶作用是在成岩过程中矿物晶体从小向大转变而主要矿物成分不改变，达到减小

图 3.6 芦草沟组岩石交代作用

(a) 吉 174 井，3143.32m (-)，方解石交代长石；(b) 吉 174 井，3199.99m (-)，方解石交代长石；(c) 吉 36 井，4139.45m (+)，白云石交代长石；(d) 吉 174 井，3181.28m (COMPO)，含铁白云石顺方解石解理缝交代方解石

表面积、增加化学稳定的作用。在重结晶过程中，包裹物或残留物一般仍保留在重结晶体内，它们是识别重结晶的重要标志。

芦草沟组岩石碎屑组分重结晶作用主要表现为碳酸盐胶结物结晶粒度的变化，其中方解石胶结物受重结晶作用，形成特征的连晶或嵌晶结构，电子探针背散射图像中，仍可见呈悬浮状的柱状钠长石残留物被包裹在连晶方解石胶结物中；受烃类浸染影响，对白云石胶结物观察，主要通过反射光依据反射色及结晶形态进行区别鉴定，反射光下浅灰色白云石晶粒多呈半自形—自形状充填于深灰色的长英质晶屑的粒间孔隙中，受重结晶作用影响，白云石晶粒大小不均一，多以泥—细粉晶级为主（图 3.7）。

3.1.2 碳酸盐组分成岩作用类型

吉木萨尔凹陷二叠系芦草沟组处于咸化湖盆环境下，在碱性介质条件下，储层中特别是非油层段沉积了大量且不同类型的碳酸盐，主要包括方解石、白云石、铁白云石等。在与湖盆中藻纹层和少量凝灰质混合沉积过程中，形成了本区另一种主要的岩类——碳酸盐岩类，此类岩石主要包括生物灰岩、泥晶云岩、砂质/泥质泥晶云岩、（含）凝灰质泥晶云岩等。研究区碳酸盐组分在酸碱交替成岩环境中，主要成岩作用类型有压溶作用、酸性溶蚀作用、白云石化与去白云化作用、混合胶结作用、重结晶作用。

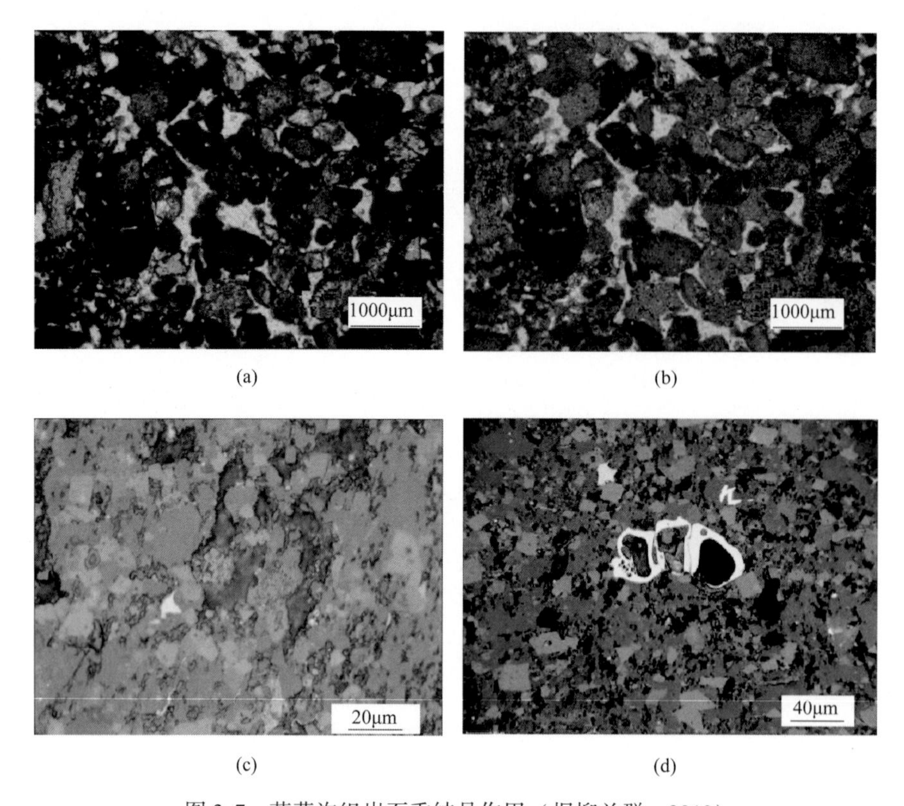

(a) (b)

(c) (d)

图 3.7 芦草沟组岩石重结晶作用（据柳益群，2013）

（a）吉 30 井，4054.76m（-），方解石重结晶；（b）吉 30 井，4054.76m（+），方解石重结晶；（c）吉 174 井，3182.12m（反射光），白云石重结晶；（d）吉 34 井，3783.73m（反射光），白云石重结晶

3.1.2.1 压溶作用

随着埋深与地层压力增加，碎屑颗粒接触点上所承受的来自上覆层的压力或来自构造作用的侧向应力超过正常孔隙流体压力时，颗粒接触处的溶解度增高，将发生晶格变形和溶解作用，机械压实作用逐渐过渡到压溶作用。

在碳酸盐岩中，由于碳酸盐颗粒的不稳定性，压溶作用往往表现得更强烈、更明显，主要的压溶构造包括：缝合线；颗粒间的微缝合线；黏土和石英粉砂含量高（大于 10%）或有机质较丰富的石灰岩和晶粒较细的白云岩中密细缝组合。通过对钻井岩心以及薄片观察认为，研究区白云质岩类及少量含有基质灰岩中压溶缝、缝合线等压溶构造特征明显(图 3.8)。

3.1.2.2 酸性溶蚀作用

通过对普通薄片、铸体薄片观察与鉴定，并结合扫描电镜得知，研究区碳酸盐岩类中，方解石与白云石整体受溶蚀作用较弱，在晶形相对较好的泥—粉晶云岩中，受溶蚀作用影响，其边缘呈不规则港湾状［图 3.9(a)~(c)］，此外还可见到云质内碎屑溶蚀鲕粒及鲕粒内的溶蚀［图 3.9(d)~(f)］。

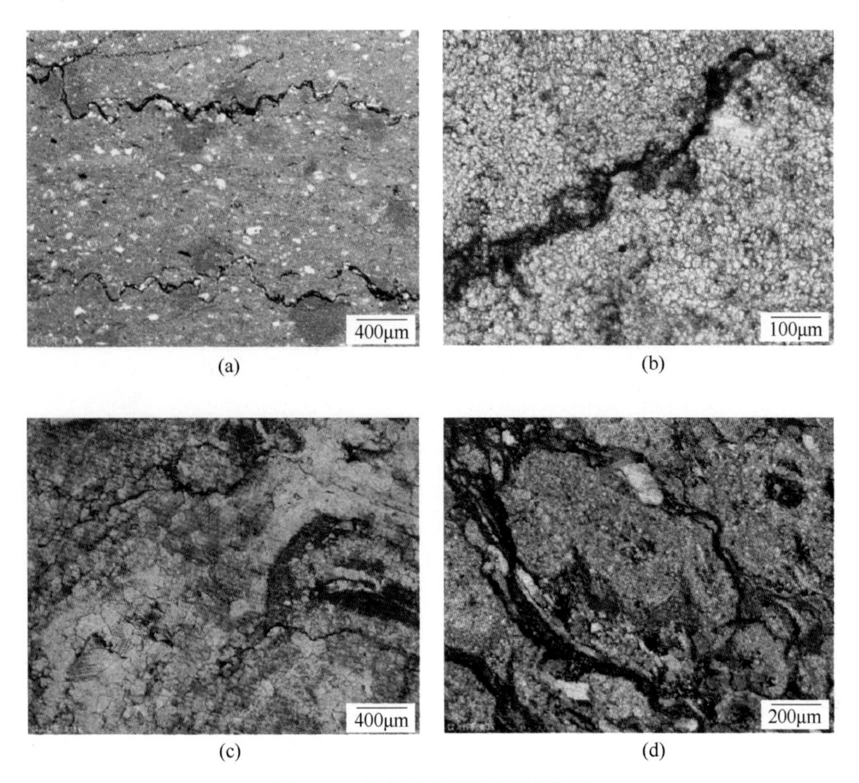

图 3.8 芦草沟组岩石压溶作用

(a) 吉 174 井，3131.65m (-)，缝合线；(b) 吉 174 井，3134.79m (-)，缝合线；(c) 吉 174 井，3149.82m (-)，缝合线；(d) 吉 174 井，3183.36m (+)，压溶缝

3.1.2.3 白云石化与去白云化作用

白云石化作用是指石灰岩（方解石）部分或全部被白云石交代的作用。反之，白云石也可以被方解石交代，称为去白云石化作用。研究区可见方解石被白云石交代，以及方解石从白云石内部交代白云石晶体或者全部交代白云石的现象，但是仍保留原来晶体的形状（图 3.10）。

3.1.2.4 重结晶作用

在碳酸盐岩类中，白云石晶粒以泥晶为主，受重结晶作用，形成粒度较大且晶形较差的他形—半自形白云石晶粒，较分散分布于泥晶白云岩中［图 3.11(a)、(b)］；生物灰岩中，方解石重结晶作用较强，粗粉晶为主，多呈他形粒状，晶粒间镶嵌式接触［图 3.11(c)、(d)］。

3.1.3 其他成岩作用类型

吉木萨尔凹陷芦草沟组其他成岩作用主要包括：硅化作用、方沸石化作用、沸石类胶结、钠长石化作用以及黄铁矿胶结。

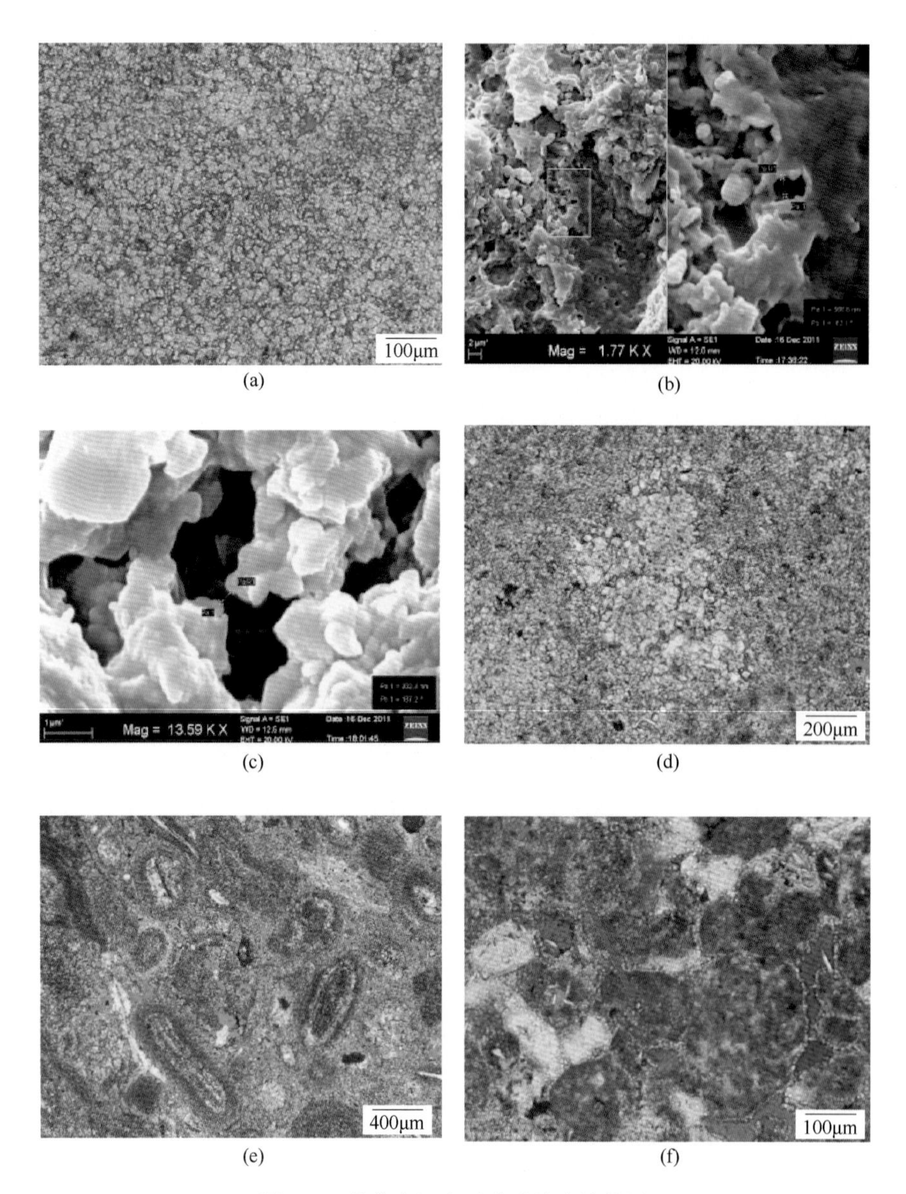

(a) (b) (c) (d) (e) (f)

图 3.9 芦草沟组岩石碳酸盐溶蚀作用

(a) 吉 174 井, 3134.79m (-), 白云石晶间溶蚀; (b) 吉 23 井, 2319.15m (SEM), 微晶砂屑云岩, 发育纳米级晶间溶孔; (c) 吉 23 井, 2319.15m (SEM), 微晶砂屑云岩, 发育纳米级晶间溶孔; (d) 吉 174 井, 3217.51m (-), 亮晶白云质砂屑溶蚀; (e) 吉 174 井, 3183.36m (-), 鲕粒溶孔; (f) 吉 174 井, 3114.86m (-), 云质砂屑溶蚀

3.1.3.1 硅化作用

研究区可见硅化板条, 吉木萨尔凹陷芦草沟组在吉 174 井、吉 173 井和吉 37 井分别发现杂乱分布、环形分布和顺层分布的板条状石英集合体, 石英的形态大小呈花瓣状连晶或杆状集合体顺层分布, 可能是一种放射虫的集合体 [图 3.12(a)]。

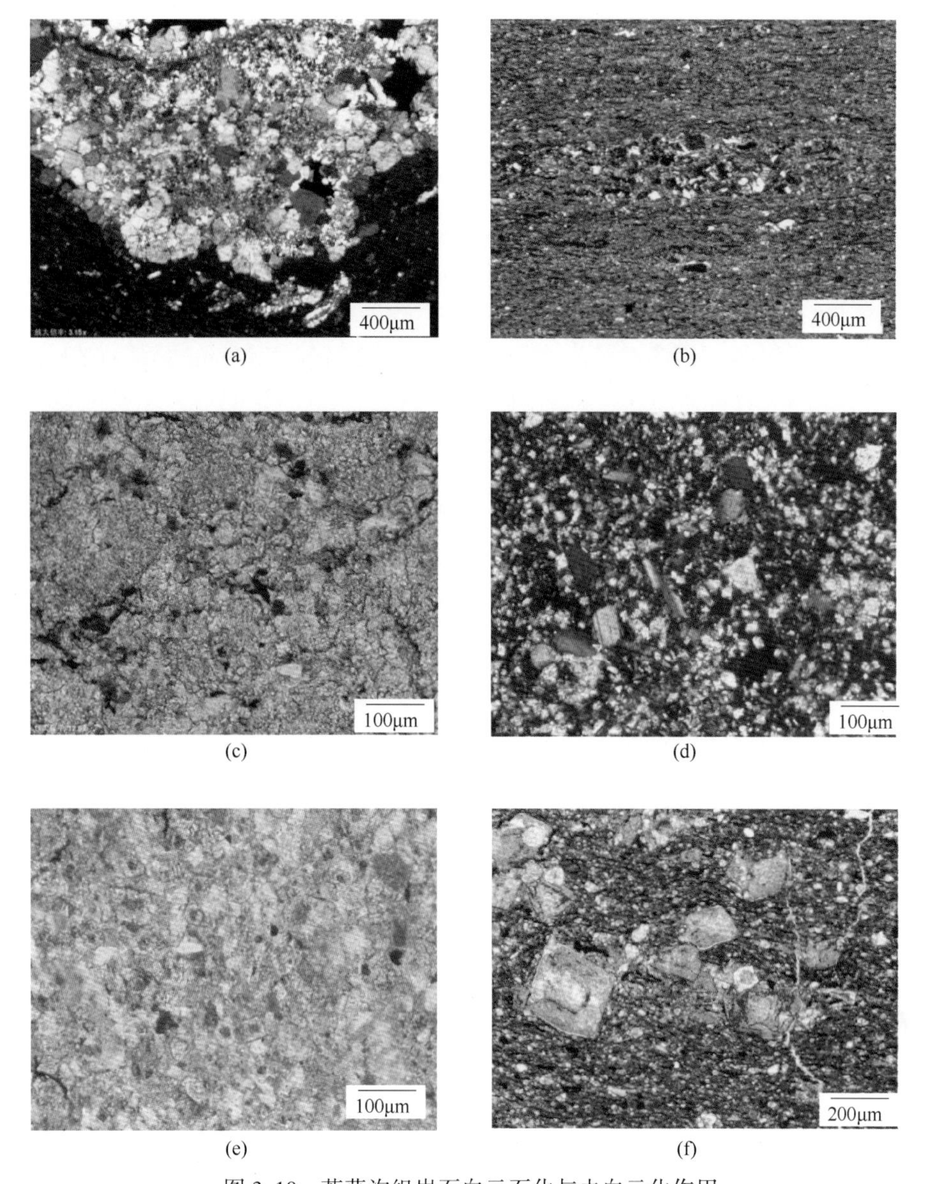

图 3.10 芦草沟组岩石白云石化与去白云化作用

(a) 吉 174 井，3152.82m (+)，白云石化作用；(b) 吉 174 井，3124.91m (+)，强白云化作用；(c) 吉 174 井，3186.76m (-)，去白云化作用；(d) 吉 174 井，3310.49m (+)，去白云化作用；(e) 吉 174 井，3310.22m，单偏，去白云化作用；(f) 吉 174 井，3310.49m (-)，去白云化作用

3.1.3.2 方沸石化作用

吉 174 井 3203.83m 处见到一层方沸石岩，方沸石呈自形和半自形状，分布均匀，被凝灰质和碳酸岩胶结［图 3.12(b)］。方沸石颗粒边缘表现为受溶蚀作用（酸性不稳定）而形成不规则港湾状，呈点—线接触或漂浮状；从色差上可区分颗粒由边部深灰色与内部浅灰色两部分组成，经电子探针成分分析认为，浅灰色为正长石而深灰色为方沸石；方沸石粒间孔隙胶结物经能谱分析认为主要为蒙脱石。

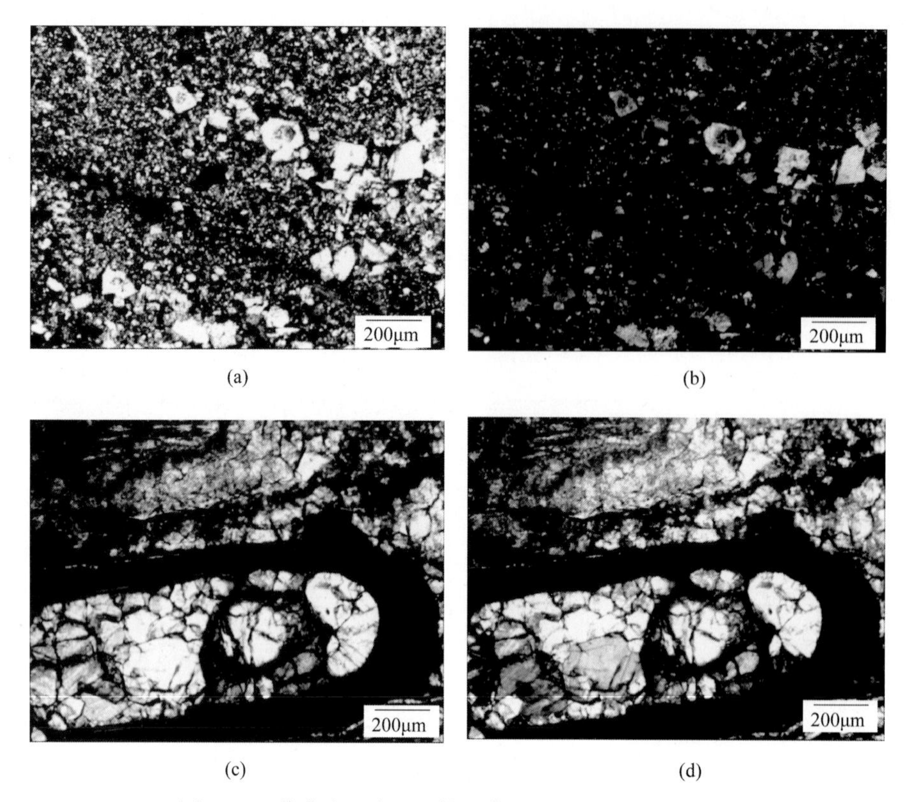

图 3.11 芦草沟组岩石重结晶作用（据柳益群，2013）

（a）吉 31 井，2851.72m，单偏光，白云石重结晶；（b）吉 31 井，2851.72m，正交，白云石重结晶；（c）吉 174 井，3149.91m，单偏光，方解石重结晶；（d）吉 174 井，3149.91m，正交，方解石重结晶

3.1.3.3 沸石类胶结

沸石类胶结物在研究区广泛发育，类型多样，包括片沸石、方沸石、浊沸石等，多数晶体较小，薄片下难以鉴定，在扫描电镜下观察沸石普遍发育，晶形较好［图 3.12(c)、(d)］。

片沸石［$(Ca,Na_2)Al_2Si_7O_{18} \cdot 6H_2O$］，扫描电镜下为片状或板状，性质非常稳定，难以溶蚀，对储层物性主要起破坏作用。

方沸石［$NaAlSi_2O_6 \cdot H_2O$］，为等轴晶系矿物，镜下呈片状分布，单偏光下无色透明，正交光下全消光。方沸石易于溶蚀，后期溶蚀能够改善储层物性。通过对研究区沉积环境与矿物组成分析认为，本区芦草沟页岩油层方沸石应为早成岩期火山碎屑岩蚀变而成。

浊沸石［$CaAl_2Si_4O_{12} \cdot 4H_2O$］，扫描电镜下呈柱状、针状、纤维状或放射状集合体，浊沸石易于溶蚀，且形成时期较早，因此能够抑制后期压实作用进行，并为后期溶蚀提供物质基础。

在形成环境上，有利于沸石沉淀的条件是高盐度、碱性介质条件（即高 pH 值），富含 Ca^{2+}、Na^+、K^+等离子，除此之外也需要适当的二氧化碳分压。沸石在酸性环境中不能稳定存在，因此沸石类矿物是碱性沉积和成岩环境的良好指示矿物。

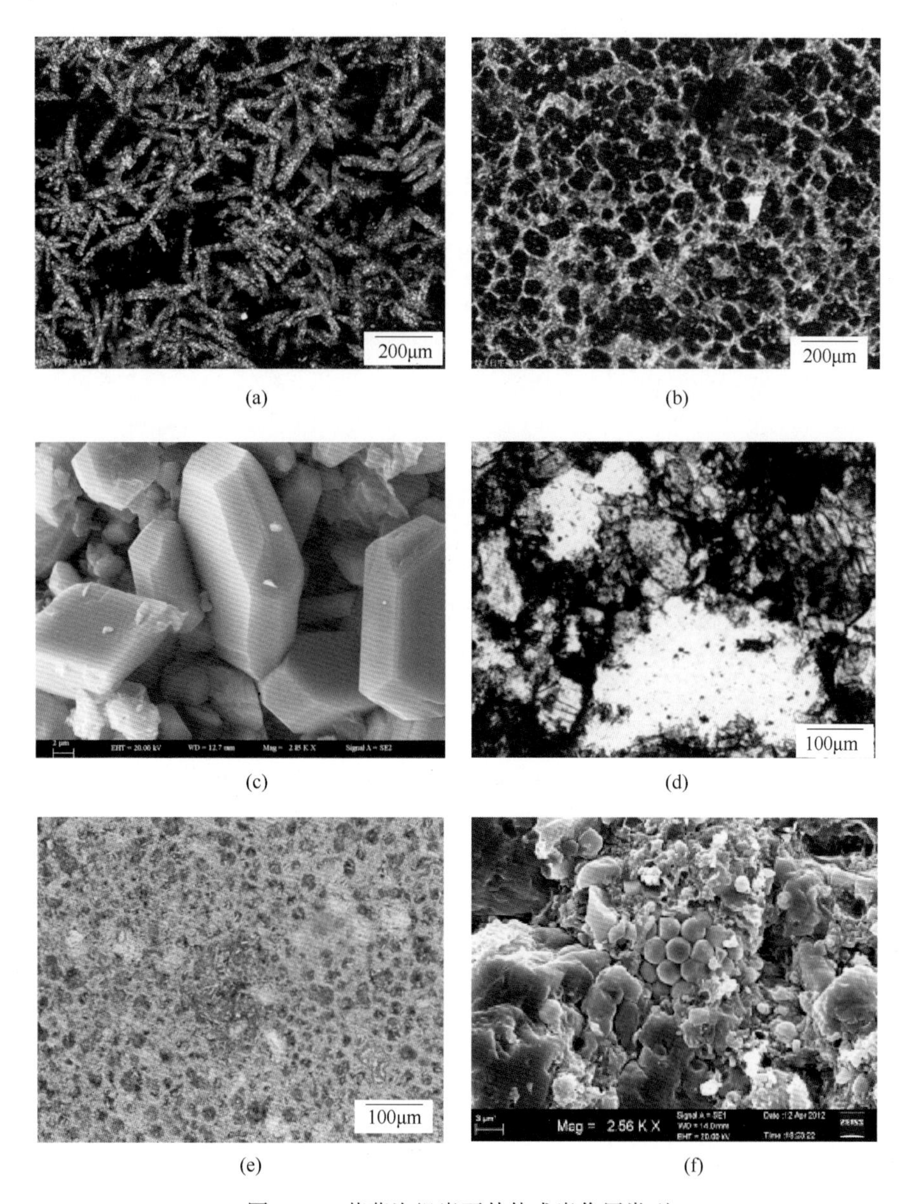

图 3.12 芦草沟组岩石其他成岩作用类型

（a）吉 174 井，3152.82m（+），硅化作用；（b）吉 174 井，3203.83m（+），方沸石化；（c）吉 174 井，3142.13m（SEM），片沸石；（d）吉 174 井，3311.28m（-），方沸石胶结；（e）吉 174 井，3203.85m（-），钠长石化；（f）吉 174 井，3152.98m（SEM），莓球状黄铁矿

3.1.3.4 钠长石化作用

凝灰物质发生强烈溶蚀，自生钠长石原地胶结形成晶形较好的钠长石晶体［图 3-12(e)］。研究区岩石中发育火山碎屑，其中长石主要以晶屑颗粒形式存在，部分以自生长石微晶的形式存在于长石粒内溶蚀孔或粒间溶蚀孔隙中。经 X 射线衍射及电子探针分析表明，它们主要为正长石和钠长石，都是碱性长石和斜长石固溶体系列中极为纯净的端元组分。

通过对研究区各井段铸体薄片及扫描电镜观察分析认为，在碱性介质条件下，自生钠长石结构主要表现为：在扫描电镜中，自生钠长石于孔隙中胶结产出；铸体薄片中，自生钠长石在长石晶屑溶蚀孔隙中呈悬浮状或三角架状分布。

3.1.3.5 黄铁矿胶结

吉木萨尔凹陷芦草沟组不同岩性中普遍含有黄铁矿，全岩矿物 X 射线衍射分析显示黄铁矿平均含量为 1%。芦草沟组发育多种类型的黄铁矿，包括纤柱状黄铁矿、莓球状黄铁矿和他形粒状黄铁矿，其中以莓球状黄铁矿最为常见［图 3.12(f)］。研究区莓球状黄铁矿是由等粒度、等形态的亚微米级黄铁矿微晶体紧密堆积而成，其形态特征与粒度大小均符合前人定义的莓球状黄铁矿基本特征，多是在含氧—贫氧水岩界面之下的沉积物孔隙中形成的。

3.2 不同岩性成岩作用特征及差异

吉木萨尔凹陷芦草沟组岩石组分复杂，包括陆源碎屑组分、碳酸盐组分、火山碎屑组分、有机质组分，岩石类型复杂，不同岩石类型经历的成岩作用有所差异。

3.2.1 陆源碎屑岩类

云质粉砂岩：压实作用较强，长石颗粒及火山碎屑中的长石晶屑中等溶蚀为主，少量自生石英，同时可见去白云石化方解石（图 3.13）。

凝灰质粉砂岩：粒度较细，以长石碎屑颗粒及长石晶屑、玻屑溶蚀为主，整体上次生孔隙较发育，常见黏土矿物和沸石充填粒间（图 3.13）。

砂屑粉砂岩：泥晶云质砂屑为主，长石碎屑颗粒和长石晶屑溶蚀较强，形成自生石英和沸石，砂屑内部选择性溶蚀。砂屑边缘常见白云石包壳，并且颗粒排列具有一定定向性（图 3.13）。

灰质粉砂岩：灰质以胶结物和碎屑的形式存在，仅有少量的长石溶蚀，总体较致密，物性差（图 3.13）。

泥岩：粉砂质/凝灰质/云质泥岩，以块状为主，少量为层状，有机质含量较高，压实作用强烈，黄铁矿发育（图 3.13）。

3.2.2 碳酸盐岩类

泥晶云岩：压实作用强烈，可见缝合线，泥晶白云石重结晶，形成较大的粉晶，体积减小，可形成孔隙，同时少量云泥发生溶蚀（图 3.14）。

砂屑泥晶云岩：云屑或鲕粒内部常发生选择性溶蚀，火山碎屑中的长石颗粒已发生溶蚀（图 3.14）。

凝灰质泥晶云岩：以凝灰质溶蚀强烈为特征，残余晶形较好的钠长石晶体，溶孔中常见自生石英（图 3.14）。

粉砂质泥晶云岩：压实作用较强，可见白云石晶间溶蚀孔隙，可能为云泥溶蚀

岩石类型		成岩作用特征	镜下特征		
陆源碎屑岩类	云质粉砂岩	压实作用中等，少量长石、凝灰质溶蚀，自生硅质、沸石去白云化	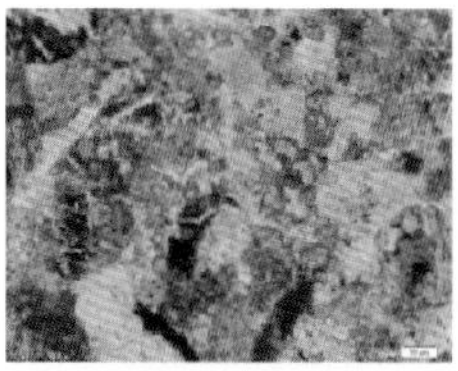 吉174井，3141.04m(−)	 吉174井，3144.84m(SEM)	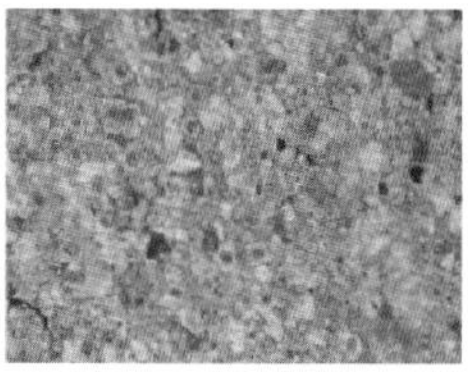 吉174井，3253.56m(−)
	凝灰质粉砂岩	压实作用中等，长石、凝灰质溶蚀较强，黏土矿化自生石英、沸石白云石胶结物	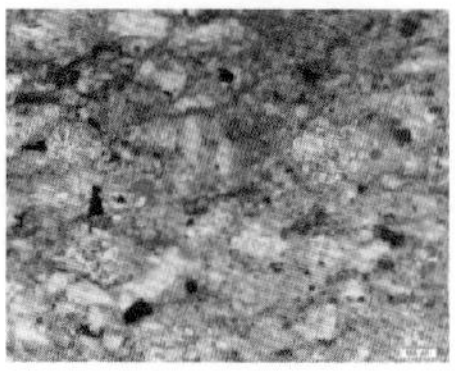 吉174井，3306.97m(−)	 吉174井，3327.65m(SEM)	 吉174井，3283.09m(SEM)
	砂屑粉砂岩	压实作用较弱，长石、凝灰质、泥晶云屑溶蚀强，自生石英、沸石砂屑白云石包壳	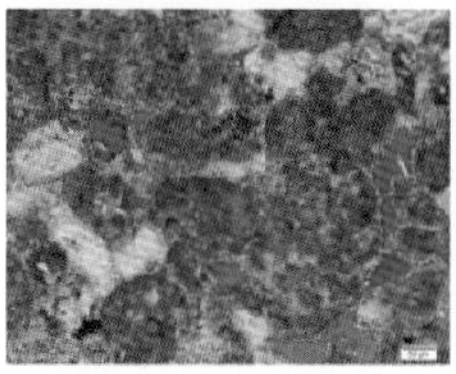 吉174井，3114.86m(−)	 吉174井，3114.86m(SEM)	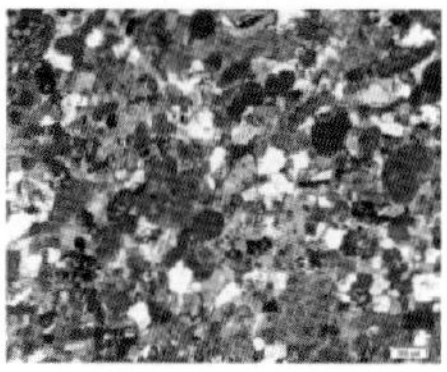 吉174井，3178.8m(−)
	灰质粉砂岩	压实作用较强，方解石胶结强烈，少量长石溶蚀	 吉174井，3199.75m(−)	 吉174井，3199.99m(−)	 吉174 井，3199.99m(SEM)
	泥岩	压实作用较强，黄铁矿发育	吉174井，3170.06m(−)	 吉174井，3170.06m(+)	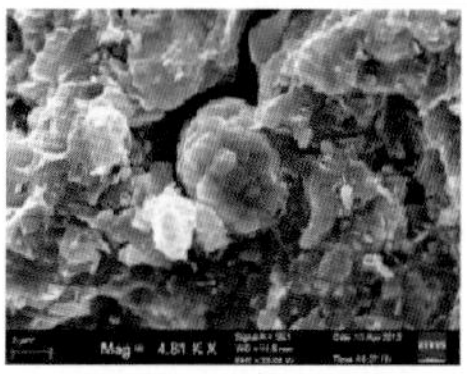 吉174井，3170.06m(SEM)

图 3.13　陆源碎屑岩类成岩作用特征及差异

(图 3.14)。

粉晶云岩：内碎屑发育，火山碎屑或云质碎屑内发生溶蚀，形成自生硅质，并残余钠长石（图 3.14）。

石灰岩：主要为砂屑灰岩、生物碎屑灰岩、含凝灰粉晶灰岩等，以凝灰质和灰泥溶蚀为主（图 3.14）。

岩石类型		成岩作用特征	镜下特征		
碳酸盐岩类	泥晶云岩	压实作用强烈，泥晶白云石重结晶，云泥溶蚀形成晶间孔	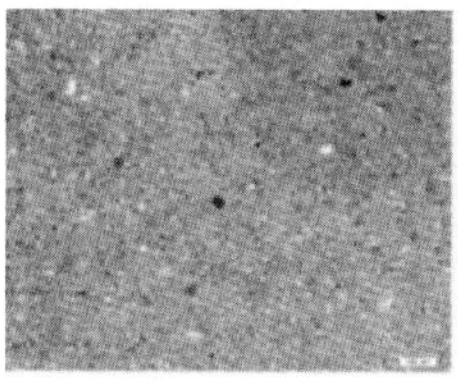 吉174井，3117.1m(−)	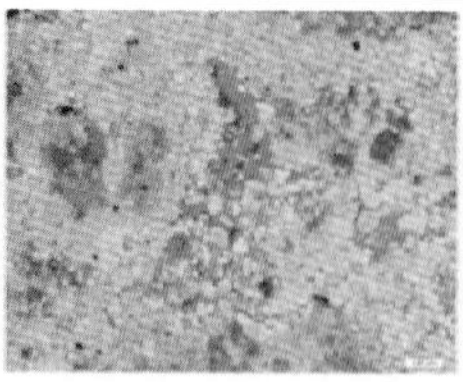 吉174井，3182.43m(−)	 吉174井，3182.43m(SEM)
	砂屑泥晶云岩	压实作用中等，云屑内部及杂基中云泥、火山物质溶蚀	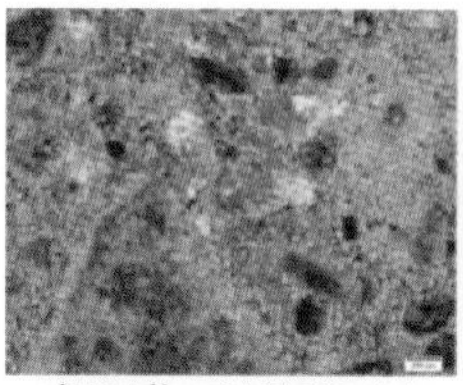 吉174井，3112.09m(−)	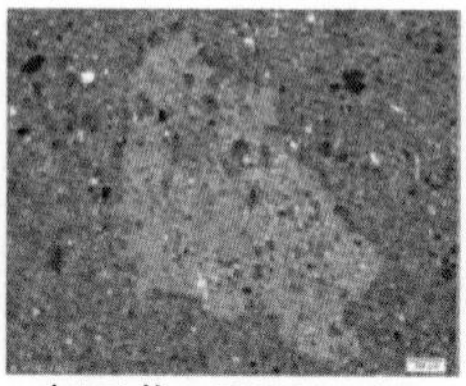 吉174井，3200.79m(−)	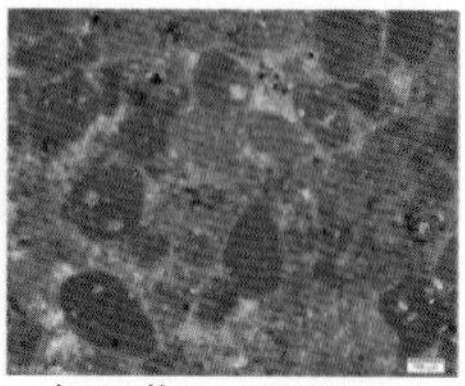 吉174井，3152.46 m(−)
	凝灰质泥晶云岩	压实作用较弱，长石、凝灰质溶蚀较强，自生石英、沸石	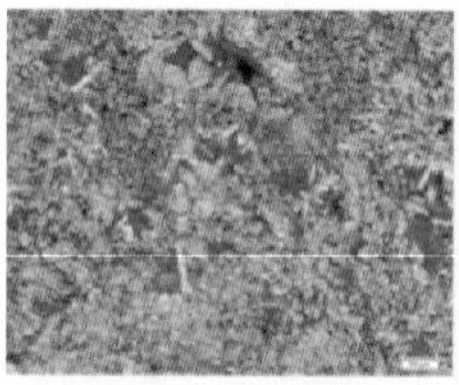 吉174井，3121.38m(−)	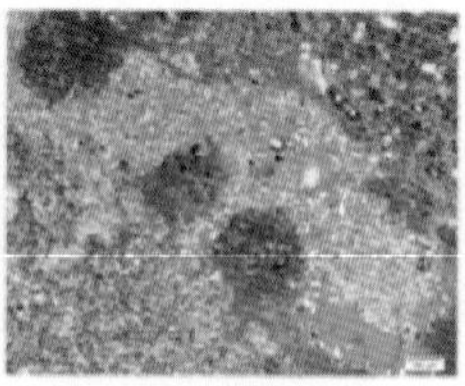 吉174井，3121.38m(−)	 吉174井，3121.38m(SEM)
	粉砂质泥晶云岩	压实作用较强，泥晶白云石重结晶形成晶间孔，云泥溶蚀	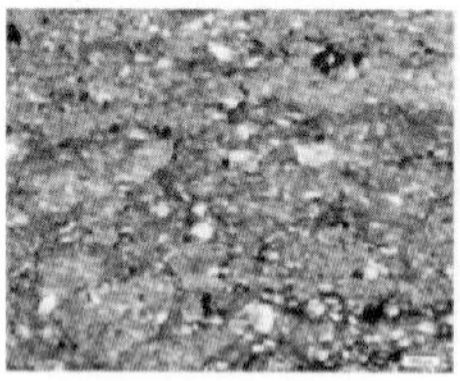 吉174井，3297. 45m(−)	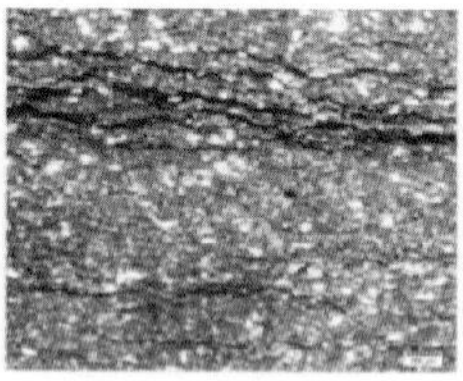 吉174井，3116. 51m(−)	 吉174井，3282.14m(SEM)
	粉晶云岩	压实作用中等，火山物质溶蚀，云泥溶蚀，重结晶，自生石英	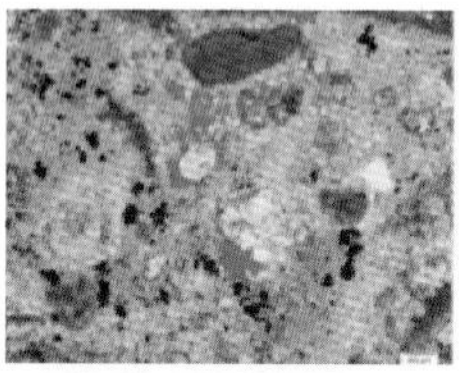 吉174井，3142.84m(−)	吉174井，3217.51m(−)	 吉174井，3146. 54m(SEM)
	石灰岩	压实作用中等，灰泥、凝灰质溶蚀中等	 吉174井，3113.34m(−)	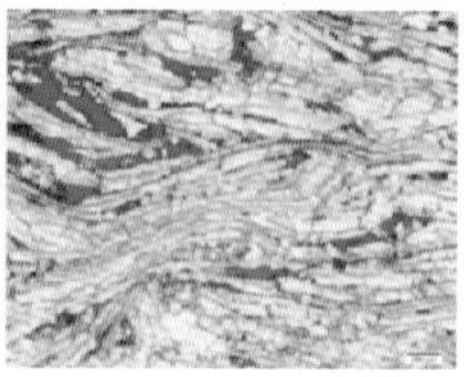 吉174井，3165.32m(−)	 吉174井，3113.34m(SEM)

图 3. 14　碳酸盐岩类成岩作用特征及差异

3.2.3 火山碎屑岩类

沉凝灰岩：以长石碎屑颗粒及细粒凝灰质中的长石晶屑、玻屑等强烈溶蚀为特征，次生孔隙发育，钠长石晶体普遍，常见伊蒙混层等黏土矿物，以及火山玻璃脱玻化形成的石英晶体（图 3. 15）。

3.2.4 正混积岩

陆源碎屑型正混积岩：粉砂级长英质碎屑颗粒及黏土矿物含量相对较高，常见长石碎屑颗粒及凝灰质中易溶物质的溶蚀（图 3. 15）。

内源沉积型正混积岩：以碳酸盐型正混积岩为主，白云石含量高，可见长石、云泥溶蚀（图 3. 15）。

火山碎屑型正混积岩：火山碎屑溶蚀较强，残留钠长石斑晶，局部压实作用强烈，溶蚀较弱（图 3. 15）。

岩石类型		成岩作用特征	镜下特征		
火山碎屑岩类	沉凝灰岩	压实作用中等，长石、凝灰质溶蚀，脱玻化作用，黏土矿化作用 自生硅质、沸石	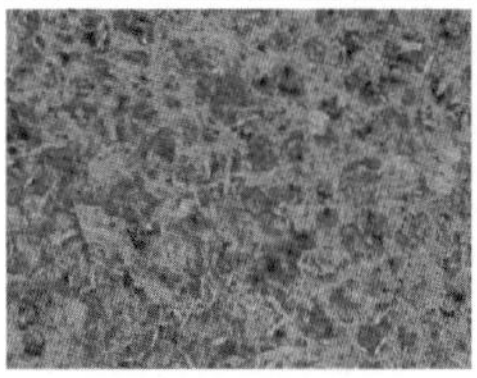 吉174井，3262.59m(-)	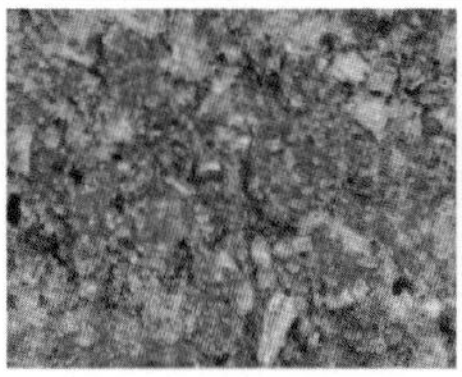 吉174井，3269.74m(-)	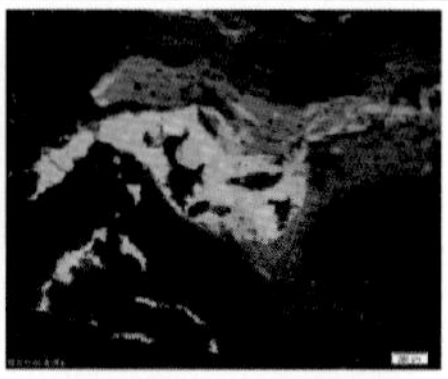 吉174井，3152.85m(-)
正混积岩类	陆源碎屑型正混积岩	压实作用中等，长石、凝灰质溶蚀中等	 吉174井，3306.97m(-)	吉174井，3264.65m(-)	 吉174井，3273.25m(SEM)
	内源沉积型正混积岩	压实作用中等，长石、火山物质、云泥溶蚀中等，云泥重结晶	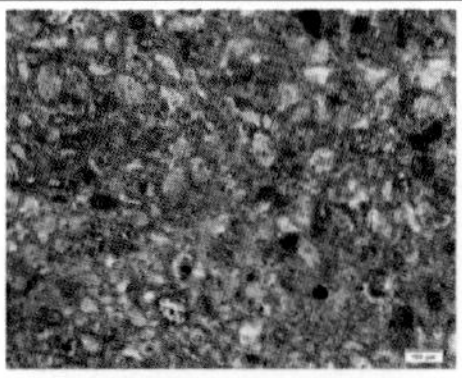 吉174井，3164. 93m(-)	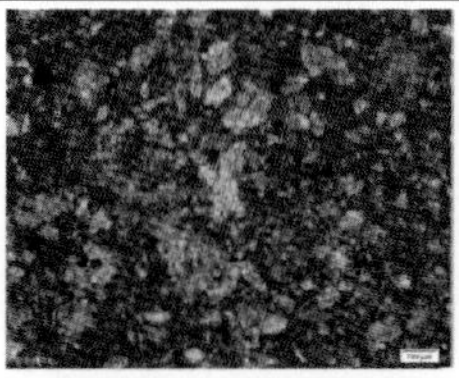 吉174井，3166.19m(-)	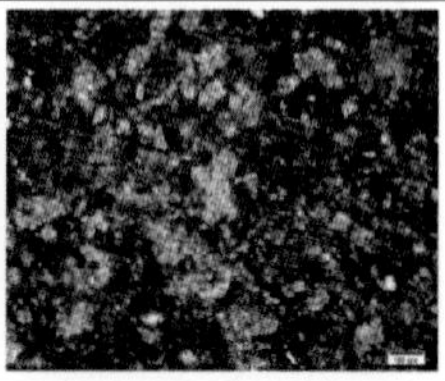 吉174井，3166.19m(+)
	火山碎屑型正混积岩	压实作用较强，火山物质溶蚀较强，自生石英、沸石	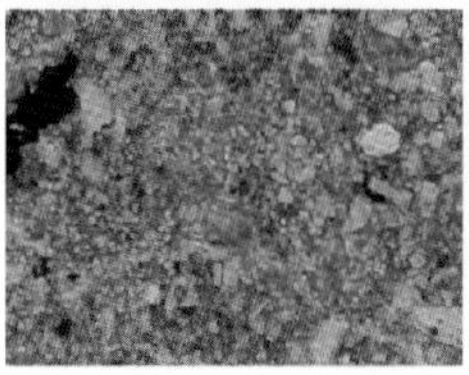 吉174井，3283.74m(-)	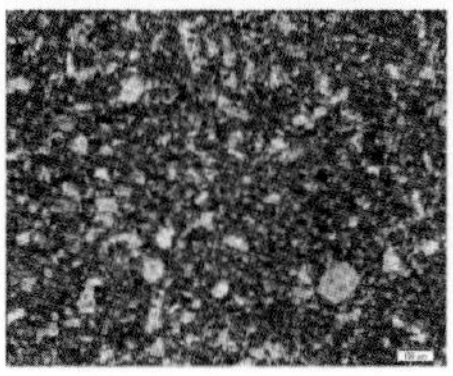 吉174井，3272. 98m(-)	 吉174井，3283. 74m(SEM)

图 3. 15 火山碎屑岩类及正混积岩类成岩作用特征及差异

3.3 页岩成岩作用阶段

准噶尔盆地二叠系芦草沟组云质岩形成于咸化湖盆沉积环境，其储层成岩阶段划分主要依据SY/T 5477—2003《碎屑岩成岩阶段划分》中碱性水介质（盐湖盆地）碎屑岩成岩阶段划分方案及其标准。

准噶尔盆地吉木萨尔凹陷芦草沟组埋藏深度一般介于2000~4200m之间，成岩阶段划分主要依据以下指标。

3.3.1 有机质热成熟度

岩样中有机物质镜质组反射率（R_o）是温度的函数。沉积岩中普遍含有干酪根等高分子有机化合物，在成岩过程中经热演化作用会使镜质组反射率增高。应用镜质组反射率可确定岩石所经受的最高温度及有机质的成熟度。在成岩作用研究中用它可作为划分成岩阶段的依据。控制镜质组反射率的主要因素是地温，其次还与埋藏时间有关，即同样的埋深，在时代较老的岩石中会测得较高的镜质组反射率。如图3.16所示，二叠系芦草沟组烃源岩R_o值分布在0.78%~0.98%，随着深度的增加，烃源岩成熟度增加，现今已进入成熟阶段；根据最大热解峰温T_{max}数值来看，烃源岩样品T_{max}值分布在436~460℃，反映烃源岩处于成熟阶段。

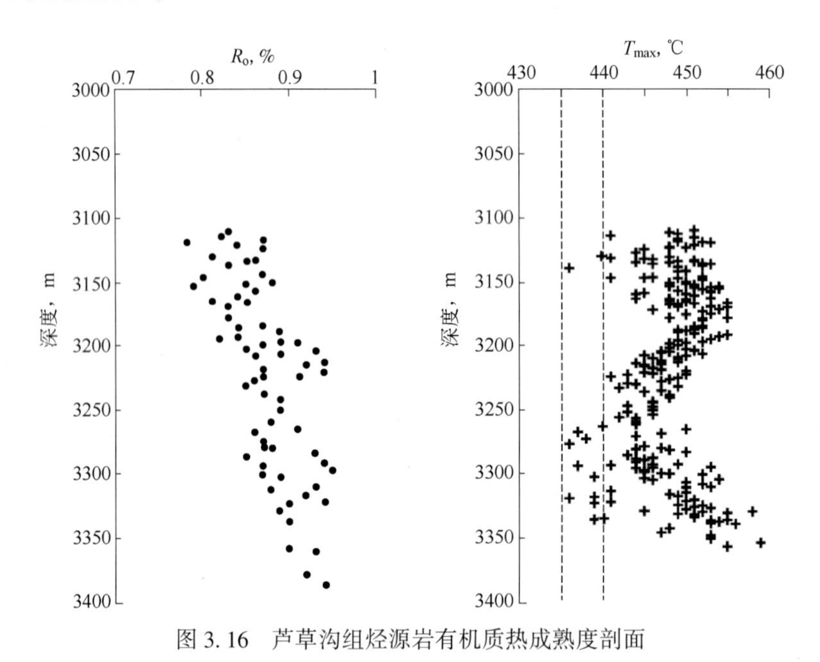

图3.16 芦草沟组烃源岩有机质热成熟度剖面

3.3.2 自生矿物相关指标

不同自生矿物的形成都有其一定的物理化学条件和特定的地质历史环境。随着成岩作用影响的加强以及地层温度、压力的升降和孔隙水化学性质的变化，在不同类型岩石中，经水—岩反应就会出现不同类型的自生矿物，它能指示岩石的形成发展过程及作为地质温度计指示成岩温度。

吉木萨尔凹陷芦草沟组自生矿物主要为碳酸盐矿物，包括方解石、白云石和（含）铁白云石，其次为自生石英和沸石类矿物，以及各种自生黏土矿物，如蒙脱石、伊蒙混层等。

自生碳酸盐矿物的种类随着埋深和地温的增加会按一定序列有规律地出现。一般情况下方解石可能出现较早，接着出现白云石、铁白云石，形成温度约在80~90℃，在地温高于100℃时铁白云石常更丰富，菱铁矿则为晚期还原成岩介质条件下的产物。含铁碳酸盐大量出现，充填孔隙、交代碎屑颗粒。

研究区黏土矿物以蒙脱石、伊蒙混层及绿蒙混层为主，随着深度的增加，伊蒙混层含量增高，蒙脱石含量相对减少。同时受热液及凝灰质催化作用的影响，黏土矿物演化存在差异变化。

3.3.3 其他成岩作用

压实作用中等—强，颗粒以点—线接触为主，局部可见凹凸接触及缝合线接触。胶结作用以碳酸盐胶结、硅质胶结为主，其次为黏土矿物、沸石类胶结，少量黄铁矿。长石、沸石等铝硅酸盐矿物溶蚀为主，其次为碳酸盐矿物的溶蚀，次生孔隙发育，可见溶蚀缝。储层中常见碳酸盐和沸石交代碎屑颗粒及其他胶结物的现象。泥晶白云石重结晶现象常见，少量火山灰/尘结晶。

综合以上特征，吉木萨尔凹陷芦草沟组处于中成岩阶段A2期，如图3.17所示。

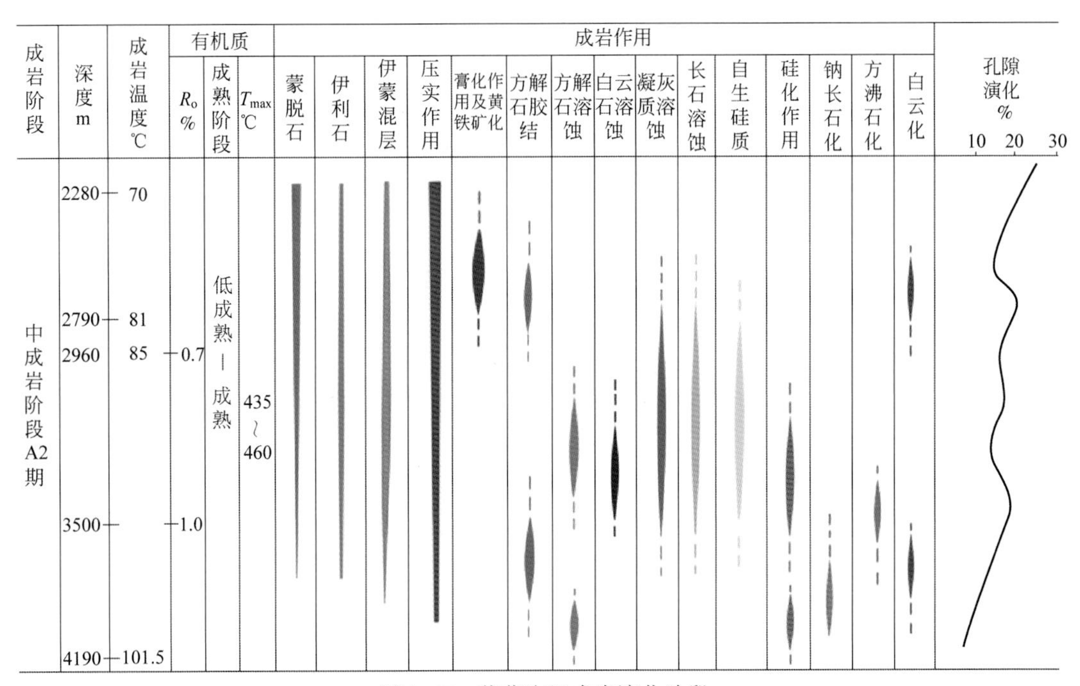

图3.17 芦草沟组成岩演化阶段

3.4 页岩油储层成岩相类型及特征

成岩相是成岩环境和沉积物（岩）在该环境中形成的成岩产物的综合。根据成岩相的概念和内涵，成岩相的分类命名应该既能反映成岩环境的性质，同时也能直观地体现该环境中形成的成岩产物的综合特征（如成岩作用类型、成岩矿物类型、成岩作用强度等）。不同成岩相下储层孔隙发育特征和储集物性各不相同，一般以储集岩石的胶结物成分与胶结类型、压实和溶蚀组构、孔隙类型及分布等差异为依据划分成岩相。不同成岩相组合控制了不同的储层孔隙发育特征和储集物性，所以成岩相的划分有助于储层的区域评价和预测。

吉木萨尔凹陷二叠系芦草沟组是一套由碱性—偏碱性凝灰质与正常湖相沉积物混合，且受不同成分地幔热液交替喷流影响而成的热液型沉积组合。该套岩石组合富含油，且具有早生烃早致密特征，同时碱性凝灰质分布不均一，储层孔隙演化受酸碱交替成岩作用影响，导致页岩油层在纵向及平面上的矿物类型、孔隙组合具有较大差异性，因而对该区域成岩相的划分与传统的成岩相划分方案存在一定差异。

根据对储层质量影响重要性将吉木萨尔凹陷二叠系芦草沟组页岩油储层的成岩相划分为强压实成岩相、方解石强胶结成岩相、凝灰质强溶蚀成岩相、凝灰质—长石混合溶蚀成岩相、凝灰质—长石—白云石晶间灰泥中等溶蚀成岩相、凝灰质—白云石晶间灰泥中等溶蚀成岩相、白云石晶间灰泥中等溶蚀成岩相、白云石晶间灰泥弱溶蚀成岩相等8种成岩相类型。

3.4.1 强压实成岩相

吉木萨尔凹陷芦草沟组岩石整体压实作用较强，强压实成岩相普遍发育，主要在凝灰质、泥质等含量较高的粉砂岩、含细砂粉砂岩以及碳酸盐岩中，颗粒线接触—凹凸接触，甚至出现缝合线，孔隙不发育（图3.18）。

3.4.2 方解石强胶结成岩相

方解石强胶结成岩相主要发育于灰质粉砂岩中，压实作用较强，颗粒线接触为主，方解石常呈孔隙式胶结，充填粒间孔隙及粒内溶蚀孔，整体孔隙不发育，储集空间为少量长石等粒内溶孔（图3.19）。

3.4.3 凝灰质强溶蚀成岩相

凝灰质强溶蚀成岩相岩石压实作用较弱，凝灰质含量高，发生强烈的溶蚀作用。该成岩相类型主要发育于凝灰质含量高的凝灰岩、沉凝灰岩以及部分凝灰质泥晶云岩、凝灰质粉砂岩中。储集空间以凝灰质溶蚀孔隙为主，孔隙发育，连通性较好，杂基含量较高，少量白云石胶结物（图3.20）。

3.4.4 凝灰质—长石混合溶蚀成岩相

凝灰质—长石混合溶蚀成岩相主要发育于粉砂质沉凝灰岩、（含）凝灰质粉砂岩以及

图 3.18 强压实成岩相

(a) 吉 174 井，3127.53m (-)，颗粒凹凸接触；(b) 吉 23 井，3127.53m (+)，颗粒凹凸接触；(c) 吉 174 井，3178.80m (-)，颗粒线-凹凸接触；(d) 吉 174 井，3178.80m (+)，颗粒线—凹凸接触

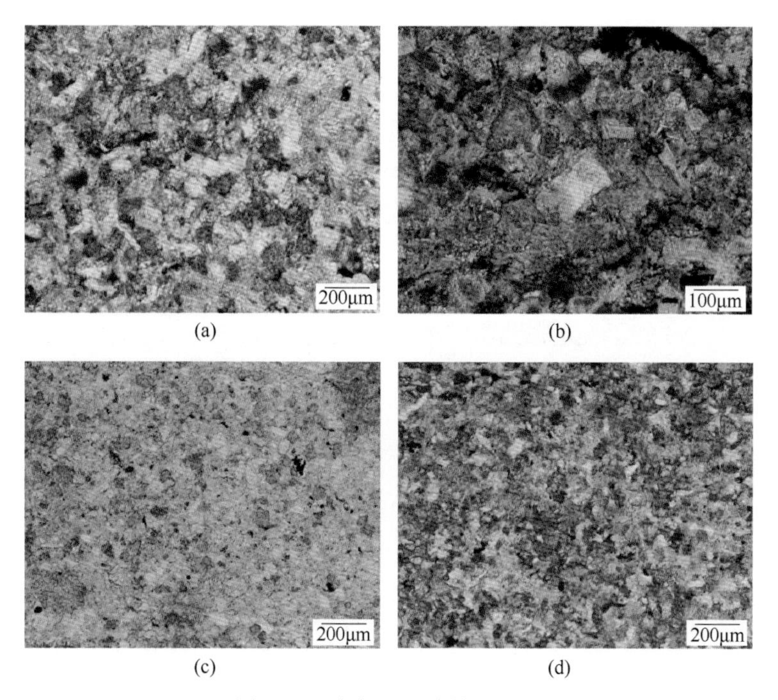

图 3.19 方解石强胶结成岩相

(a) 吉 174 井，3199.75m (-)，方解石强胶结；(b) 吉 174 井，3199.99m (-)，方解石强胶结；(c) 吉 174 井，3334.68m (-)，方解石强胶结；(d) 吉 174 井，3199.75m (-)，方解石强胶结

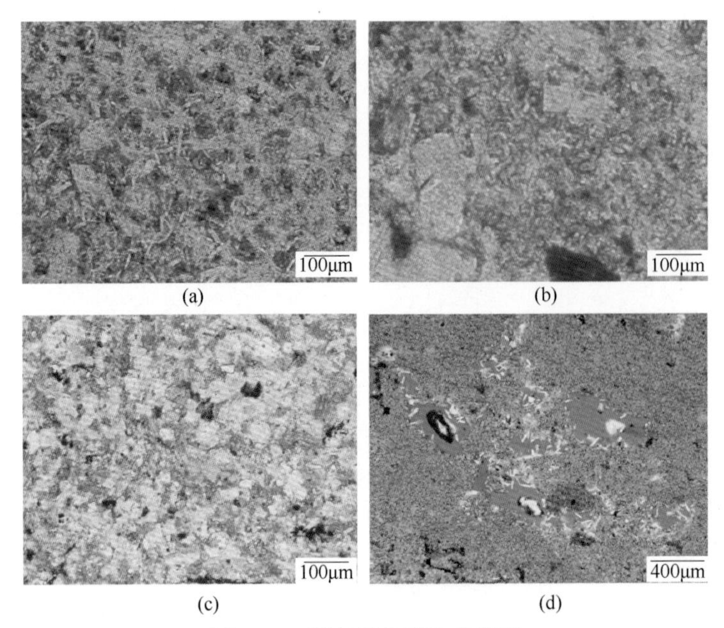

图 3.20　凝灰质强溶蚀成岩相

（a）吉 174 井，3262.59m（-），凝灰质溶蚀；（b）吉 174 井，3274.14m（-），凝灰质溶蚀；（c）吉 174 井，3267.19m（-），凝灰质溶蚀；（d）吉 174 井，3155.95.75m（-），凝灰质溶蚀

各类组分混杂堆积的各类正混积岩中，凝灰物质溶蚀中等，同时可见陆源长石碎屑颗粒边缘港湾状溶蚀以及长石粒内溶孔。储层岩石分选较差，杂基含量较高，整体物性中等(图 3.21)。

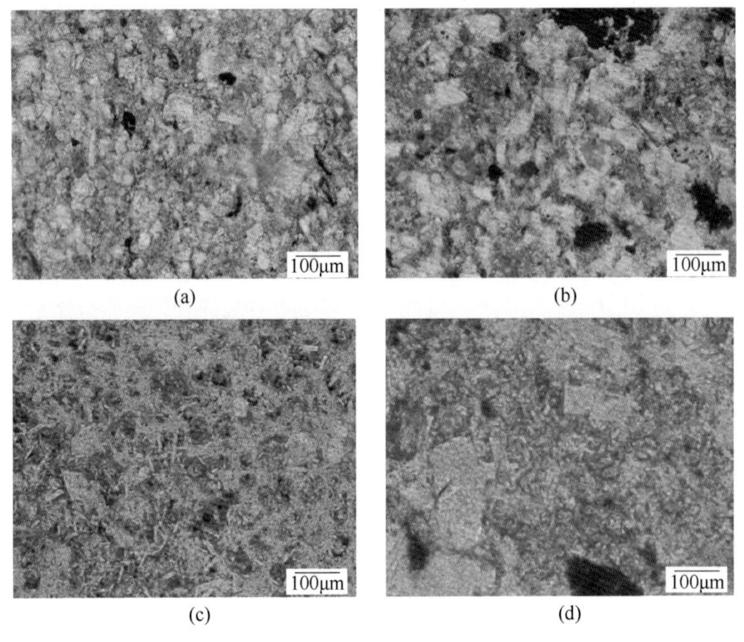

图 3.21　凝灰质—长石混合溶蚀成岩相

（a）吉 174 井，3253.56m（-），凝灰质、长石溶蚀；（b）吉 174 井，3269.74m（-），凝灰质、长石溶蚀；（c）吉 174 井，3286.00m（-），凝灰质、长石溶蚀；（d）吉 174 井，3267.19m（-），凝灰质、长石溶蚀

3.4.5 凝灰质—长石—白云石晶间灰泥中等溶蚀成岩相

凝灰质—长石—白云石晶间灰泥中等溶蚀成岩相主要发育于陆源碎屑、火山碎屑、碳酸盐组分混杂堆积的岩类中，主要包括各种类型正混积岩、含凝灰云质粉砂岩、含凝灰粉砂质泥晶云岩等岩石，各种组分均溶蚀（图 3.22）。

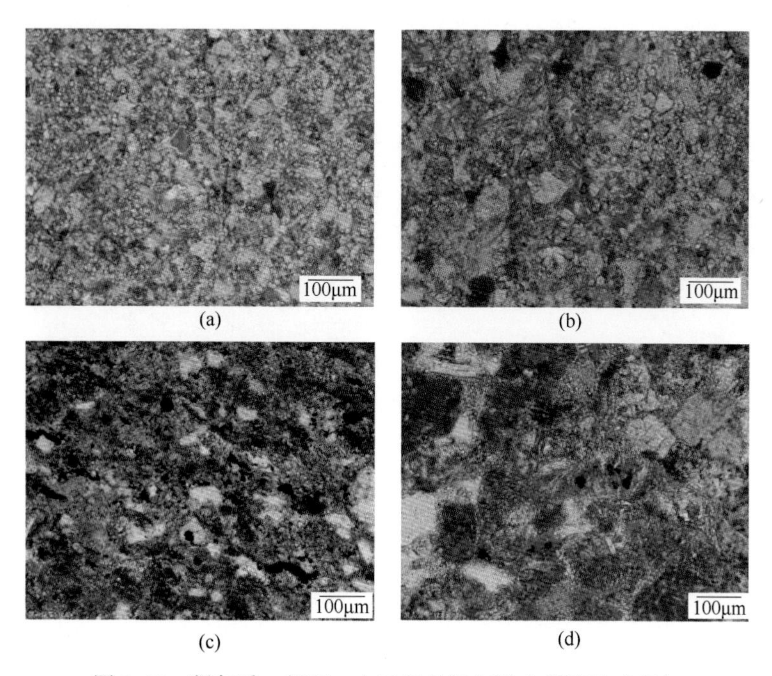

图 3.22 凝灰质—长石—白云石晶间灰泥中等溶蚀成岩相

（a）吉 174 井，3273.25m（-），陆源碎屑型正混积岩；（b）吉 174 井，3283.74m（-），陆源碎屑型正混积岩；（c）吉 174 井，3321.77m（-），碳酸盐型正混积岩；（d）吉 174 井，3114.86m（-），含凝灰云质粉砂岩

3.4.6 凝灰质—白云石晶间灰泥中等溶蚀成岩相

凝灰质—白云石晶间灰泥中等溶蚀成岩相主要发育于（含）凝灰质泥（粉）晶云岩以及碳酸盐岩型正混积岩类中，凝灰物质溶蚀同时可见白云石晶间溶孔及内碎屑溶孔（图 3.23）。

3.4.7 白云石晶间灰泥中等溶蚀成岩相

白云石晶间灰泥中等溶蚀成岩相主要发育于砂屑泥晶云岩、鲕粒云岩以及泥—粉晶云岩中，主要为砂屑溶孔、鲕粒溶孔以及泥—粉晶白云石晶间溶孔（图 3.24）。

3.4.8 白云石晶间灰泥弱溶蚀成岩相

白云石晶间灰泥弱溶蚀成岩相主要发育于泥质泥晶云岩、砂屑泥晶云岩以及泥—粉晶云岩中，主要以白云石晶间微溶孔为主，溶蚀程度弱（图 3.25）。

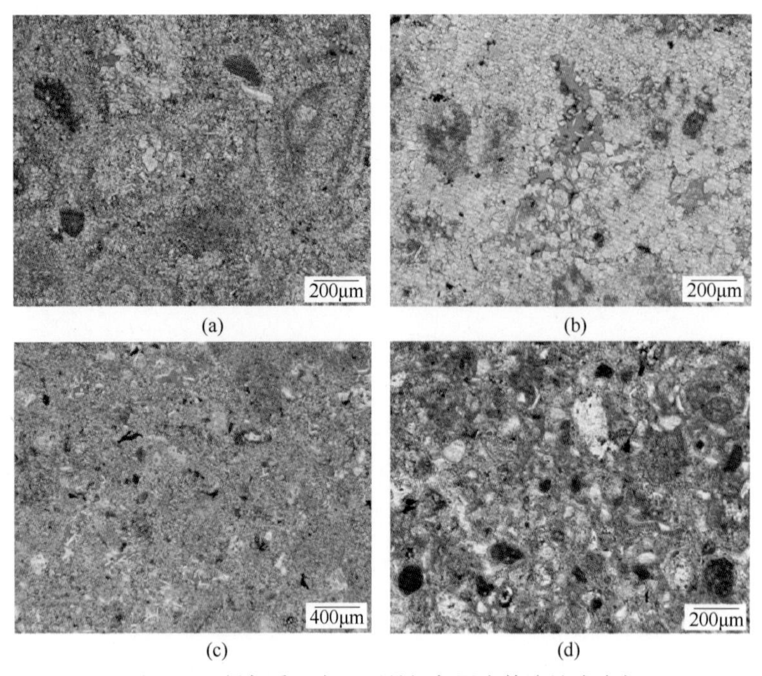

(a) (b) (c) (d)

图 3.23　凝灰质—白云石晶间灰泥中等溶蚀成岩相

(a) 吉 174 井，3262.59m (-)，凝灰质、白云石溶蚀；(b) 吉 174 井，3182.43m (-)，凝灰质、白云石溶蚀；(c) 吉 174 井，3155.95m (-)，凝灰质、白云石溶蚀；(d) 吉 174 井，3164.93m (-)，凝灰质、内碎屑溶蚀

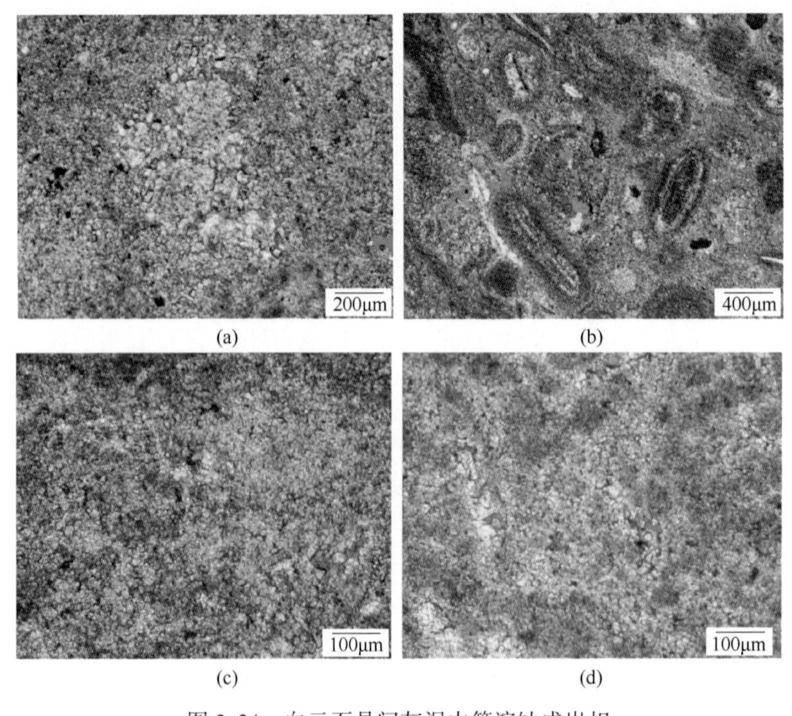

(a) (b) (c) (d)

图 3.24　白云石晶间灰泥中等溶蚀成岩相

(a) 吉 174 井，3217.51m (-)，亮晶白云质砂屑溶蚀；(b) 吉 174 井，3183.36m (SEM)，鲕粒溶孔；(c) 吉 174 井，3177.4m (SEM)，白云石溶蚀；(d) 吉 174 井，3177.34m (SEM)，白云石溶蚀

图 3.25 白云石晶间灰泥弱溶蚀成岩相

（a）吉 23 井，2319.5m（SEM），微晶砂屑云岩，发育纳米级晶间溶孔；（b）吉 23 井，2319.5m（SEM），微晶砂屑云岩，发育纳米级晶间溶孔；（c）吉 23 井，2320.5m（SEM），泥晶云岩，发育纳米级晶间溶孔；（d）吉 23 井，2320.5m（SEM），泥晶云岩，发育纳米级晶间溶孔

4 吉木萨尔页岩油储集特征

在油气储层研究与油藏评价过程中，储层储集特征研究是必不可少的基础工作。致密储层储集性能是形成页岩油“地质甜点”的关键控制因素之一，是页岩油勘探寻找“甜点”的重要参考依据。吉木萨尔凹陷芦草沟组页岩岩石类型复杂、储层物性低、孔隙度与渗透率相关性差、孔喉结构复杂、纳米级孔喉发育，仅仅利用常规物性（孔隙度、渗透率）不能很好地表征页岩储层的储集性能，需要综合常规物性、铸体薄片、高压压汞、恒速压汞等多种测试方法，在吉木萨尔凹陷芦草沟组岩石类型的约束下，从宏观与微观上系统分析页岩的孔喉结构特征，实现对页岩储集特征的精细刻画。

4.1 页岩储集物性特征

4.1.1 非裂缝储层储集物性特征

岩心实测物性统计分析表明，吉木萨尔凹陷芦草沟组页岩油非裂缝储层孔隙度主要分布范围为2%~14%，平均为7.85%，其中孔隙度小于10%的储层占67.1%；非裂缝储层渗透率主要分布范围为（0.001~1.0）$\times10^{-3}\mu m^2$，平均为0.110$\times10^{-3}\mu m^2$，其中小于1.0$\times10^{-3}\mu m^2$的储层占98.2%；储层孔隙度与渗透率相关性较差。根据高压压汞测试结果，储层孔喉半径分布范围大，为0.01~38.93μm，主要集中在0.1~0.25μm（图4.1）。总体上，吉木萨尔凹陷芦草沟组页岩物性差，孔喉半径小，且尺度分布范围广，为页岩所特有的储集物性特征。

4.1.2 微裂缝对储层储集物性的贡献

页岩孔隙度、渗透率整体较低，少量的相对高孔渗储层能够成为页岩油气勘探中的含油层段，因此寻找高孔渗带是寻求页岩油高产的关键。通过统计裂缝发育储层段样品实测物性数据，微裂缝发育的储层渗透率主要分布在（1.0~1000）$\times10^{-3}\mu m^2$（图4.2），表明微裂缝的发育能够很好地改善储集性能，使得储集条件更为优越。

根据岩心观察，在吉174井上、下含油层段发现许多微裂缝，按照微裂缝在岩心上的产状和特征，可以将这些微裂缝分为构造垂直缝、构造斜交缝、低角度缝及水平缝。根据对吉174井上、下含油层段岩心的观察与统计，吉174井微裂缝分布情况见表4.1。

表4.1 吉174井芦草沟组上段与下段裂缝统计表

微裂缝类型	上甜点体（31m）	下甜点体（59m）
构造垂直缝	14条	28条
构造斜交缝	14条	62条
低角度缝及水平缝	45条	53条

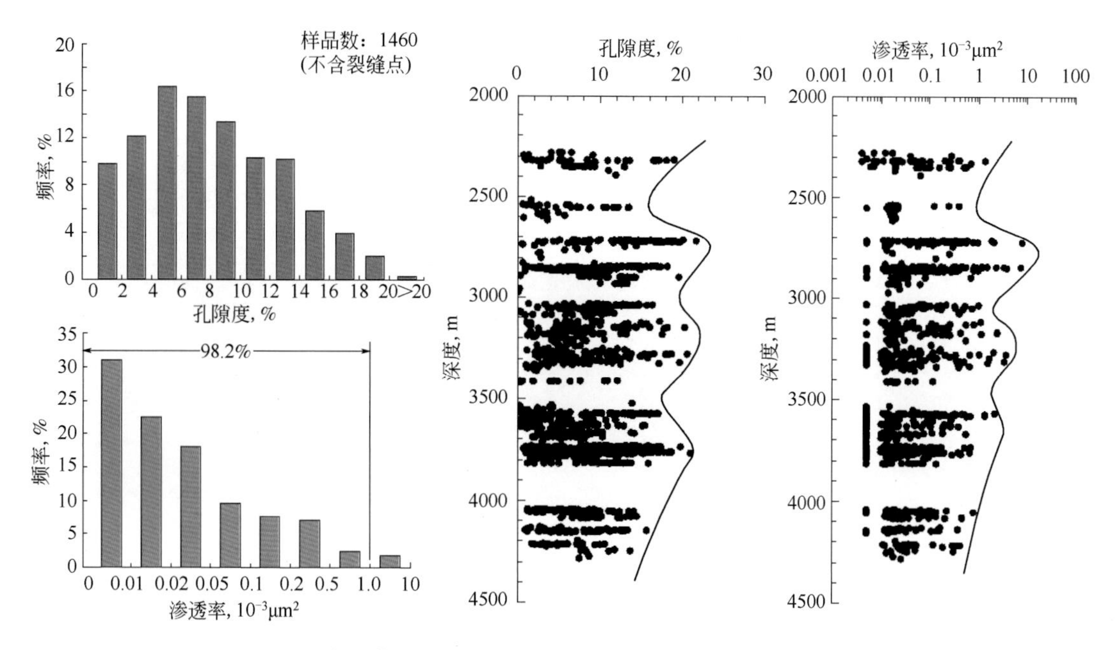

图 4.1　吉木萨尔凹陷芦草沟组页岩油非裂缝储层物性分布规律

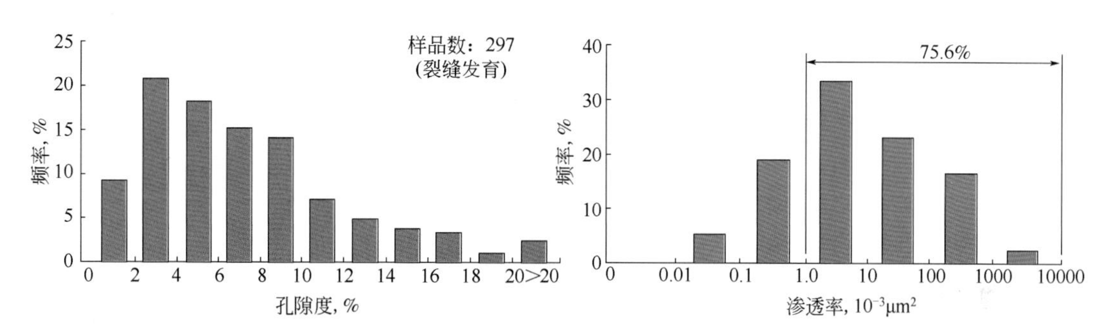

图 4.2　吉木萨尔凹陷芦草沟组页岩油裂缝储层物性分布特征

各种裂缝的特征与形成力学机制如下：

（1）构造垂直缝，指破裂面在岩心柱上倾角大于 85°的构造裂缝，其有效性好，是连通裂缝网格的区域性通道，总体发育程度较低，以稀疏大裂缝形式分布于岩石之中，由于构造垂直缝可以沟通多个裂缝网络，因此能够扩大单井控制储量。

（2）构造斜交缝，指裂缝倾角介于 5°~85°之间的构造裂缝。此类裂缝发育程度高、有效性好，它的存在大大改善了储集岩局部的渗流能力，其与地层斜交的产状和较高的发育程度，保证了钻井钻遇这种裂缝网格的可能性，因此这种裂缝的发育带是部署开发井的理想部位。

（3）低角度缝和水平缝，指缝面倾角小于 5°的裂缝，这类裂缝宽度小，缝内没有次生矿物充填。这种裂缝由于缝宽较小、近水平，且在上覆地层压力下开启度较小，因此有效性差，但在大量发育时，对改善页岩油产能可以起到一定作用。

通过裂缝统计可以看出，上含油层段裂缝密度平均为2.35条/m，下含油层段裂缝密度为2.42条/m，下含油层段微裂缝密度显然较上含油层段高；更为重要的是，下含油层段的斜交缝更为发育，出现频率远高于上含油层段。在页岩油层整体处于（特）低孔、（特）低渗的条件下，微裂缝的出现无疑会在很大程度上提高储集性能，而下含油层段的含油性较上含油层段更好，很可能是更为发育的斜交缝所造成的（图4.3）。

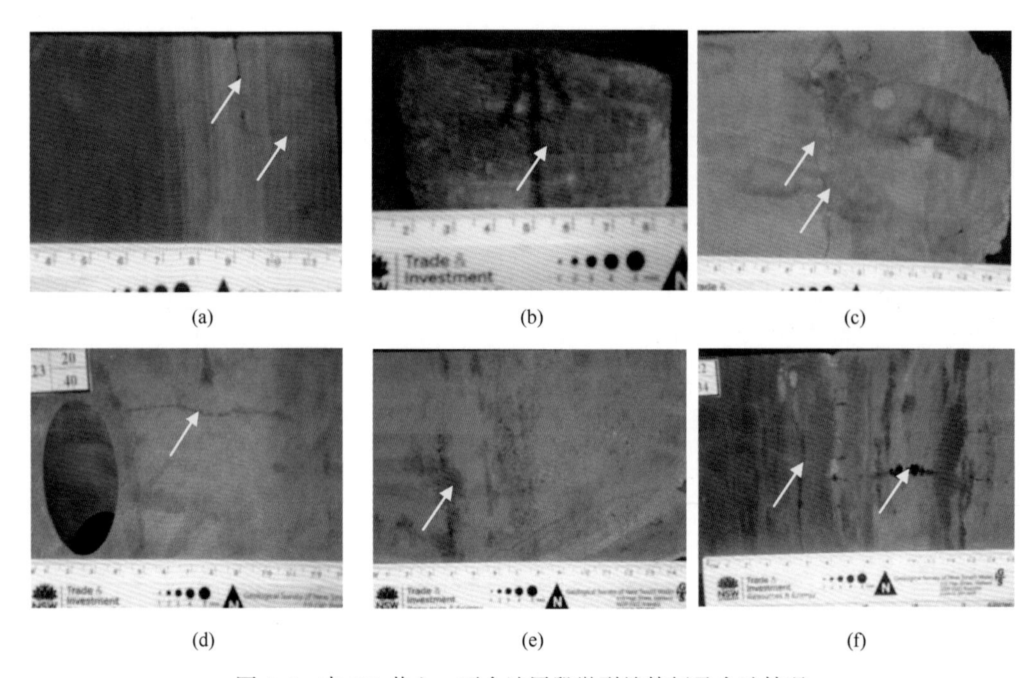

图4.3　吉174井上、下含油层段微裂缝特征及含油情况

（a）水平缝与垂直缝沟通，上含油层段；（b）水平缝将溶孔连通，上含油层段；（c）水平缝与斜交缝成网格状，上含油层段；（d）垂直缝含油，下含油层段；（e）斜交缝及溶孔含油，下含油层段；（f）垂直缝及水平缝含油，下含油层段

4.1.3　不同部位物性分布特征

由于吉木萨尔凹陷芦草沟组页岩垂向分布差异性强，地层不同层位的物性也有差异（图4.4）。其中芦二段孔隙度分布出现双峰特征，两个峰的位置分别为4%~8%以及12%~16%；下甜点体孔隙度分布相对均匀，4%~12%区间孔隙度分布频率差异不大；甜点体间致密层孔隙度较低，孔隙度一般处在2%~8%之间。渗透率方面，下甜点体由于陆源碎屑岩类储层较上甜点体和甜点体间致密层发育，使得下甜点体微裂缝发育，极大提高了岩石的渗透性，因此下甜点体的渗透率明显高于其他层段。其中上甜点体储层岩石渗透率大于$1.0\times10^{-3}\mu m^2$的频率小于10%，甜点体间致密层岩石渗透率大于$1.0\times10^{-3}\mu m^2$的频率小于20%，下甜点体储层岩石的渗透率大于$1.0\times10^{-3}\mu m^2$的频率大于30%。

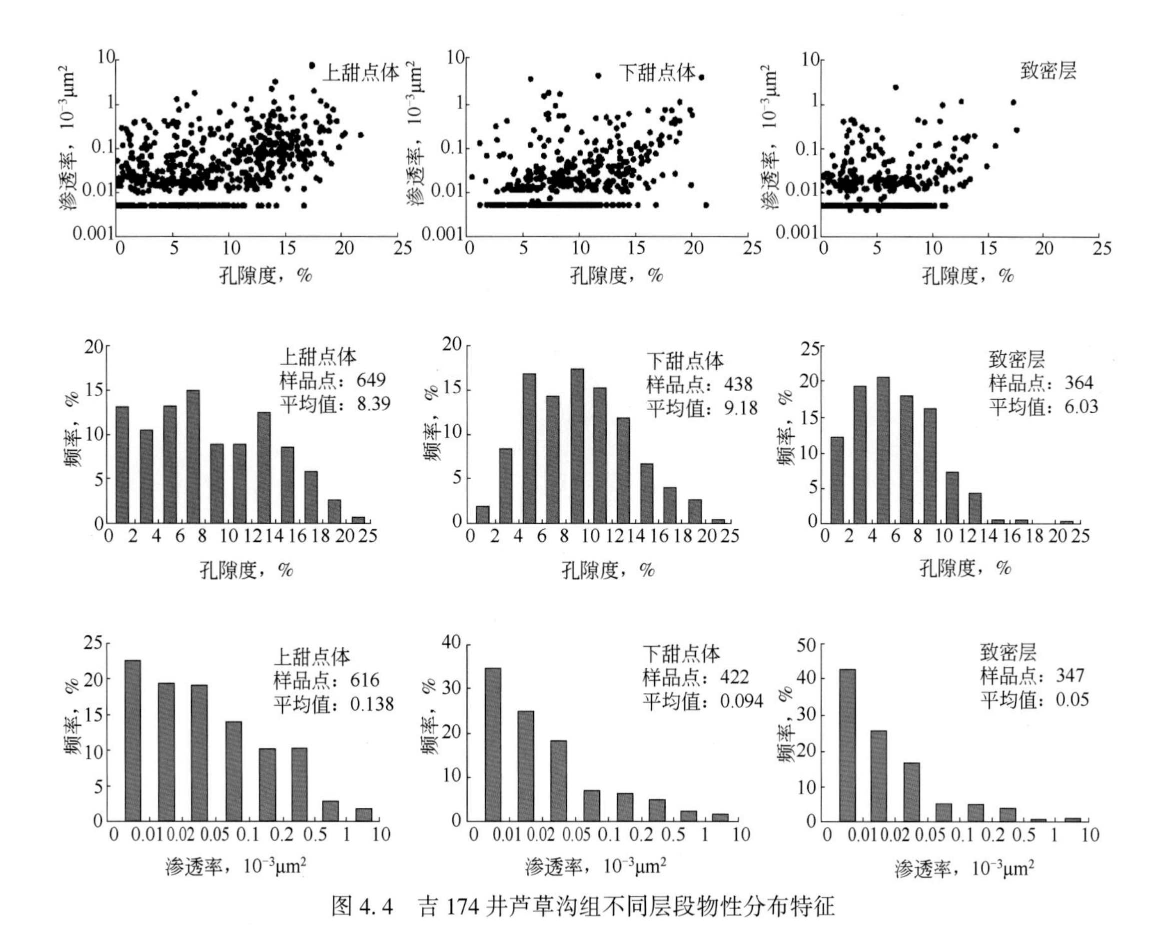

图 4.4 吉 174 井芦草沟组不同层段物性分布特征

4.2 页岩储集空间特征

与常规储层相比，页岩储层非均质性强，孔隙与喉道小，以纳米级孔喉系统为主，局部发育毫米—微米级孔隙，不同微观尺度孔喉结构复杂多样，储层特征不清。厘清页岩储层孔隙与喉道类型、特征等基础地质问题显得尤为重要，也成为近几年非常规油气储层研究的主要进展方向。

4.2.1 页岩孔隙类型及特征

孔隙是流体赋存于岩石中的基本储集空间，孔隙大小主要影响储层的储集能力大小。芦草沟组储层主要为粉砂岩、泥晶云岩和砂质/云质泥岩以及少量火山碎屑岩，孔隙类型主要为火山凝灰物质发生溶蚀形成的粒间溶孔、长石颗粒发生溶蚀形成的粒内溶孔、晶间孔、微裂缝以及少量的鲕粒间溶孔及生物格架内孔隙等。根据主要储集岩孔隙类型分布可以看出，陆源碎屑岩类储层剩余粒间孔隙相对含量高于其他岩类储层，碳酸盐岩类储层粒间溶孔相对含量高于其他岩类（图 4.5）。

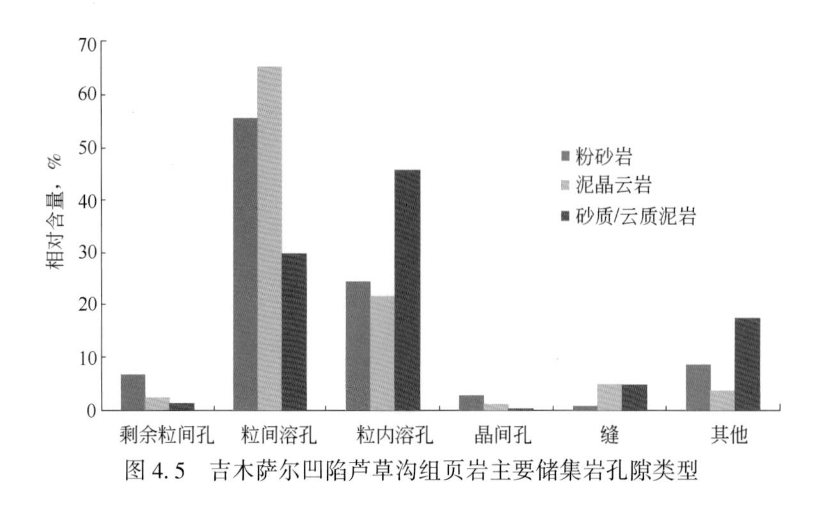

图 4.5 吉木萨尔凹陷芦草沟组页岩主要储集岩孔隙类型

4.2.1.1 陆源碎屑岩类储层

碎屑岩储集空间类型按产状可以分为孔隙和裂缝，其中孔隙又可以分为粒间孔隙、粒内孔隙和填隙物内孔隙，粒间孔隙又可以分为残余粒间孔隙和粒间溶蚀孔隙，填隙物内孔隙又可以分为杂基内孔隙和胶结物内孔隙；裂缝主要可以分为构造裂缝和成岩裂缝。

吉木萨尔凹陷芦草沟组陆源碎屑岩类储层主要以火山凝灰物质发生溶蚀形成的粒间溶孔，以及长石颗粒发生溶蚀形成的溶孔（图 4.6）。凝灰质粉砂岩由于凝灰质的大量溶蚀产生大量的次生溶蚀孔隙，成为陆源碎屑岩类储层最为重要的储集空间。此外，还可见到长石颗粒的溶孔，主要是长石边缘的溶蚀以及粒内溶蚀产生的溶孔，有时可见长石颗粒被整体溶蚀产生的铸模孔。部分粉细砂岩以及云质粉砂岩可见少量剩余原生孔隙，云屑粉砂

(a) 吉174井，3143.32m (b) 吉174井，3143.82m (c) 吉172井，2929.45m

(d) 吉174井，3295.24m (e) 吉174井，3308.18m (f) 吉174井，3312.59m

图 4.6 吉木萨尔凹陷芦草沟组页岩油陆源碎屑岩储层孔隙类型

（a）和（b）为粉砂岩中粒间火山凝灰物质发生溶蚀形成的粒间溶孔；（c）为粉砂岩长石颗粒发生溶蚀形成的粒内溶孔；（d）、（e）、（f）为粒间溶孔及粒内溶孔

岩中还可见到云屑溶解产生的溶孔。灰质粉砂岩由于方解石的强胶结作用一般孔隙不发育，泥质粉砂岩和粉砂质/云质/灰质泥岩主要以极少量孤立的孔隙和微孔为主，孔隙空间不发育。

4.2.1.2 碳酸盐岩类储层

吉木萨尔凹陷芦草沟组碳酸盐岩类储层孔隙类型以火山凝灰物质发生溶蚀形成的溶孔以及晶间溶孔为主，含少量的鲕粒间溶孔及生物格架内孔隙（图4.7）。碳酸盐岩类储层中凝灰质含量相对较低，凝灰质泥晶云岩发育较少，多为含凝灰质/粉砂质泥晶云岩，孔隙多为少量的凝灰质溶蚀产生的次生孔隙。晶形相对较好的泥—粉晶云岩可见较为发育的白云石晶间溶孔，而以云泥成分为主的泥晶云岩孔隙空间一般不发育，多为白云石晶间溶孔，铸体薄片镜下孔隙不可见，扫描电镜下可见白云石的弱溶蚀现象。此外，鲕粒白云岩溶孔较为发育，主要为核心凝灰质组分的溶解以及鲕粒间溶孔，生物格架灰岩可见连通性好的生物格架间孔隙。

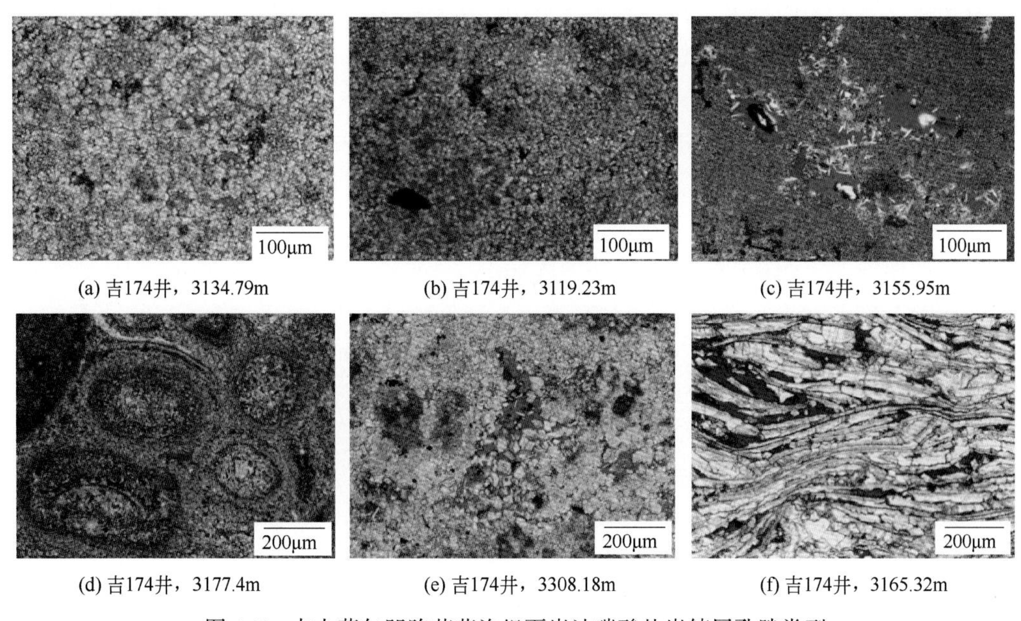

(a) 吉174井，3134.79m　(b) 吉174井，3119.23m　(c) 吉174井，3155.95m

(d) 吉174井，3177.4m　(e) 吉174井，3308.18m　(f) 吉174井，3165.32m

图4.7 吉木萨尔凹陷芦草沟组页岩油碳酸盐岩储层孔隙类型

（a）和（b）为泥晶云岩中晶间溶蚀孔隙；（c）为泥晶云岩中火山凝灰物质溶蚀孔隙；（d）为鲕粒间溶孔；（e）为晶间溶孔与火山凝灰物质溶孔；（f）为生物灰岩内孔隙

4.2.1.3 火山碎屑岩类储层

吉木萨尔凹陷芦草沟组火山碎屑岩类储层孔隙类型以火山凝灰物质发生钠长石化及溶蚀形成的溶孔为主（图4.8）。凝灰物质可以分为分散状和团块状两种产状：分散状凝灰物质发生溶蚀后形成连通性相对较好的次生孔隙，剩余晶形较大的长石条带；团块状凝灰物质发生溶蚀往往产生球状或近球状溶蚀孔洞，伴随着溶孔发育自生钠长石，钠长石晶体多以简单双晶的形式自孔隙边缘向孔隙中心近于垂直生长，强烈的溶蚀作用还可以使岩石发生钠长石化作用。

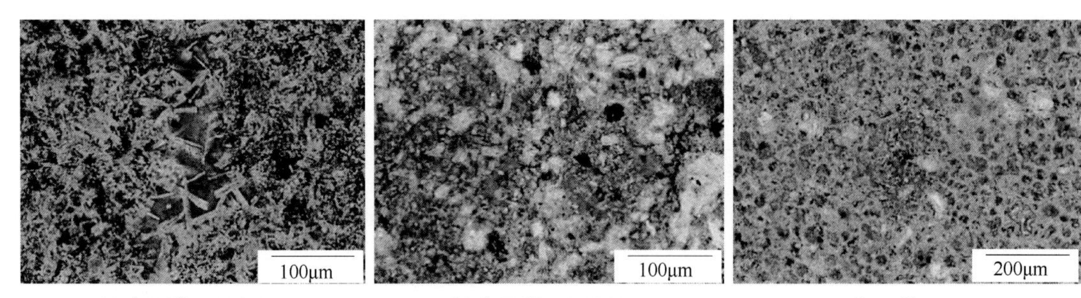

(a) 吉174井，3190.57m　　(b) 吉174井，3119.23m　　(c) 吉174井，3190.64m

图 4.8　吉木萨尔凹陷芦草沟组页岩油火山碎屑岩储层孔隙类型

(a) 为凝灰物质发生钠长石化及溶蚀形成的长石条带溶孔；(b) 和 (c) 为团块状凝灰物质发生溶蚀产生球状溶蚀孔洞

4.2.2　页岩喉道类型及特征

从储层微观方面来讲，孔隙控制储集能力，喉道控制渗流能力。喉道是连通两个孔隙的狭窄通道，在不同的接触类型和胶结类型中，常见喉道类型有孔隙缩小型喉道、收缩喉道、片状喉道、弯片状喉道与管束状喉道 5 种类型。

吉木萨尔凹陷芦草沟组页岩以片状、弯片状、管束状喉道为主，喉道半径小，孔隙之间连通性差，常见孤立状分布的溶蚀孔隙（图 4.9）。吉木萨尔凹陷芦草沟组页岩原生孔隙不发育，难以见到孔隙缩小型喉道和收缩喉道，多以溶蚀产生的弯片状喉道、片状喉道、管束状喉道为主，溶蚀作用不发育的页岩孔隙多为孤立状（图 4.9），喉道半径小，孔隙之间连通性差，扫描电镜下可见纳米级喉道。

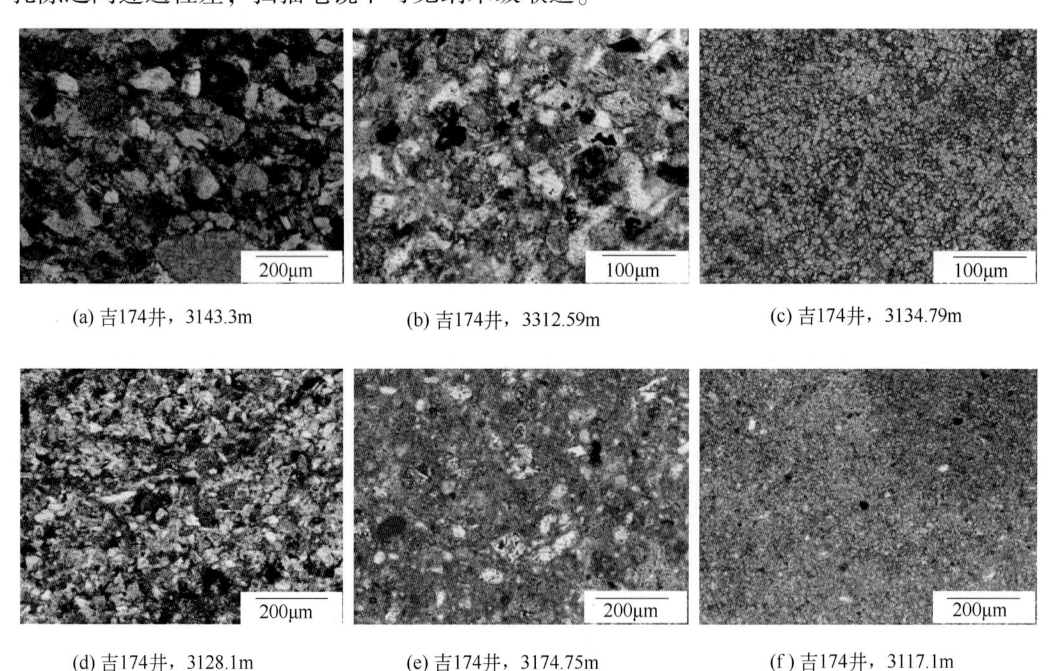

(a) 吉174井，3143.3m　　(b) 吉174井，3312.59m　　(c) 吉174井，3134.79m

(d) 吉174井，3128.1m　　(e) 吉174井，3174.75m　　(f) 吉174井，3117.1m

图 4.9　吉木萨尔凹陷芦草沟组页岩喉道特征

(a)、(b)、(c) 分别为片状、弯片状、管束状喉道；(d)、(e)、(f) 为喉道半径小，孔隙之间连通性差，孤立状分布不同渗透率级别的页岩其孔喉结构特征不同，相同渗透率级别的页岩随着孔隙度变化发生规律性变化。当 $K>1.0\times10^{-3}\mu m^2$ 时，随着孔隙度降低，孔隙结构由剩余粒间孔、连通性较好的强溶蚀孔隙变为连通性较弱的溶蚀孔隙，进而变为少量孤立孔隙、微孔。当 $0.1\times10^{-3}\mu m^2<K<1.0\times10^{-3}\mu m^2$ 时，随着孔隙度降低，孔隙结构由连通性较弱的溶蚀孔隙变为少量孤立孔隙、微孔，进而变为微孔。当 $K<0.1\times10^{-3}\mu m^2$ 时，随着孔隙度降低，孔隙结构由连通性较弱的溶蚀孔隙、少量孤立孔隙变为微孔。

4.3 页岩孔喉结构特征

孔喉结构是指储层岩石中三维的孔喉系统特征，包括孔隙与喉道的大小、分布、形状及其相互连通的关系，是油气储层微观研究的核心内容之一。油、气、水是在储层孔喉系统中流动的，孔喉系统特征控制流体在其中的流动特征，对低渗致密储层尤是如此。页岩储层微观孔喉结构的复杂性和多尺度性、传统表征方法的不精确性、定性化表征导致对低渗透储层中优质“甜点”储层分布规律和预测的难度加大，严重制约了下一步页岩油气的勘探和开发。

4.3.1 页岩毛管曲线、压汞参数及其分布特征

压汞法是目前国内外研究储层微观孔喉结构最为广泛的技术方法。注入汞的过程是非润湿流体驱替润湿相流体，必须要克服岩石孔喉系统对汞的毛细管压力，也就是测量毛细管压力的过程。高压压汞测试采用最大进汞压力达 163.84MPa，所测得的最小孔喉半径可达 0.0045μm，能够有效反映页岩储层孔喉结构特征。

恒速压汞技术是近年来发展起来的一种高精度的孔喉结构表征技术，其与常规的高压压汞实验不同之处在于恒速压汞实验是以极低的准静态恒定速度（5×10^{-5}mL/min）向岩样喉道及孔隙内压汞，根据进汞的压力涨落来获取孔喉结构方面的信息。喉道半径由突破压力决定，孔隙大小由进汞量标定。在进汞压力曲线上可以很明确地反映喉道大小及数量。

4.3.1.1 页岩毛管曲线分布特征

孔喉的分选性、孔喉分布的歪度决定了毛管压力曲线的形态。绘制了研究区内不同渗透率级别（$K<0.01\times10^{-3}\mu m^2$，$0.01\times10^{-3}\mu m^2<K<0.1\times10^{-3}\mu m^2$，$0.1\times10^{-3}\mu m^2<K<1.0\times10^{-3}\mu m^2$，$K>1.0\times10^{-3}\mu m^2$）样品的高压压汞曲线（图 4.10），从图中可以看出随着渗透率的增大，毛管压力曲线的歪度明显由细歪度向粗歪度变化。

4.3.1.2 孔喉结构定量特征参数

毛管曲线不仅能够定性表征储层微观的孔喉结构特征，更为重要的是可以得到定量反应储层微观特征的参数。根据孔喉参数特征分布可以看出，芦草沟组页岩孔喉半径小，排驱压力及中值压力高，分选好，均质系数小，整体上孔喉结构较差（表 4.2）。

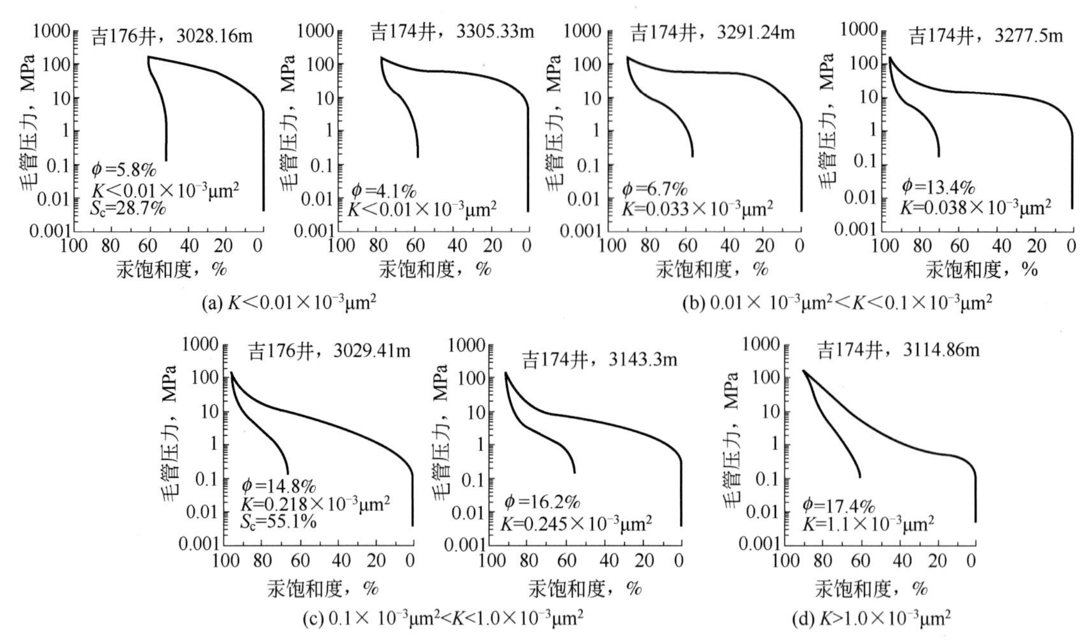

图 4.10　芦草沟组页岩不同渗透率级别样品高压压汞曲线形态

表 4.2　孔喉结构特征参数统计表

孔喉结构参数	最大值	最小值	平均值
分选系数	4.08	0.96	1.97
排驱压力，MPa	26.17	0.02	4.24
最大孔喉半径，μm	38.93	0.03	0.1
中值压力，MPa	163.2	0.79	35.14
中值半径，μm	0.93	0.01	0.06
均质系数	0.55	0.08	0.21
变异系数	0.38	0.06	0.15
孔喉体积比	12.76	0.91	4.27

4.3.2　页岩孔喉半径分布特征

实测高压压汞样品点的最大连通孔喉半径 R_d、中值孔喉半径 R_{c50} 及平均孔喉半径 R_m 的分布可以看出，以 0.5μm 孔喉半径为界（孔喉直径 1μm 以下为纳米级孔喉），在最大连通孔喉半径中，有 66.3%的样品点为纳米级别；在中值孔喉半径中，有 99.1%的样品点为纳米级别；在平均孔喉半径中，有 86.8%的样品点为纳米级别，说明在低渗透储层中，纳米级孔喉系统发育（图 4.11）。

对不同岩性的页岩（粉砂岩、泥晶云岩、砂质/泥质泥晶云岩）的孔喉结构系统进行了分析，绘制了页岩样品点的孔喉半径分布区间及不同级别喉道半径（<0.1μm、0.1~1μm、1~10μm）所控制的进汞量（图 4.12），从图中可以看出粉砂岩储层主要发育纳米

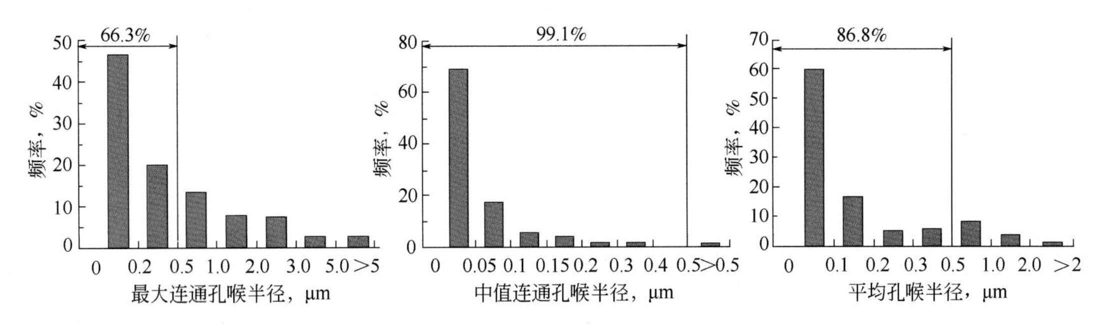

图 4.11 芦草沟组页岩孔喉半径分布直方图

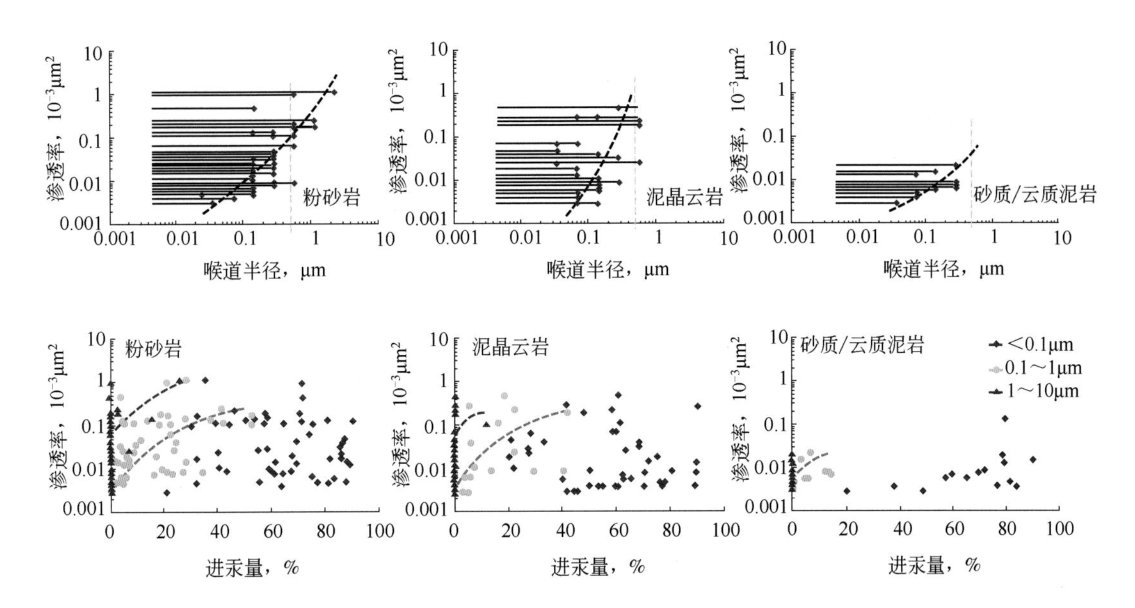

图 4.12 芦草沟组页岩不同渗透率级别孔喉系统分布特征

级孔喉系统，少量微米级孔喉系统，其孔隙主要由纳米—微米级喉道控制；泥晶云岩储层主要发育纳米级孔喉系统，其孔隙主要由纳米级喉道控制；砂质/云质泥岩储层主要发育纳米级孔喉系统，其孔隙主要由纳米级喉道控制。

陆源碎屑岩类储层和碳酸盐岩类储层不同渗透率级别岩心孔喉半径分布可以看出，渗透率越小，峰值孔喉半径越小且分布范围较窄，随着渗透率增大，峰值孔喉半径增大且分布范围变宽（图 4.13）。渗透率 $K<0.01\times10^{-3}\mu m^2$ 时，孔喉半径分布一般在 0.0045～0.018μm，峰值孔喉半径小于 0.008μm；渗透率 $0.01\times10^{-3}\mu m^2<K<0.1\times10^{-3}\mu m^2$ 时，孔喉半径分布一般在 0.0045～0.036μm，峰值孔喉半径 0.008～0.018μm；渗透率 $0.1\times10^{-3}\mu m^2<K<1.0\times10^{-3}\mu m^2$ 时，孔喉半径分布一般在 0.008～0.144μm，峰值孔喉半径 0.018～0.072μm；渗透率 $K>1.0\times10^{-3}\mu m^2$ 时，孔喉半径分布一般在 0.287～2.299μm，峰值孔喉半径大于 0.5μm。

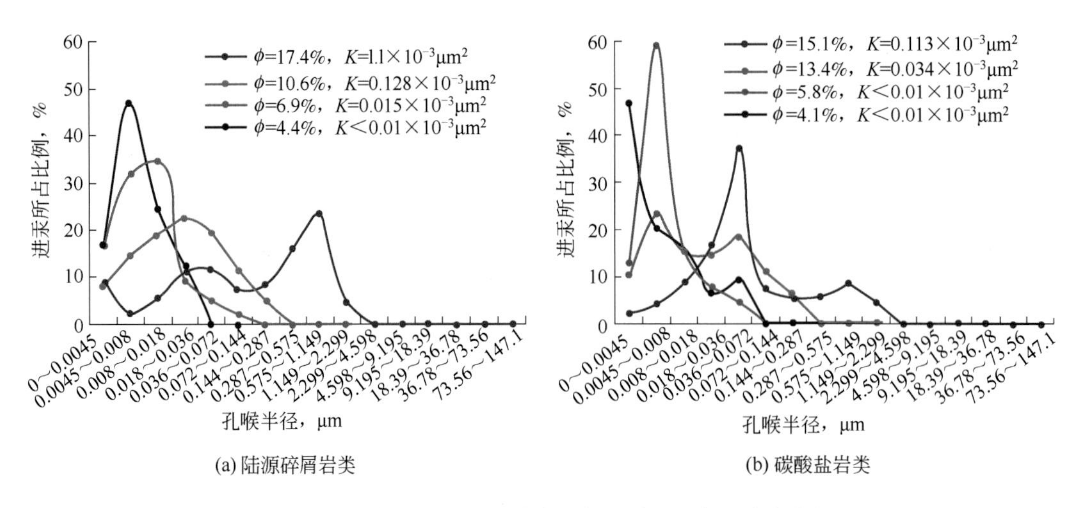

图 4.13 芦草沟组页岩不同渗透率级别孔喉半径分布特征

从陆源碎屑岩类储层和碳酸盐岩类储层不同渗透率级别的岩心孔喉半径累积频率分布可以看出（图 4.14），随着渗透率的增大，细小孔喉所占比例越来越少，大孔喉所占比例越来越多。

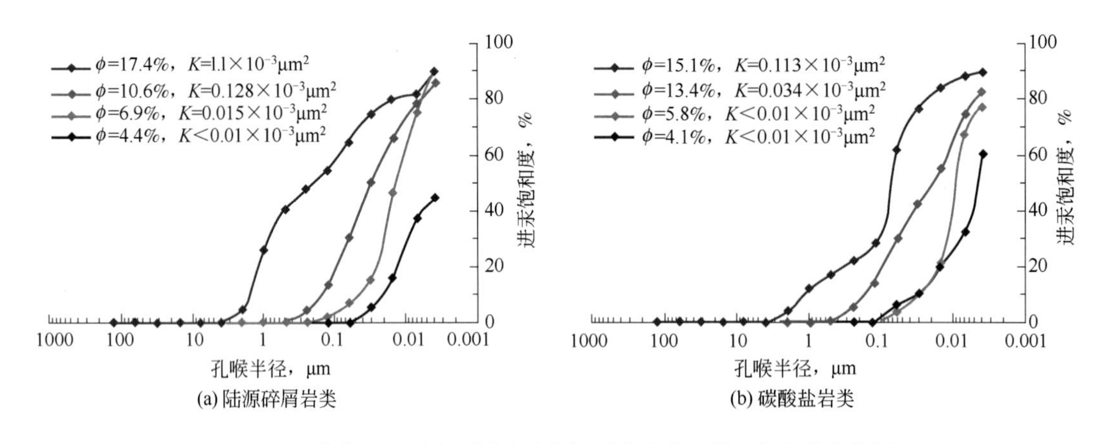

图 4.14 芦草沟组页岩不同渗透率级别孔喉半径累积频率分布特征

高压压汞测试可以精确地得到岩石孔隙与喉道的大小和分布（图 4.15）。不同渗透率级别的样品，其孔隙半径大小及分布差异不大，分布范围和峰值都比较接近，主要分布于 90~200μm 之间，峰值基本在 150μm 左右；不同渗透率级别的样品，其喉道半径大小及分布差异很大，随着渗透率的增大，喉道半径分布范围逐渐变宽，小喉道比例降低，大喉道所占比例明显增加，曲线峰值对应的喉道所占比例也逐渐减小，喉道分选性变差。不同渗透率级别低渗储层，其孔隙半径分布差异不大，而喉道则随着渗透率的增加其分布范围变宽、峰值半径增大，渗透率对喉道的变化敏感，喉道控制着储层物性。

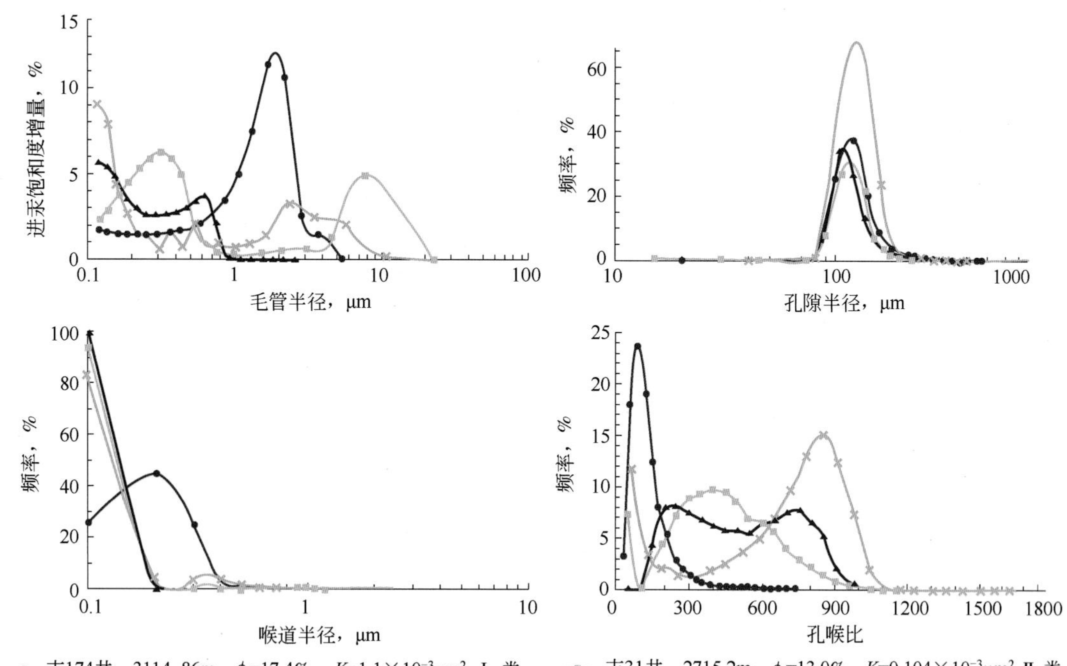

图 4. 15　芦草沟组页岩孔道分布特征

4. 3. 3　页岩渗透率贡献特征

高压压汞法可以得到进汞量、渗透率贡献、累积进汞量及累积渗透率贡献分布，将四种分布图绘制到一个坐标系下，可以很清楚地得到样品的进汞量与渗透率贡献关系图，并可以对不同渗透率级别的样品点进行对比分析。

从不同渗透率级别样品进汞量—渗透率贡献分布图中可以看出进汞量分布曲线要滞后于渗透率贡献分布曲线［图 4. 16(a)］，且绘制了不同岩性页岩样品点累积渗透率达 90%时的进汞量［图 4. 16(b)］，可以看出累积渗透率达 90%时，进汞量一般都小于 50%，说明对渗透率贡献较大的孔喉占据着较小的体积，大部分小孔喉渗透率贡献率很小。其中，粉砂岩储层累积渗透率达 90%时的进汞量相对较高，主要分布在 20%~50%之间；泥晶云岩储层累积渗透率达 90%时的进汞量一般小于 40%；砂质/泥质云岩储层累积渗透率达 90%时的进汞量最低，一般小于 25%。

统计了累积渗透率达 90%时不同岩性样品点的喉道半径，并绘制了页岩对渗透率起主要贡献（累积渗透率贡献为 90%）的孔喉半径分布图（图 4. 17）。从图中可以看出粉砂岩储层的渗透率主要由 0. 03~0. 3μm 的喉道贡献；砂质/云质泥岩储层的渗透率主要由 0. 01~0. 2μm 的喉道贡献；泥晶云岩储层的渗透率主要由 0. 01~0. 2μm 的喉道贡献。

此外，还分别对粉细砂岩、云质粉砂岩、泥质粉砂岩、灰质粉砂岩、砂质泥岩、云质泥岩、砂质/泥质泥晶云岩以及泥晶云岩储层对渗透率起主要贡献（累积渗透率贡献为 90%）的孔喉半径分布进行精细刻画。

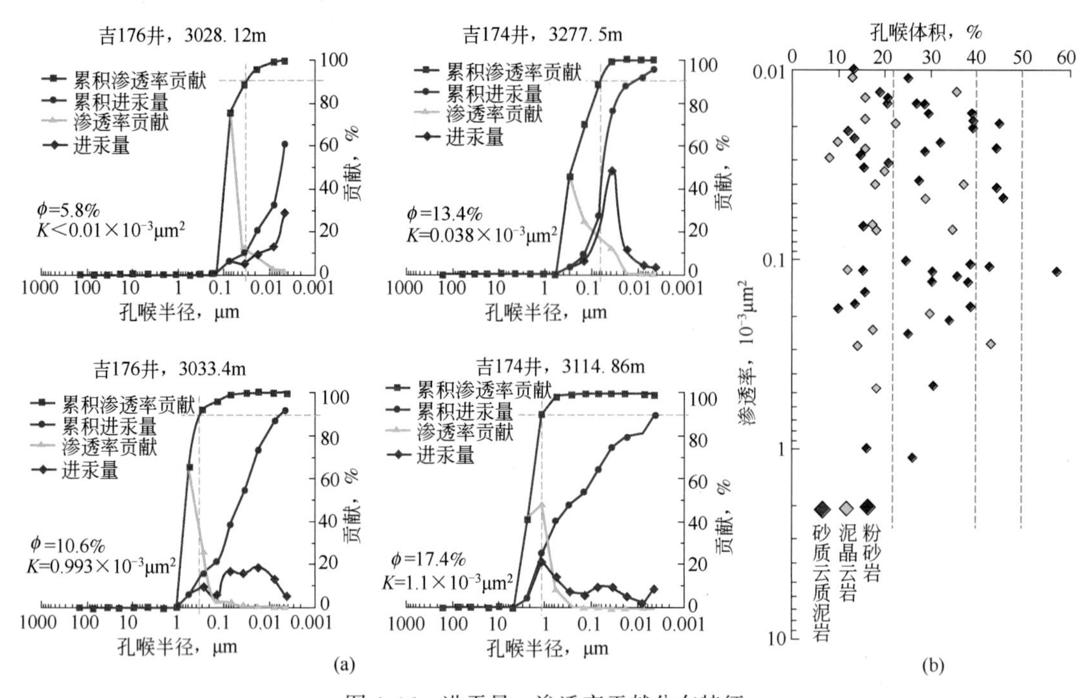

图 4.16 进汞量—渗透率贡献分布特征

（a）不同渗透率级别样品进汞量—渗透率贡献分布图；（b）累积渗透率贡献达到90%时的进汞量

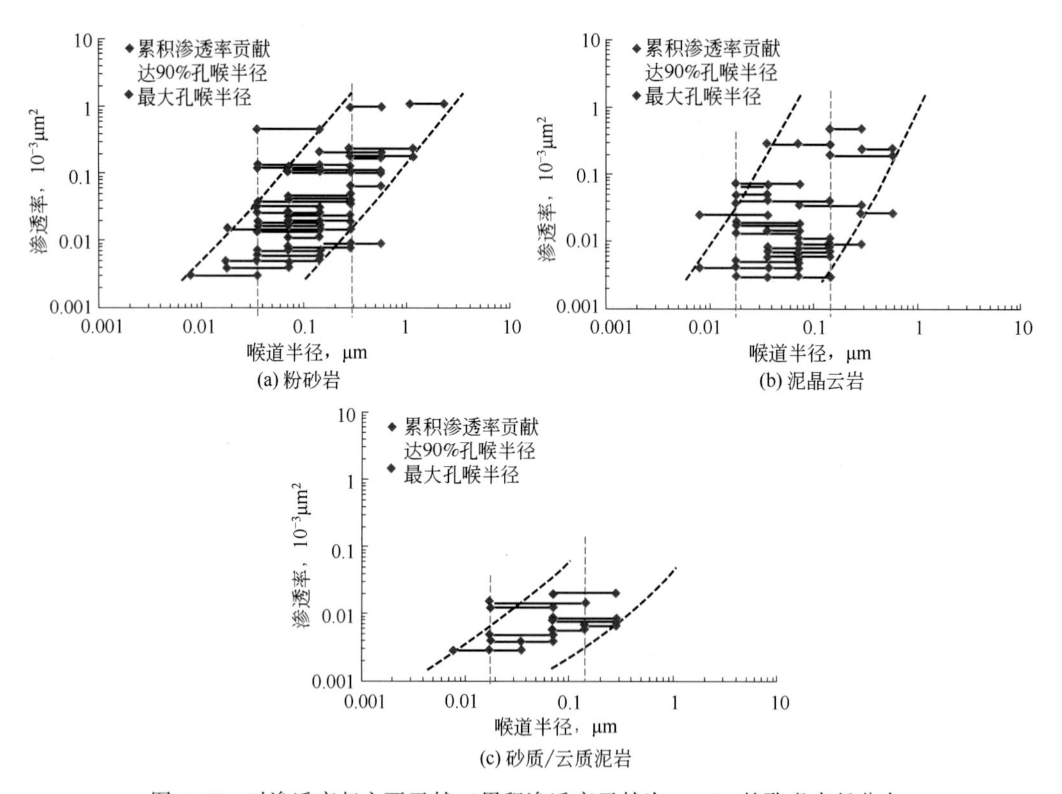

图 4.17 对渗透率起主要贡献（累积渗透率贡献为90%）的孔喉半径分布

对于粉砂岩类，粉砂岩渗透率主要由 0.05~0.5μm 喉道贡献；灰质粉砂岩渗透率主要由 0.01~0.1μm 喉道贡献；云质粉砂岩、泥质粉砂岩渗透率主要由 0.03~0.3μm 的喉道贡献（图 4.18）。

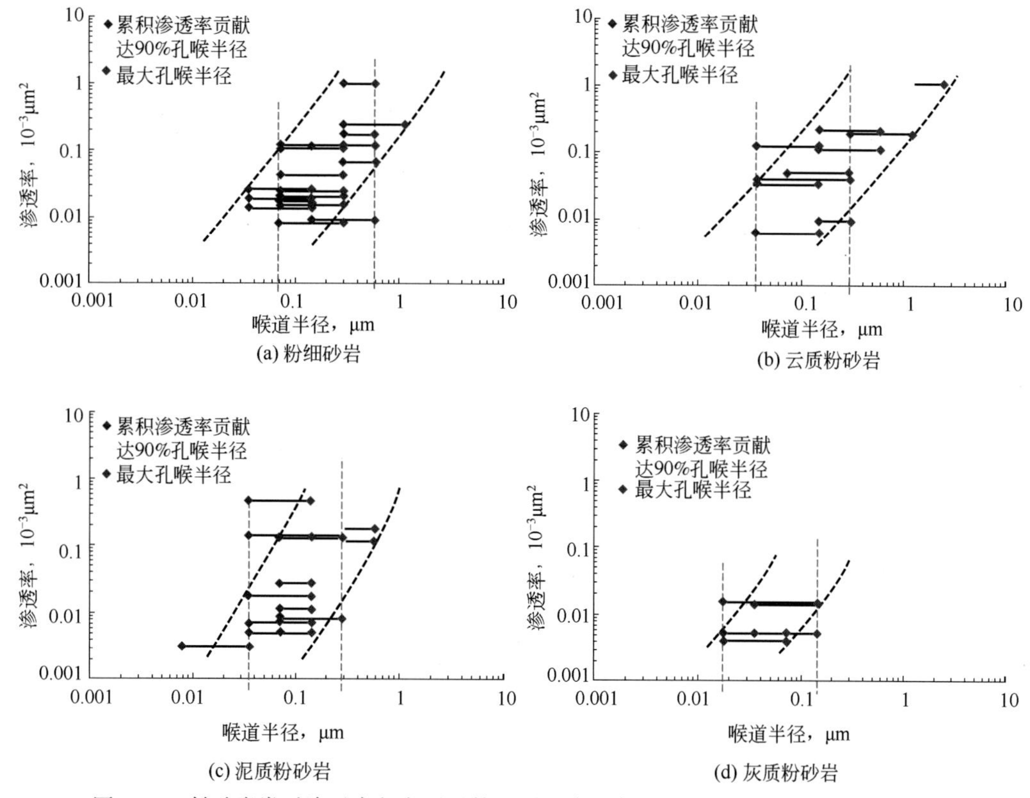

图 4.18 粉砂岩类对渗透率起主要贡献（累积渗透率贡献为 90%）的孔喉半径分布

泥岩类储层对渗透率起主要作用的喉道半径很小，砂质泥岩渗透率主要由 0.01~0.1μm 喉道贡献；云质泥岩渗透率主要由 0.03~0.3μm 喉道贡献（图 4.19）。砂质/泥质泥晶云岩以及泥晶云岩储层对渗透率起主要作用的喉道半径分布比较一致，渗透率均主要由 0.01~0.2μm 的喉道贡献（图 4.20）。

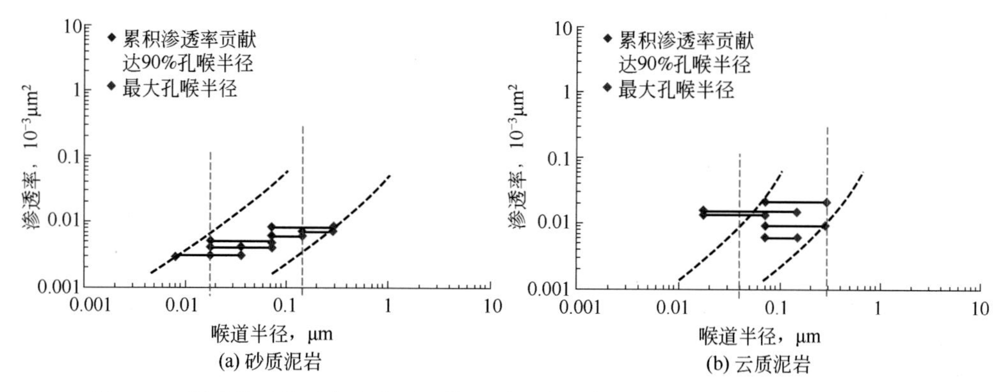

图 4.19 泥岩类对渗透率起主要贡献（累积渗透率贡献为 90%）的孔喉半径分布

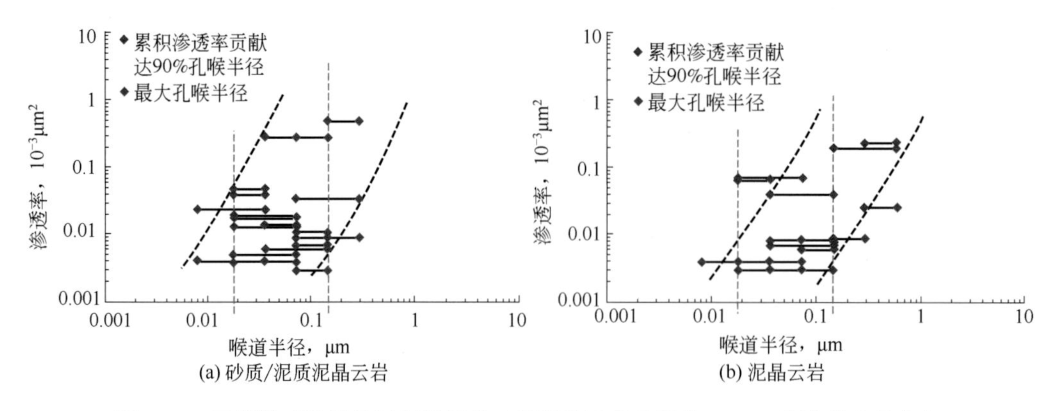

图 4.20　云岩类对渗透率起主要贡献（累积渗透率贡献为 90%）的孔喉半径分布

对不同级别孔喉对渗透率的贡献进行定量分析，根据高压压汞实验中压力的分布，结合毛管压力测量孔喉半径 R 分级方法，将孔喉区间分为四个区间：$R\geqslant10\mu m$、$1\mu m\leqslant R<10\mu m$、$0.1\mu m\leqslant R<1\mu m$、$R<0.1\mu m$。统计每个样品点中四个孔喉区间所占的进汞量，进而计算出每个样品中四个孔喉区间的孔隙度，绘制不同孔喉区间孔隙度与样品总渗透率交会图（图 4.21）。可以看出，$R\geqslant10\mu m$ 的大孔喉半径控制的孔隙度对渗透率无影响；$1\leqslant R<10\mu m$ 的孔喉半径控制的孔隙度与渗透率（$0.1\times10^{-3}\mu m^2\leqslant K<10\times10^{-3}\mu m^2$）呈较明显的正相关关系，但只有粉砂岩储层 $1\mu m\leqslant R<10\mu m$ 的孔喉半径控制的孔隙度才对渗透率有贡献，泥晶云岩和砂质/云质泥岩控制的孔隙度才对渗透率贡献为零。$0.1\mu m\leqslant R<1\mu m$ 的

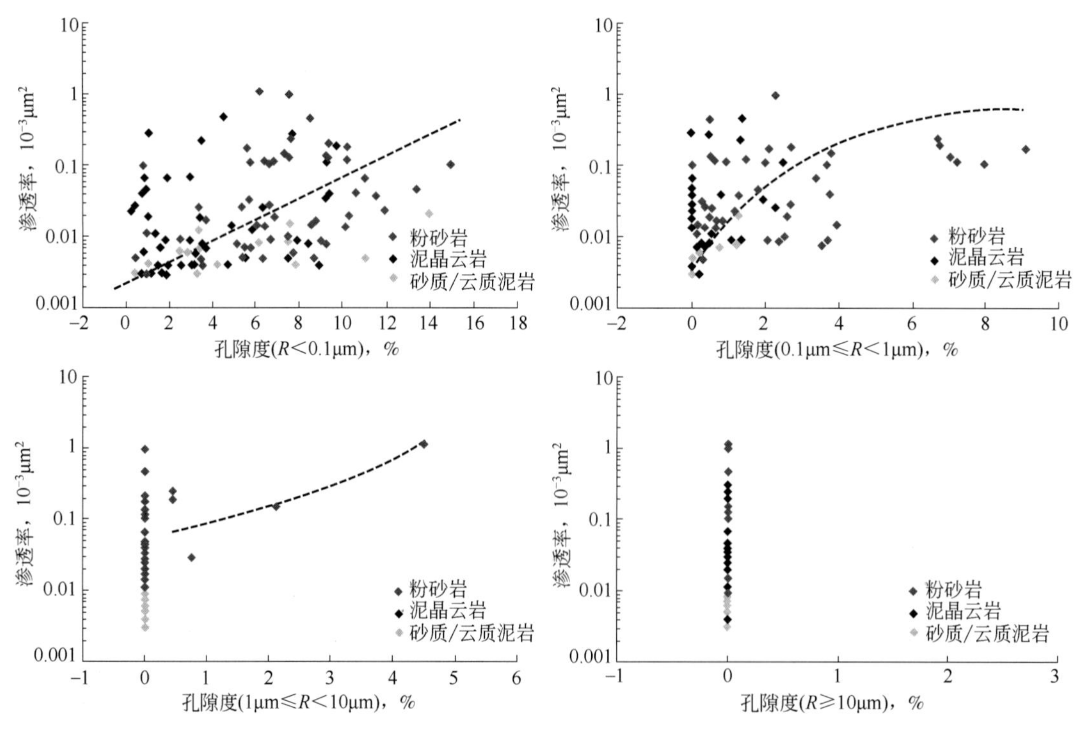

图 4.21　页岩不同孔喉大小对渗透率的相对贡献

孔喉半径控制的孔隙度与渗透率（$0.001\times10^{-3}\mu m^2 \leqslant K < 1.0\times10^{-3}\mu m^2$）呈较明显的正相关关系；$R<0.1\mu m$ 的孔喉半径控制的孔隙度与总渗透率关系复杂；$1\mu m \leqslant R < 10\mu m$ 与 $0.1\mu m \leqslant R < 1\mu m$ 这两类孔喉半径控制的孔隙度对样品的渗透率起了绝大多数的贡献，说明页岩小孔喉对渗透率的贡献最大。

高压压汞可以得到每个孔喉区间对渗透率的绝对贡献，为此在上述研究的基础上，研究不同孔喉区间控制的孔隙度的绝对渗透率贡献（图 4.22）。可以看出，$1\mu m \leqslant R < 10\mu m$ 的孔喉半径控制的孔隙度绝对渗透率贡献在 $0.01\times10^{-3}\mu m^2$ 以上，二者呈明显的正相关关系，但这部分渗透率在样品总渗透率中仅占小部分，且这类储层主要为粉砂岩储层。$0.1\mu m \leqslant R < 1\mu m$ 的孔喉半径控制的孔隙度对绝对渗透率贡献在 $(0.001 \sim 1.0)\times10^{-3}\mu m^2$，二者也呈较明显的正相关关系；$R<0.1\mu m$ 的孔喉半径控制的孔隙度绝对渗透率贡献在 $(0.0001 \sim 1.0)\times10^{-3}\mu m^2$，孔喉半径控制的孔隙度与总渗透率关系复杂；$1\mu m \leqslant R < 10\mu m$ 与 $0.1\mu m \leqslant R < 1\mu m$ 这两类孔喉半径控制的孔隙度对样品的渗透率起了绝大多数的贡献，说明页岩小孔喉对渗透率的贡献最大。

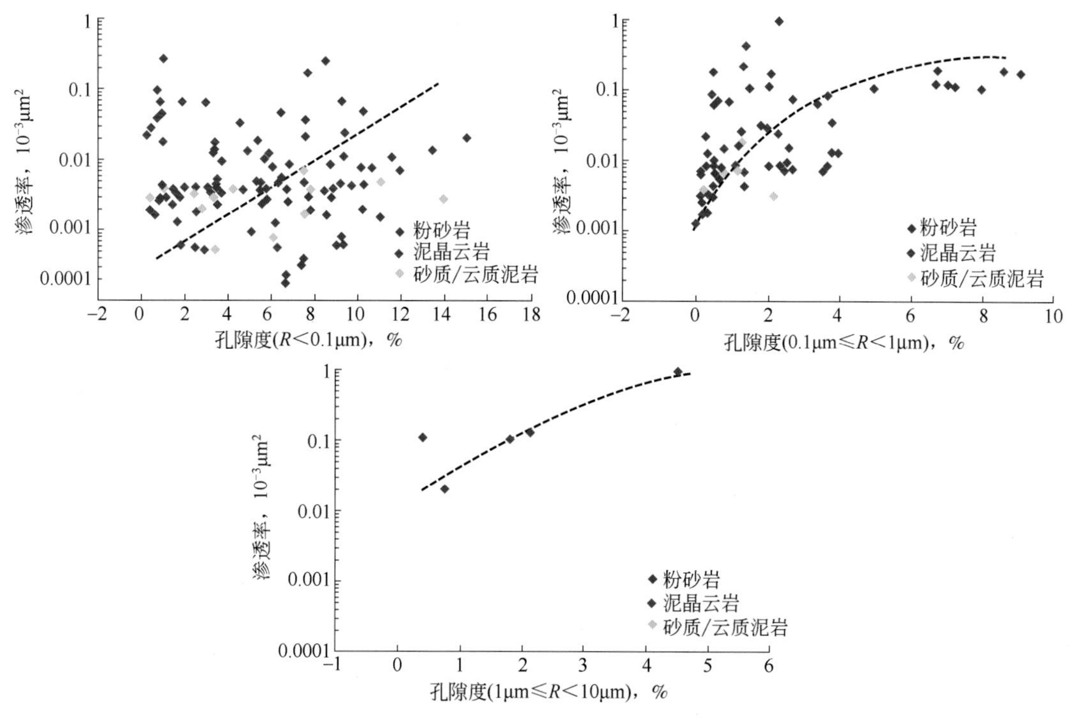

图 4.22 页岩不同孔喉大小对渗透率的绝对贡献

4.3.4 页岩孔喉结构分类

根据排驱压力 p_d 与中值压力 p_{c50}，将研究区页岩分为 5 大类 9 小类，分类情况如图 4.23(a) 所示。同时绘制了不同孔喉结构类型的毛管压力曲线［图 4.23(b)］，可以看出随着孔喉结构变好，孔喉的歪度明显由细歪度向粗歪度变化。

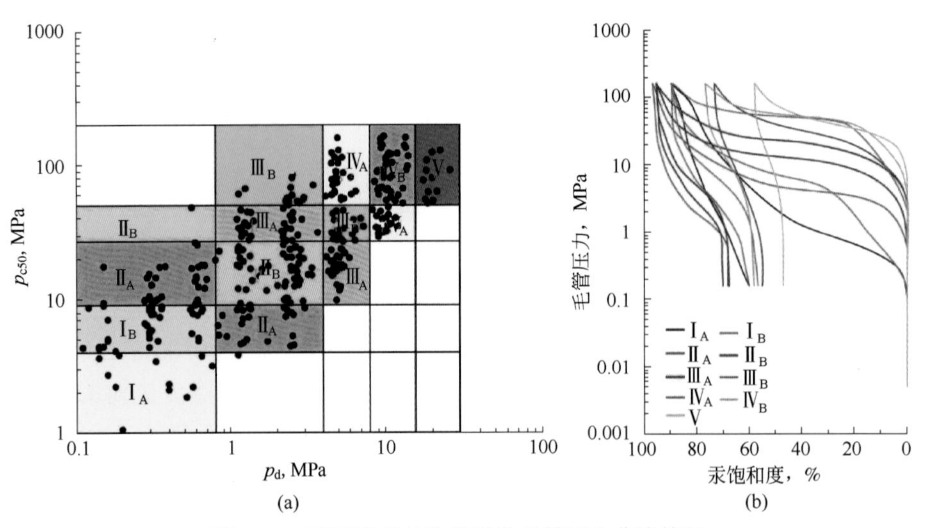

图 4.23　页岩孔喉结构分类及毛管压力曲线特征

通过统计不同孔喉结构类型物性分布可以看出，孔喉结构越差，对应的物性越差，不同孔喉结构下的渗透率差异尤其明显。Ⅰ类储层物性最好，孔隙度一般大于 12%，渗透率大于 $0.1\times10^{-3}\mu m^2$；Ⅱ类储层物性次之，孔隙度为 10%～12%，渗透率为（0.05～0.1）$\times10^{-3}\mu m^2$；Ⅲ类储层孔隙度为 7%～10%，渗透率为（0.018～0.05）$\times10^{-3}\mu m^2$；Ⅳ类储层孔隙度为 4%～7%，渗透率为（0.01～0.018）$\times10^{-3}\mu m^2$；Ⅴ类储层物性最差，孔隙度一般小于 4%，渗透率小于 $0.01\times10^{-3}\mu m^2$，基本上为无效储层。

随着孔喉结构变差，孔隙与喉道的形态和配置关系也发生变化。Ⅰ类储层主要为剩余原生孔隙与溶蚀孔隙共存，以收缩喉道和片状喉道为主；Ⅱ类储层主要为少量或极少量剩余原生孔隙与溶蚀孔隙，喉道形态为片状或弯片状为主；Ⅲ类储层主要为晶间孔隙与溶蚀孔隙共存或者孤立状分布的溶蚀孔隙，发育少量管束状喉道；Ⅳ类储层、Ⅴ类储层主要发育少量、极少量孤立状分布的溶蚀孔隙，孔隙之间不连通，主要发育纳米级喉道（图 4.24）。

不同岩性孔喉结构类型分布也存在一定的差异（图 4.25）。粉砂岩类储层孔喉结构较好，以Ⅰ类储层、Ⅱ类储层、Ⅲ类储层为主；泥晶云岩类储层和砂质/云质泥岩类储层孔喉结构差，主要为Ⅲ类储层、Ⅳ类储层以及Ⅴ类储层。岩性不同，孔喉结构分布不同，孔隙和喉道的特征存在差异，孔喉半径分布范围也不一样。

4.3.4.1 （凝灰质）粉砂岩储层

（凝灰质）粉砂岩储层孔喉结构以Ⅱ类为主，剩余原生孔隙与溶蚀孔隙并存，弯片状喉道为主，属于细孔细喉型。孔喉半径分布范围较宽，孔喉半径分布峰值一般在 0.05～0.3μm（图 4.26）。

4.3.4.2 云质粉砂岩储层

云质粉砂岩储层孔喉结构以Ⅱ类为主，储集空间主要为少量剩余原生粒间孔和溶孔，弯片状、管束状喉道为主，属于细孔微细喉型，孔喉半径分布峰值一般在 0.02～0.2μm（图 4.27）。

(a) 剩余原生孔隙与溶蚀孔隙共存　(b) 少量剩余原生孔隙与溶蚀孔隙　(c) 少量剩余原生孔隙与溶蚀孔隙

(d) 极少量剩余原生孔隙与溶蚀孔隙　(e) 晶间孔隙与溶蚀孔隙共存　(f) 孤立状分布的溶蚀孔隙

(g) 少量孤立状分布的溶蚀孔隙　(h) 极少量孤立状分布的溶蚀孔隙　(i) 极少量孤立状分布的溶蚀孔隙

图 4.24　页岩不同孔喉结构类型镜下特征

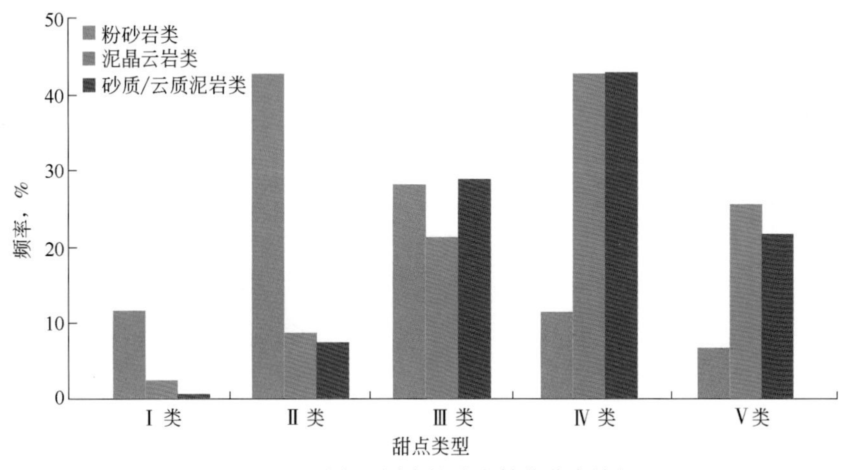

图 4.25　页岩不同岩性孔喉结构分布特征

4.3.4.3　泥质粉砂岩储层

泥质粉砂岩储层孔喉结构以Ⅲ类为主，少量剩余原生粒间孔和溶孔，随着泥质含量升高孔喉结构变差，孔喉半径分布峰值一般在 0.01～0.1μm（图 4.28）。

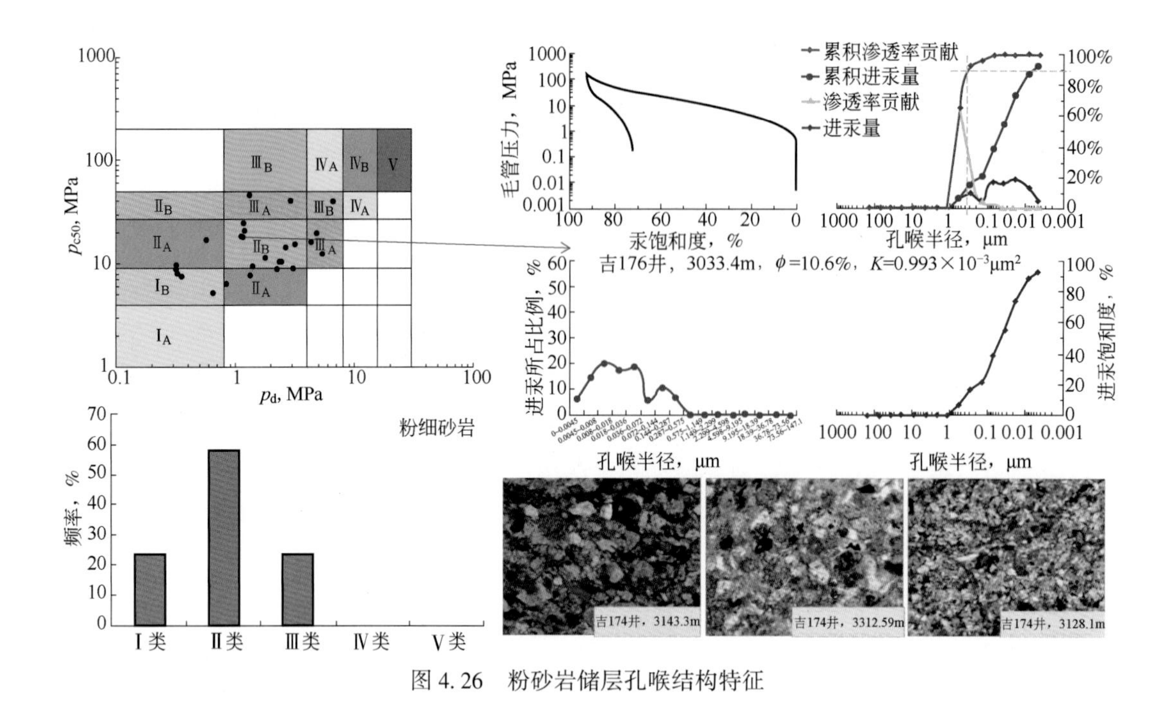

图 4.26　粉砂岩储层孔喉结构特征

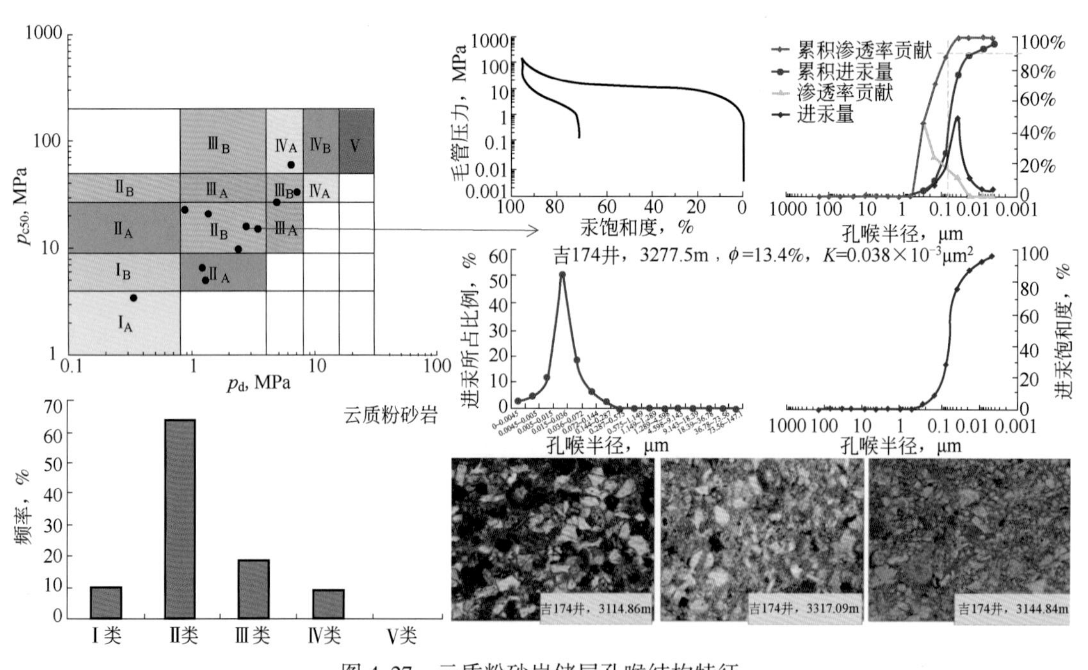

图 4.27　云质粉砂岩储层孔喉结构特征

4.3.4.4　灰质粉砂岩储层

灰质粉砂岩储层孔喉结构以Ⅳ类为主，极少量剩余原生粒间孔和溶孔，孔喉半径分布峰值一般在 0.01~0.03μm（图 4.29）。

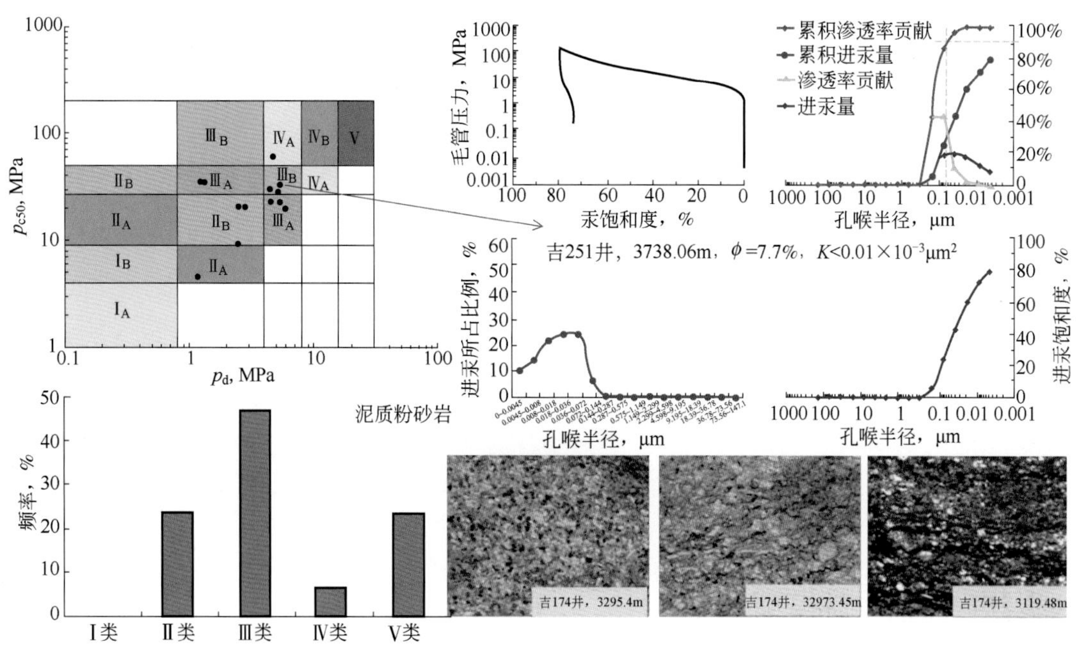

图 4.28　泥质粉砂岩储层孔喉结构特征

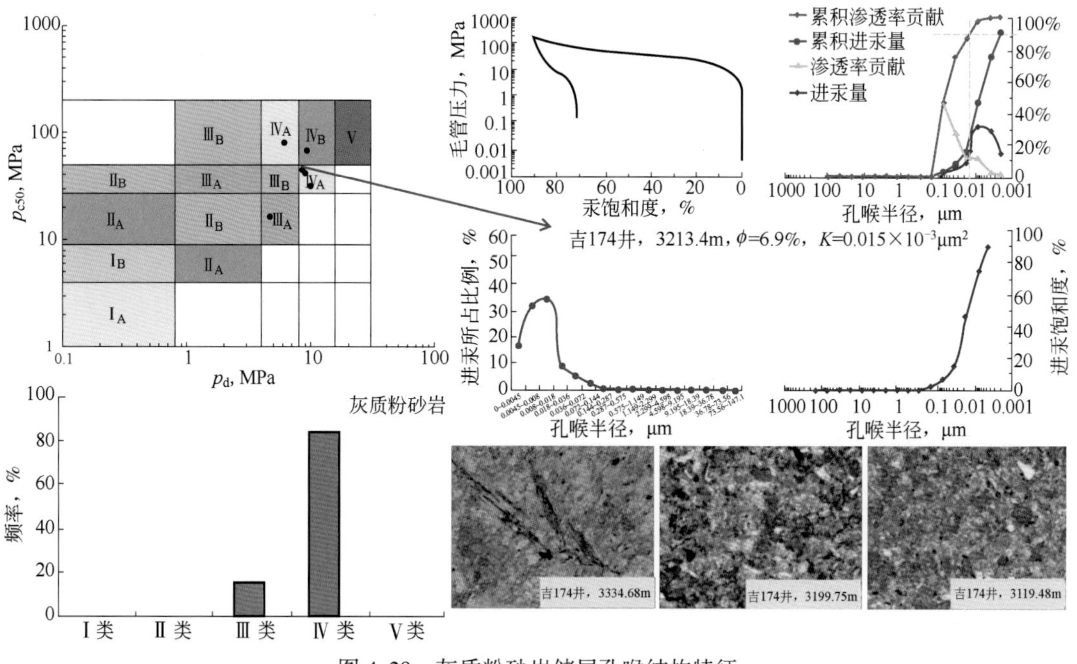

图 4.29　灰质粉砂岩储层孔喉结构特征

4.3.4.5　砂质/泥质泥晶云岩储层

砂质/泥质泥晶云岩储层孔喉结构以Ⅳ类为主，白云石粒间溶孔和少量长石颗粒溶孔为主，孔喉结构普遍差，孔喉半径分布峰值一般在 0.005~0.02μm（图 4.30）。

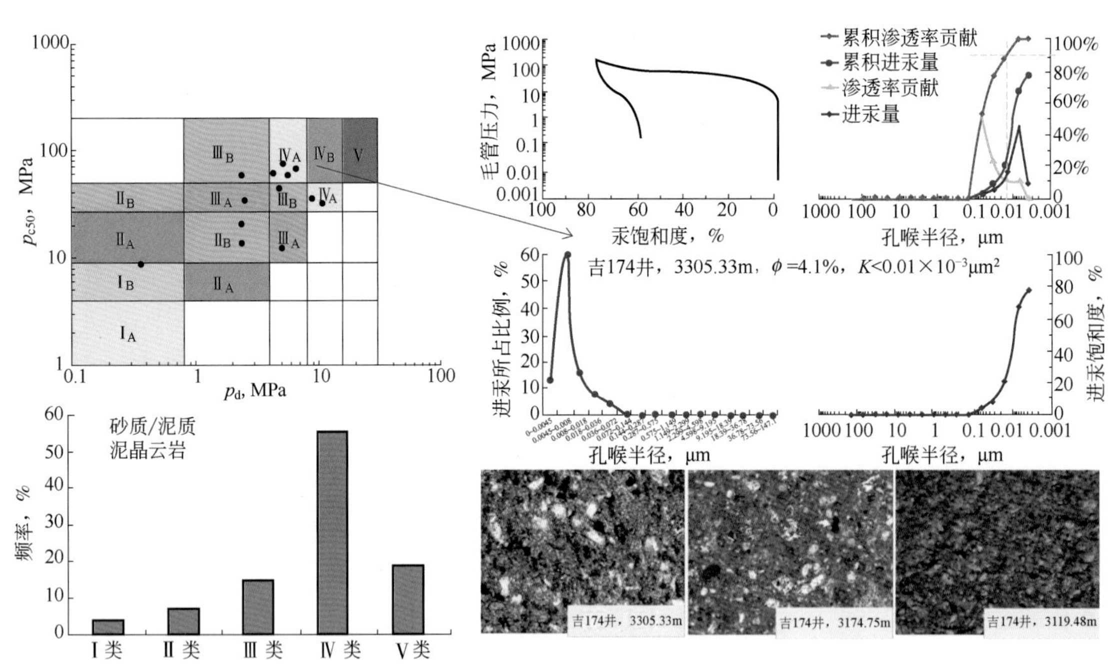

图 4.30　砂质/泥质泥晶云岩储层孔喉结构特征

4.3.4.6　泥晶云岩储层

泥晶云岩孔喉结构以Ⅲ类、Ⅳ类、Ⅴ类为主，白云石粒间溶孔为主，孔喉结构普遍差，大孔隙多为孤立分布，微孔十分发育，孔喉半径分布峰值一般小于 0.01μm（图 4.31）。

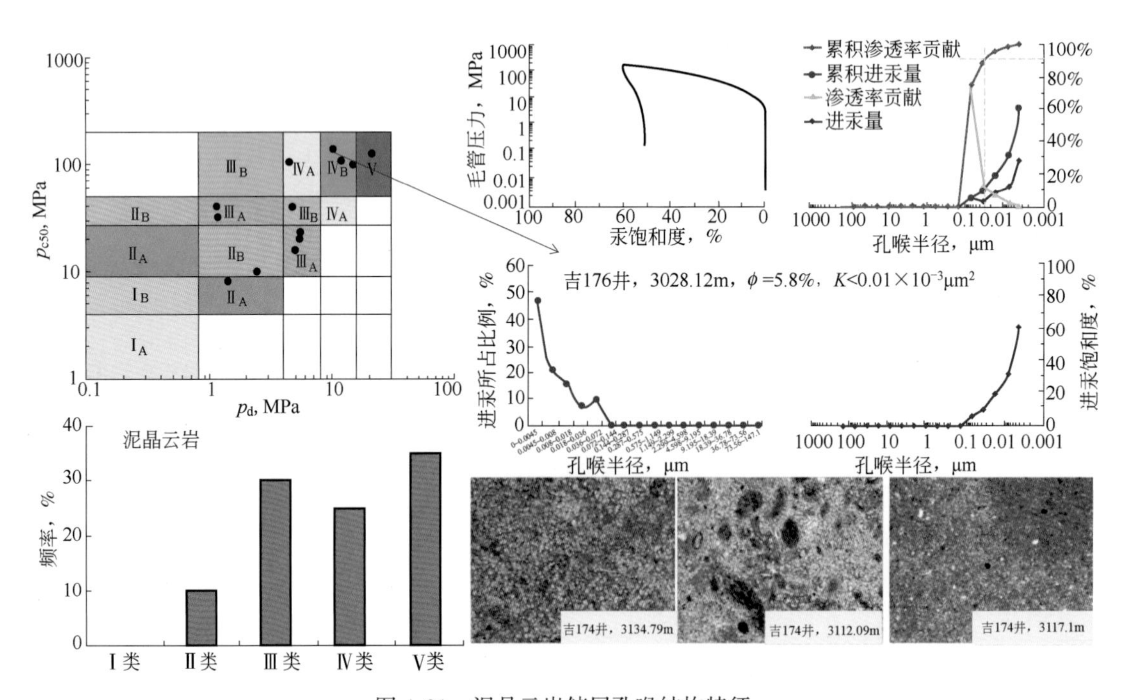

图 4.31　泥晶云岩储层孔喉结构特征

4.3.4.7　砂质/云质泥岩储层

砂质/云质泥岩孔喉结构以Ⅲ类、Ⅳ类、Ⅴ类为主，孔喉结构普遍差，微孔为主，孔喉半径分布峰值一般小于0.01μm（图4.32）。

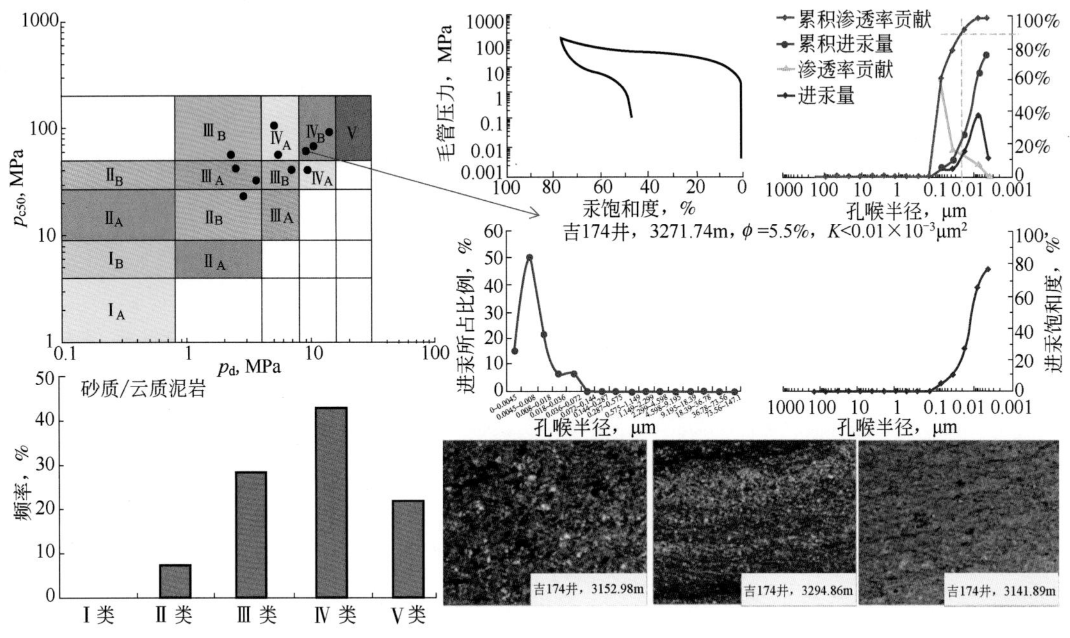

图4.32　砂质/云质泥岩储层孔喉结构特征

综合上述研究，页岩油储层孔喉结构由Ⅰ类~Ⅴ类逐渐变差，毛管压力曲线明显由粗歪度向细歪度转化，孔隙度和渗透率逐渐显小，尤其是渗透率变化尤为明显，镜下可以看到由剩余粒间孔隙、连通的溶蚀孔隙向孤立的孔隙以及微孔转化（图4.33）。

参数＼分类		Ⅰ类		Ⅱ类		Ⅲ类		Ⅳ类		Ⅴ类
		ⅠA	ⅠB	ⅡA	ⅡB	ⅢA	ⅢB	ⅣA	ⅣB	Ⅴ
毛管压力曲线		吉174 3114.86m	吉174 3121.38m	吉174 3282.14m	吉174 3277.5m	吉174 3297.45m	吉174 3269.74m	吉174 3291.24m	吉174 3305.33m	吉30 4043.53m
孔隙度 %	平均	15.58	13.01	12.35	11.93	10.80	7.94	7.51	5.99	6.48
	最小	12.80	7.00	2.70	3.60	1.30	2.50	2.10	3.60	3.20
	最大	19.10	19.70	20.20	19.90	27.40	11.80	16.80	10.00	9.80
渗透率 mD	平均	1.415	0.308	0.158	0.095	0.038	0.049	0.037	0.020	0.013
	最小	0.059	<0.01	0.012	<0.01	<0.01	<0.01	<0.01	<0.01	<0.01
	最大	7.5	2.17	1.14	0.093	0.279	0.477	0.73	0.191	0.069
p_d MPa	平均	0.22	0.36	1.07	2.09	3.68	4.22	7.64	10.78	20.12
	最小	0.02	0.14	0.15	0.85	1.11	2.29	4.16	8.6	17.62
	最大	0.57	0.65	3.03	3.38	6.47	7.32	12.21	14.06	26.17
p_{c50} MPa	平均	2.26	6.71	10.03	17.03	26.14	45.37	58.01	90.96	82.00
	最小	0.89	4.07	3.80	9.23	9.73	28.31	28.91	51.59	51.49
	最大	3.60	8.97	26.27	23.37	47.33	70.46	128.28	145.34	127.70
R_d μm	平均	9.15	2.56	1.15	0.40	0.27	0.20	0.11	0.07	0.04
	最小	1.3	1.13	0.24	0.22	0.11	0.1	0.06	0.05	0.03
	最大	38.93	5.21	4.97	0.87	0.66	0.32	0.18	0.09	0.04
R_m μm	平均	0.39	0.12	0.09	0.05	0.03	0.02	0.02	0.01	0.01
	最小	0.2	0.08	0.03	0.03	0.02	0.01	0.01	0.01	0.01
	最大	0.83	0.18	0.19	0.08	0.08	0.03	0.02	0.01	0.01

图4.33　页岩孔喉结构综合特征

4.4 页岩孔喉结构定量表征

目前，针对非常规的致密、页岩储层结构进行定量表征的方法使用性不强，多处于有益的探索阶段；微观孔喉结构对宏观物性的影响是页岩油气储层孔喉结构表征的最终目的。国内外部分学者对不同孔喉参数下的孔渗关系、常规压汞参数与物性、孔喉半径与储层物性及孔喉比与储层物性等之间的定量关系进行了大量有效的探讨。近年来，不少研究学者利用上述不同方法得到的孔喉结构参数来评价储层孔喉结构，取得了较好的成果。总体上看，对微观孔喉结构与宏观物性之间关系的研究尚处于初步探讨阶段，微观孔喉结构与宏观物性之间的定量关系尚不确定，不同级别孔喉结构对储层物性的贡献量尚不明确。

4.4.1 页岩孔喉结构参数与宏观物性关系

4.4.1.1 陆源碎屑岩类储层喉道参数与宏观物性关系

选取通过高压压汞分析获得的最大连通孔喉半径、中值孔喉半径、平均孔喉半径等喉道表征参数分别与孔隙度、渗透率进行相关关系分析（图 4.34）。可以看出，陆源碎屑岩类储层喉道参数与孔隙度和渗透率拟合关系均较好，与储层品质指数相关性较弱，整体上喉道参数与物性参数相关性好。

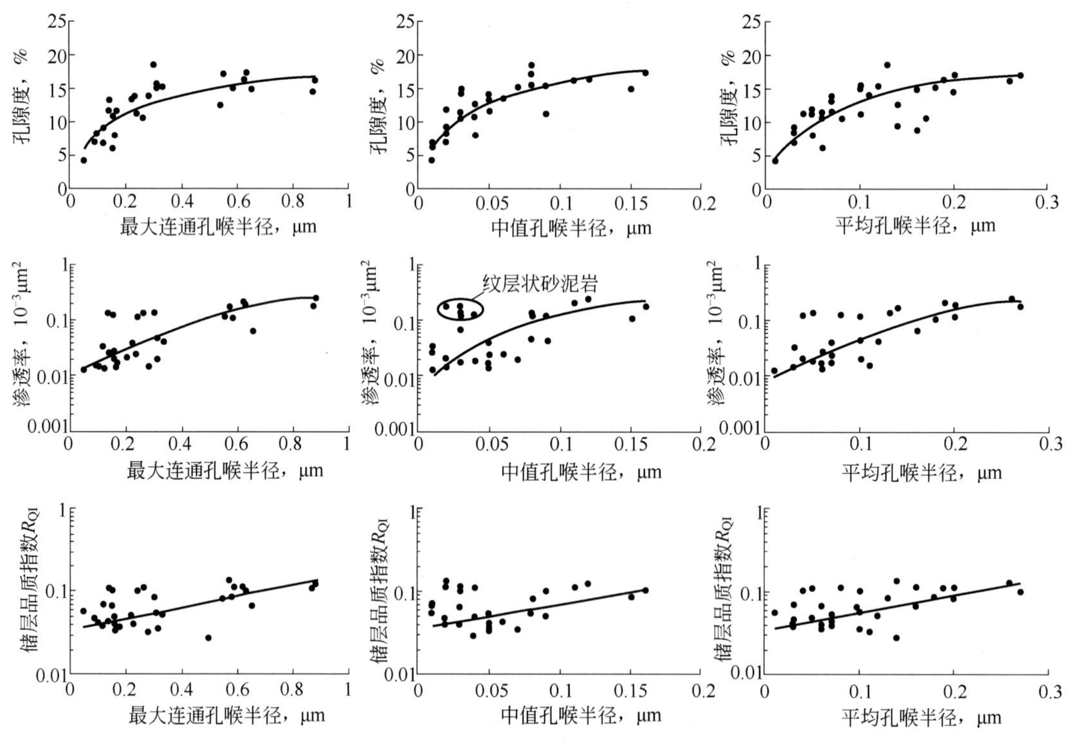

图 4.34 陆源碎屑岩类储层喉道参数与宏观物性关系

4.4.1.2 碳酸盐岩类储层喉道参数与宏观物性关系

碳酸盐岩储层喉道参数与孔隙度拟合关系较好，与渗透率相关性较低，与储层品质指数相关性差，整体上喉道参数与物性参数相关性较差（图 4.35）。

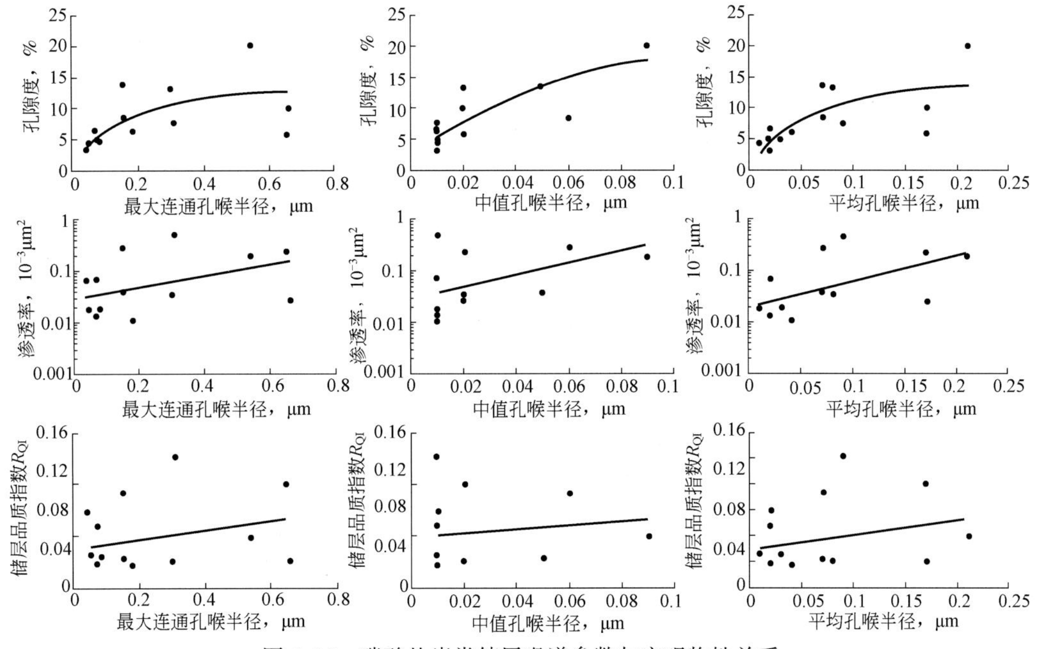

图 4.35 碳酸盐岩类储层喉道参数与宏观物性关系

通过对比陆源碎屑岩类储层与碳酸盐岩类储层喉道参数与储层宏观物性的相关关系分析可以看出，整体上陆源碎屑岩类储层喉道参数与储层孔隙度、渗透率、储层品质指数的相关性好，尤其与渗透率的相关性更为明显，说明陆源碎屑岩类储层由于剩余粒间孔发育，孔喉结构相对较好，对储层的渗流能力控制强的特点，而碳酸盐岩类储层由于主要是粒间溶孔，孔喉结构差，对储层渗流能力贡献不大。

陆源碎屑岩储层中，云质、泥质、灰质组分含量少的粉砂岩储层喉道参数与储层宏观物性的相关性最好，与渗透率的相关性好于与孔隙度以及储层品质指数的相关性；随着岩石中云质、泥质、灰质组分的增加，相关性逐渐变差，与渗透率的相关性变化尤其明显，特别是随着泥质含量的升高，储层非均质性增强，孔喉结构急剧变差，孔喉结构对渗透率几乎没有控制作用。碳酸盐岩类储层整体上喉道参数与宏观物性相关性差，其中泥晶云岩储层喉道参数与孔隙度的相关性好于与渗透率的相关性，随着碎屑组分含量的增加，对渗透率的控制作用逐渐增强。

此外，分别表征了陆源碎屑岩类储层和碳酸盐岩类储层岩石高压压汞获得的排驱压力、中值压力、分选系数、变异系数等与储层宏观物性的相关关系（图 4.36、图 4.37）。两类储层排驱压力、中值压力与宏观物性呈负相关关系，与分选系数和变异系数呈正相关关系，但两类储层的相关性不同。整体上陆源碎屑岩类储层各孔喉结构参数与储层宏观物性的相关性均好于碳酸盐岩类储层，这与喉道参数的表征结果是一致的，进一步说明陆源碎屑岩类储层孔喉结构对储层宏观物性的控制作用强于碳酸盐岩类储层。

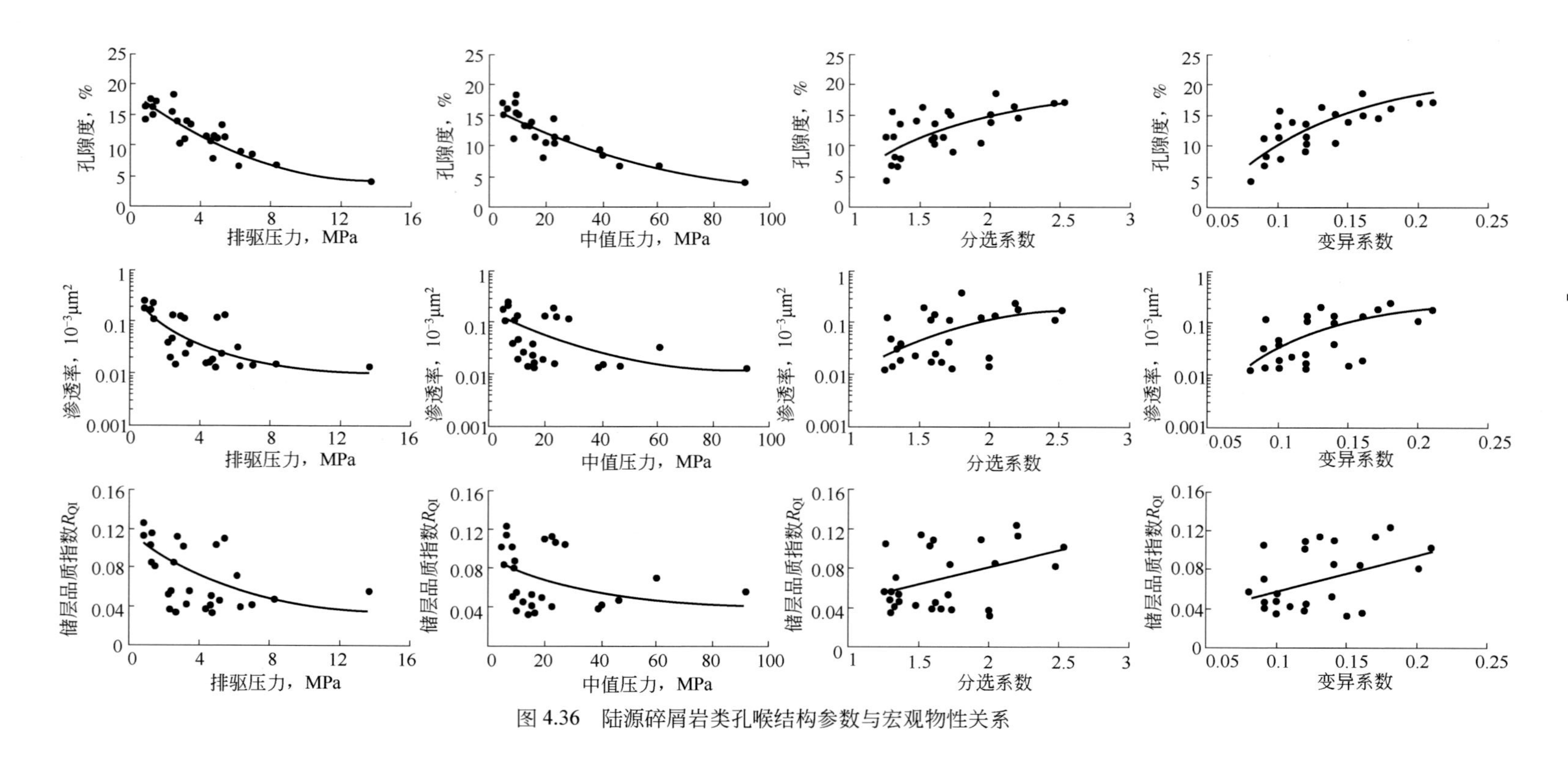

图 4.36　陆源碎屑岩类孔喉结构参数与宏观物性关系

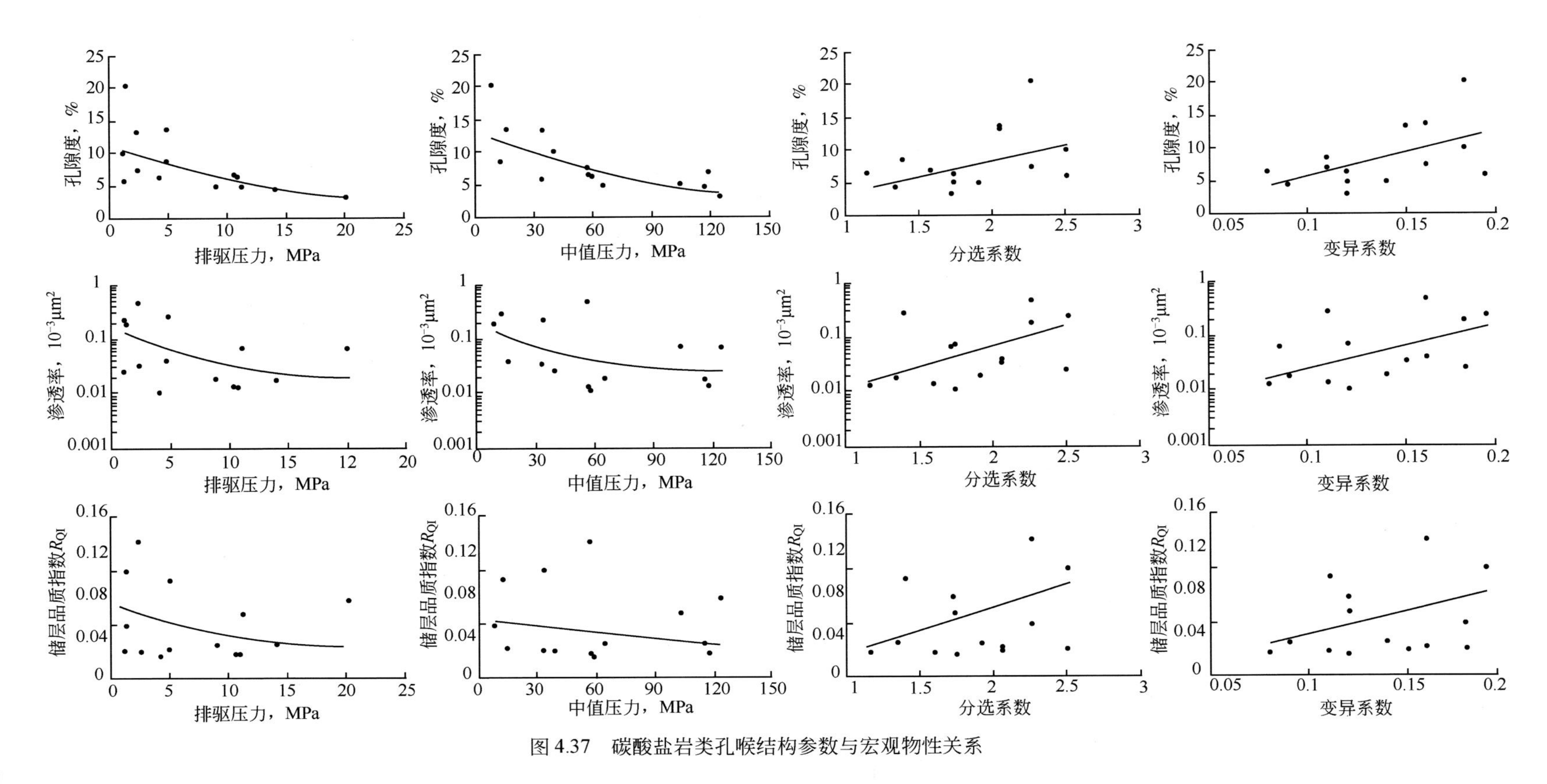

图 4.37 碳酸盐岩类孔喉结构参数与宏观物性关系

4.4.2 分形理论在孔喉结构表征中的应用

分形几何是1975年由著名的法国数学家曼德罗勃特（Mandelbrot）首次提出的。所谓分形，是指那些没有特征长度而又具有自相似性的图形、构造以及现象的总称。前人研究表明，岩石孔隙结构具有分形特征。岩石孔隙分形结构形成的原理，归纳起来有以下5种：(1) 岩石颗粒的随机堆砌；(2) 岩石—孔隙界面的自发粗化；(3) 岩石—孔隙界面上的结晶成核和生长；(4) 黏土质点的有限—扩散—凝聚过程（DLA）；(5) 选择性溶蚀。

岩石孔隙分形结构的形成与成岩作用有密切关系，因此分形孔隙在总孔隙中所占比例可以当作砂岩成岩改造程度的标志，比例越大，说明成岩改造程度就越高。孔隙分形结构的理论研究还表明孔隙—岩石界面的粗糙程度具有十分重要的作用，粗糙的孔隙表面进入孔隙空间，使孔隙的面分形与体分形维数相同。

岩石储层在孔隙大小范围内是一种分形体，其结构具有自相似性，其不规则的程度可以用孔隙分形维数来定量描述。目前主要通过分析岩石样品的压汞资料和铸体薄片来得到孔隙结构的分形维数，对压汞资料的研究表明：在三维欧氏空间中孔隙结构的分形维数是介于2~3之间的分数，分形维数越小，孔喉表面越光滑，均质性较强，岩石的储集性能越好；反之，孔喉表面越粗糙，非均质性越强，储集性能越差。分形维数计算表达公式为

$$\lg S_{Hg} = (D-2)\lg p_c + \lg a \tag{4.1}$$

式中，S_{Hg} 为汞饱和度；D 为分形维数；p_c 为毛管压力；a 为常数。

如果岩样中的三维孔隙结构满足分形特征，则汞饱和度与毛细管压力之间应满足幂率关系，在双对数坐标系下二者为一条直线，直线的斜率代表岩样的分形维数。

通过对吉木萨尔凹陷芦草沟组页岩油储层高压压汞进汞数据进行分形维数计算，岩石的孔隙结构可划分为整体分形和分段分形两类（图4.38）。整体分形是指孔隙结构相差不大、毛细管压力和饱和度的双对数关系曲线完全或接近于一条直线；分段分形是指孔隙结构相差较大、毛细管压力和饱和度的双对数关系曲线不是一条直线，有着明显转折，需要用分段回归的方法才能准确求出分形维数。通过统计可以发现，本地区岩石的孔隙结构以分段分形为主，体现了大孔隙和小孔隙具有不同的分形特征。

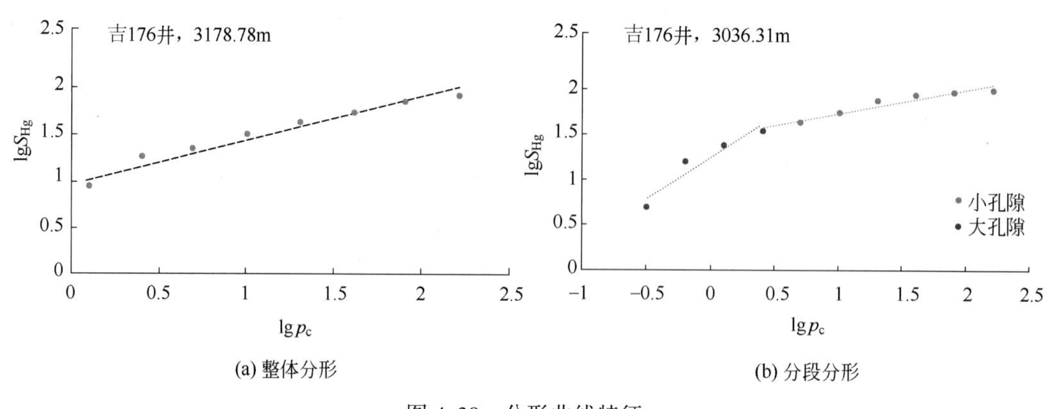

(a) 整体分形　　(b) 分段分形

图4.38　分形曲线特征

通过统计分形维数与前文所述孔喉分类对比直方图可以看出，分形维数与孔喉结构具有很好的对应性（图4.39）。Ⅰ类、Ⅱ类储层分形维数主要小于2.6，体现出孔隙结构具有良好的分性特征，不具备分形特征（$D>3.0$）的频率小于10%；Ⅲ类储层的分形维数较Ⅰ类、Ⅱ类储层高，分形特征开始变差，不具备分形特征的频率约占20%，但大部分岩石仍具备分形特征；Ⅳ类、Ⅴ类储层孔隙分形差，多数样品不具备分形特征。

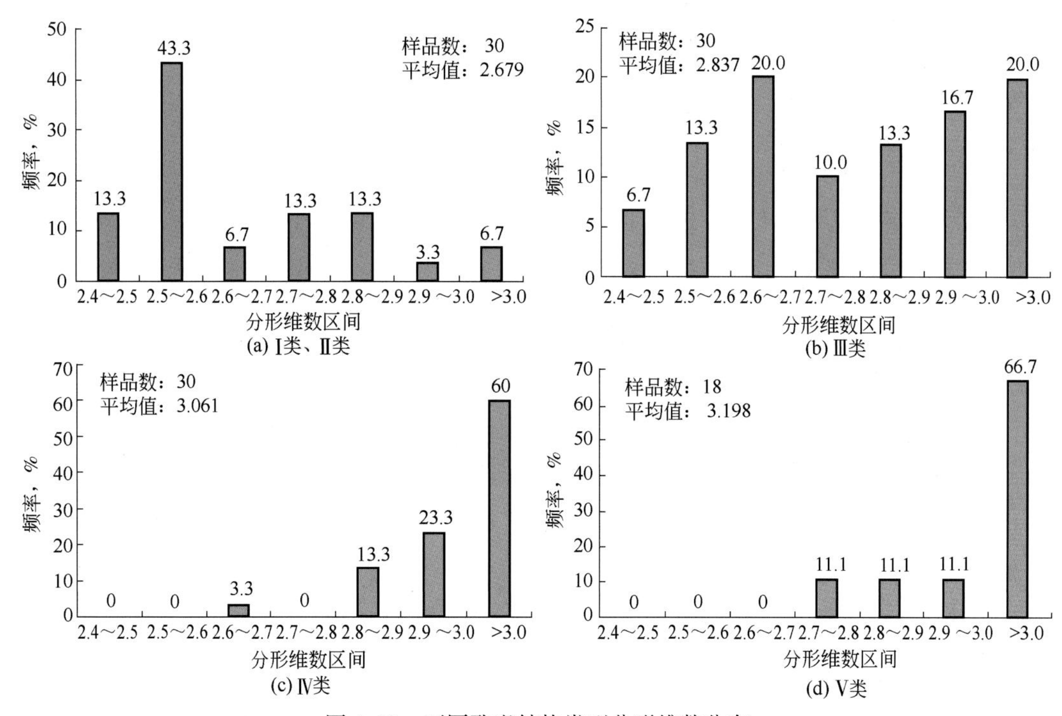

图4.39　不同孔喉结构类型分形维数分布

页岩岩石分形特征一般表现为分段分形，代表大孔隙和小孔隙具有不同的分形特征。一般来说，溶蚀程度较弱，孔隙分布较为均匀的粉砂岩储层可见整体分形；溶蚀程度较强、溶蚀大孔隙的存在使得大孔隙和微孔存在较为明显的分形特征，为分段分形特征；孤立状孔隙的存在使得大孔隙和小孔隙具有明显的差异性，多为分段分形。凝灰质粉砂岩、云质粉砂岩一般具有良好的分形特征，灰质粉砂岩、泥质粉砂岩、泥晶云岩分性特征一般较差或者不具备分形特征。当岩石孔隙结构表现为分段分形时，小孔隙的分形特征好于大孔隙的分形，说明页岩岩石的大孔隙主要为次生溶蚀孔隙，岩石受后期成岩作用改造强烈，储层孔隙结构复杂。

分析分形维数与储层宏观物性以及微观孔喉参数可以看出，分形维数与孔隙度的相关性好于分形维数与渗透率的相关性，这是因为分形维数主要反映孔隙，而且分形维数与最大连通孔喉半径以及平均孔喉半径均有较好的相关性（图4.40、图4.41）。通过前面储层宏观物性与孔喉微观参数的相关性分析可以看出，陆源碎屑岩类储层宏观物性与孔喉微观参数的相关性明显好于碳酸盐岩类储层，但是碳酸盐岩类储层分形维数与孔隙度以及孔喉微观参数也具有较好的相关性，说明用分形维数表征孔喉结构具有良好的效果。

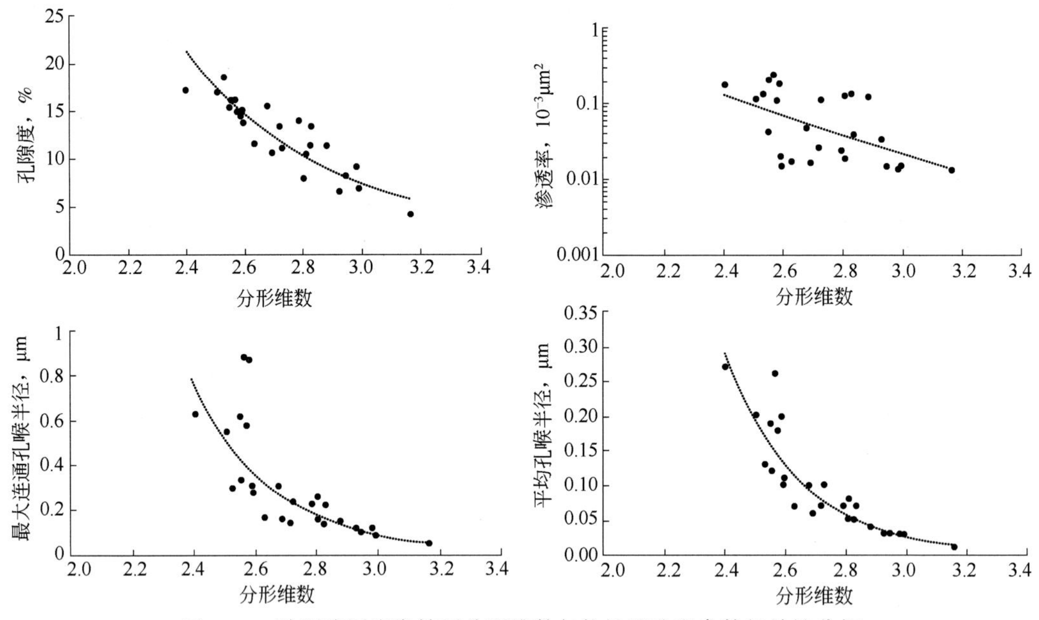

图 4.40　陆源碎屑岩类储层分形维数与物性及孔喉参数相关性分析

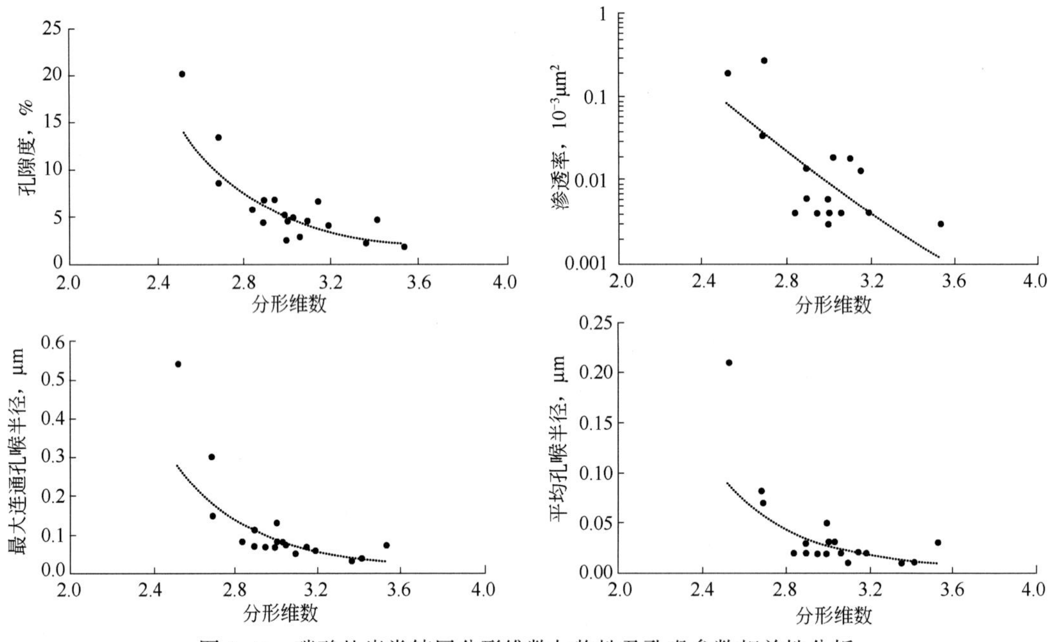

图 4.41　碳酸盐岩类储层分形维数与物性及孔喉参数相关性分析

孔喉的分布在整个可测区间均具有两个无标度区的多重分形性质，不同尺度（无标度区）上的分维值不同，可以将分段分形的储层孔隙按照分形拐点分为两个无标度区(图 4.42)。通过前人研究，无标度区 2（反映大孔隙分形区间）的下限、上限以及其分维数与储集物性（特别是渗透率）关系密切。

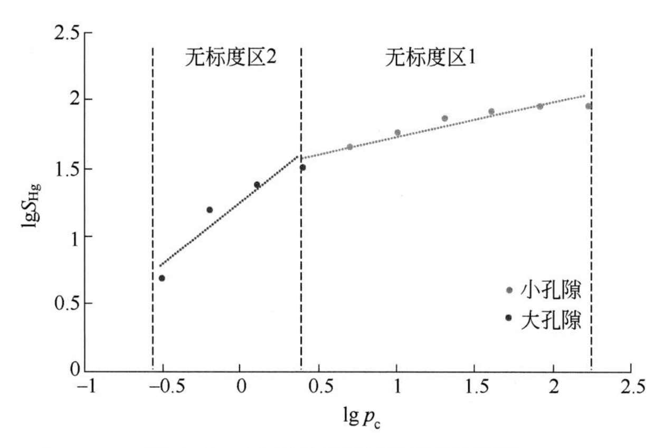

图 4.42 孔隙分形无标度区示意图

根据分形参数 U_{T1}、U_{T2}、D_{T2} 构造分形新参数——喉道分形综合指数（ITF）：

$$ITF=(U_{T1}+U_{T2})D_{T2} \tag{4.2}$$

式中，U_{T1} 表示无标度区 2 的毛管半径上限；U_{T2} 表示无标度区 2 的毛管半径上限；D_{T2} 表示无标度区 2 的分维数。

喉道分形综合指数（ITF）能很好地应用常规压汞资料所获得的孔喉结构特征来综合表征储层孔渗性能，特别是渗透率的变化，它充分地揭示了油气储集岩的孔喉结构特征对其储渗性能的影响。通过储层孔喉分形指数与储层宏观物性的相关性拟合可以看出，孔喉分形指数与渗透率具有较好的相关性，因此该参数可以较好地反映储层的渗流能力（图 4.43）。

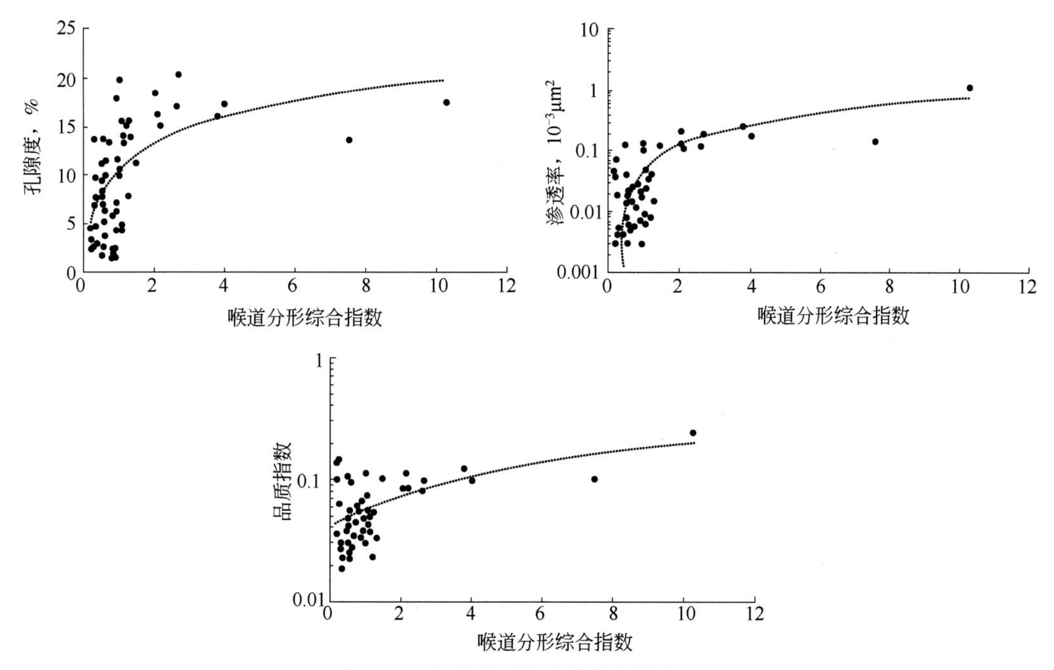

图 4.43 喉道分形综合指数与物性关系

5 吉木萨尔页岩油七性关系及生产效果评价

与常规油气储层四性关系研究不同，研究区非常规混积页岩油参数包括七性特征，即岩性、物性、烃源岩、含油性、脆性、地应力及岩石力学和对应的电性特征。吉木萨尔凹陷二叠系芦草沟组页岩油经历了勘探开发的三个历程。混积页岩油的七性关系的认识得到逐步深入，研究发现其深刻地影响着页岩储层的生产特征与效果。本章在分析页岩典型参数特征之后，开展了页岩油储层七性关系的研究，提出了工区页岩油层划分标准，并结合富集参数单因素、物性参数单因素、流体性质单因素和工程因素单因素等开展了页岩油产能单因素分析；把单因素分析的结果综合起来，采取灰色关联分析方法对影响页岩油产能的各评价参数的权重系数进行计算，利用“主因素”评价方法对页岩油生产效果进行综合定量评价，为下一步页岩油储层提高生产效果提供指导。

5.1 页岩参数特征

5.1.1 物性特征

吉木萨尔凹陷页岩油储层物性特征整体表现为中低孔、特低渗储层。$P_2l_2^2$ 储层段覆压孔隙度中值为9.59%，覆压渗透率中值为0.013×$10^{-3}\mu m^2$；$P_2l_1^2$ 储层段覆压孔隙度中值为9.95%，覆压渗透率中值为0.005×$10^{-3}\mu m^2$（图5.1）。

5.1.2 烃源岩特征

烃源岩特性是页岩油评价的关键指标之一。能够生成石油和天然气的岩石称为生油气岩，也叫烃源岩。烃源岩主要是低能带富含有机质的沉积岩，研究内容包括有机质丰度、有机质类型及有机质成熟度。

吉木萨尔凹陷二叠系芦草沟组岩性主要为泥岩类、白云岩及粉砂岩类，含有少量石灰岩。泥岩类包括粉砂质泥岩、云质泥岩、灰质泥岩和泥岩，粉砂岩类包括泥质粉砂岩、云质粉砂岩、云屑粉砂岩和粉砂岩，白云岩包括颗粒云岩、泥云岩和粉晶云岩。

不同岩性泥岩的有机碳含量（TOC）均有较宽的分布范围（表5.1），有机碳含量均值都在3%以上，纯泥岩最高，其次为灰质泥岩和粉砂质泥岩，云质泥岩最低，但仍高达3.30%。如果不考虑岩性，则各类泥岩综合起来有机碳含量均值也很高，达到3.75%。不同岩性泥岩的氯仿沥青“A”含量也较高，均值都在0.25%以上，云质泥岩最低，但也高达0.2737%；各类泥岩均值高达0.4765%。热解 S_1+S_2 均值也都很高，最低的云质泥岩均值也高达12.48mg/g。各类泥岩综合起来 S_1+S_2 均值也高达15.70mg/g（表5.1）。可见，

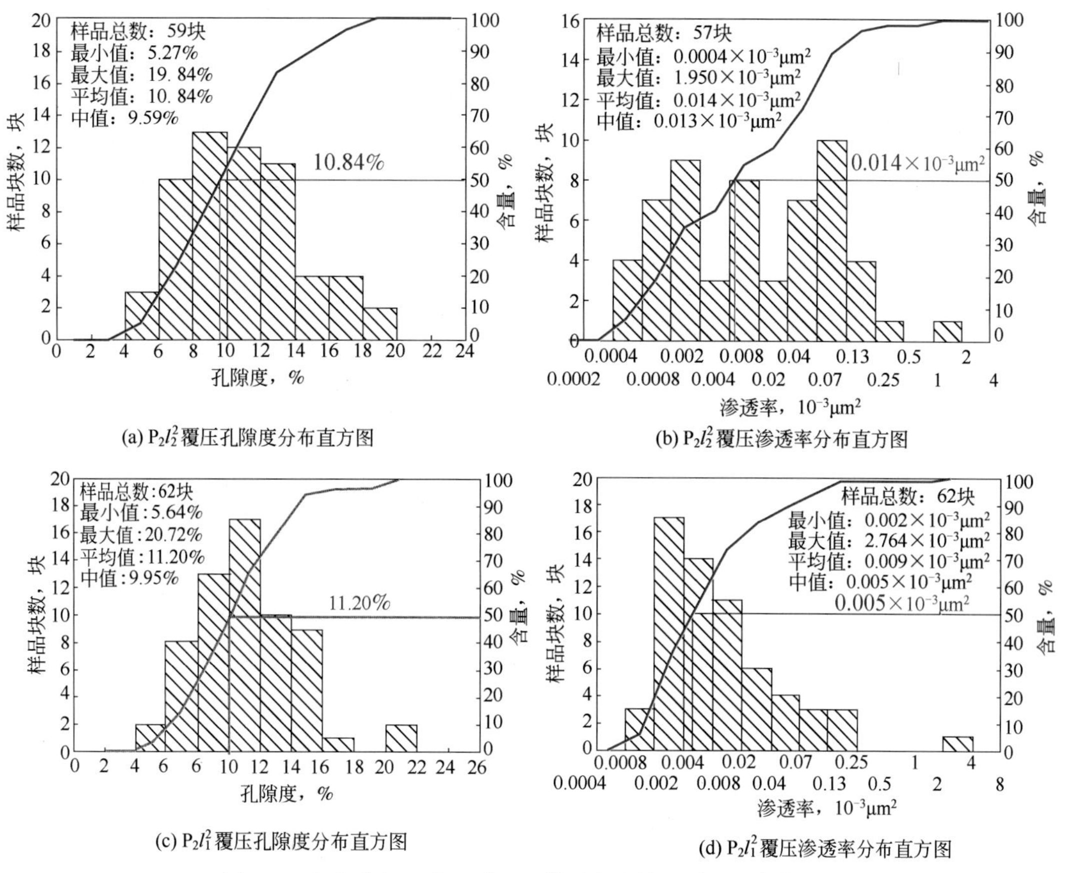

(a) $P_2l_2^2$ 覆压孔隙度分布直方图

(b) $P_2l_2^2$ 覆压渗透率分布直方图

(c) $P_2l_1^2$ 覆压孔隙度分布直方图

(d) $P_2l_1^2$ 覆压渗透率分布直方图

图 5.1 吉木萨尔凹陷 $P_2l_2^2$、$P_2l_1^2$ 页岩油储层覆压孔渗直方图

不同岩性泥岩均具有较高的有机质丰度，按照传统的烃源岩有机质丰度评价标准，都达到了较好—好烃源岩水平。

表 5.1 不同泥岩有机质丰度统计表

岩性	有机碳，%	氯仿沥青“A”含量，%	S_1+S_2，mg/g
灰质泥岩	0.16~13.86/3.73（35）	0.005~2.78/0.5297（16）	0.05~152.76/17.62（35）
泥岩	0.21~11.83/3.96（60）	0.0067~3.8583/0.4511（23）	0.18~76.21/16.27（60）
粉砂质泥岩	0.44~10.12/3.604（45）	0.0281~3.2024/0.5412（21）	0.42~56.82/14.51（45）
云质泥岩	0.77~7.09/3.30（15）	0.1122~1.0604/0.2737（8）	0.97~33.26/12.48（15）
所有泥岩	0.16~13.86/3.75（155）	0.005~3.8583/0.4765（68）	0.05~152.76/15.70（155）

烃源岩母质类型总体较好，具有亲油特征（图 5.2~图 5.4）。热解参数显示主要为Ⅰ型有机质，其次为混合型（图 5.2），但干酪根元素组成与碳同位素组成显示以混合型为主的特点，部分Ⅰ型和少量Ⅲ型（图 5.3、图 5.4）。其中干酪根碳同位素组成显示的有机质类型对不同岩性还是有一定差异，纯泥岩的母质类型以Ⅱ$_1$ 型为主，有少量的Ⅰ型与Ⅱ$_2$ 型母质；云质泥岩也显示了类似的母质类型分布特征；灰质泥岩具有混合型

母质类型特征；粉砂质泥岩的类型分布广，各种类型均有，但仍以Ⅱ$_1$型为主，少量为Ⅲ型（图5.4）。这在一定程度上说明了粉砂质泥岩水动力、物源及有机质类型变化大，这与较为复杂的沉积条件是一致的。根据测试结果，烃源岩R_o主要分布在0.78%~0.95%之间，总体分布较为集中；热解T_{max}主要分布在430~460℃之间，主峰在450℃左右。可溶有机质转化率（氯仿沥青“A”含量与有机碳含量之百分比）分布在0.8%~60%之间，主要分布在4%~12%之间（图5.5），有机碳的已生烃量参数S_1/TOC与可溶有机质转化率之间有较好的相关关系，其值基本在4mg/g以上分布，个别最高超过200mg/g，主峰在4~20mg/g之间（图5.5）。综合以上分析，烃源岩热演化主要处于成熟演化阶段，以生液态石油为主。已有的数据显示生油高峰对应的R_o为0.85%~0.90%（图5.6）。

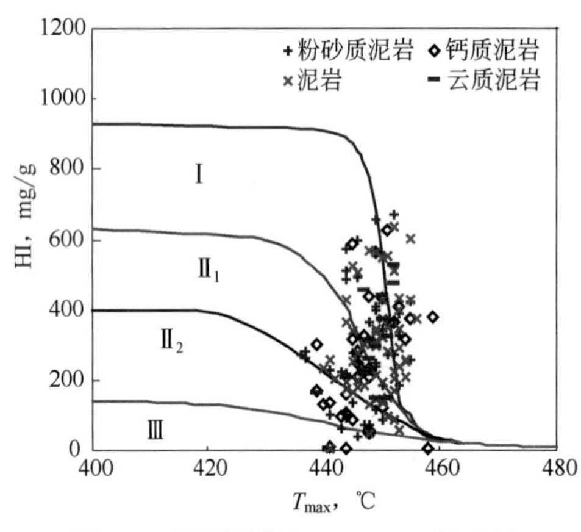

图5.2 烃源岩热解T_{max}—HI关系图

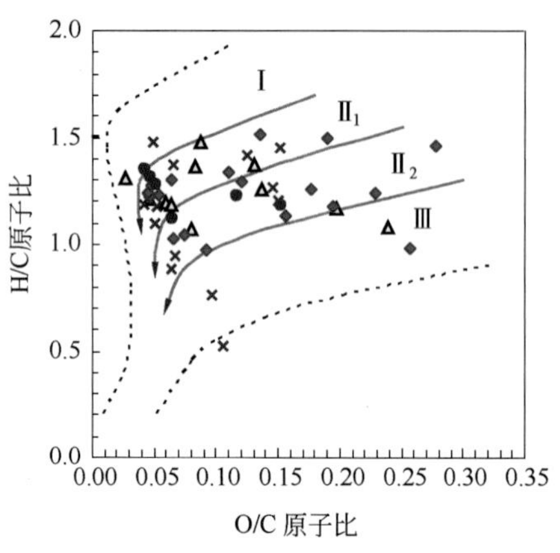

图5.3 烃源岩干酪根元素组成类型图

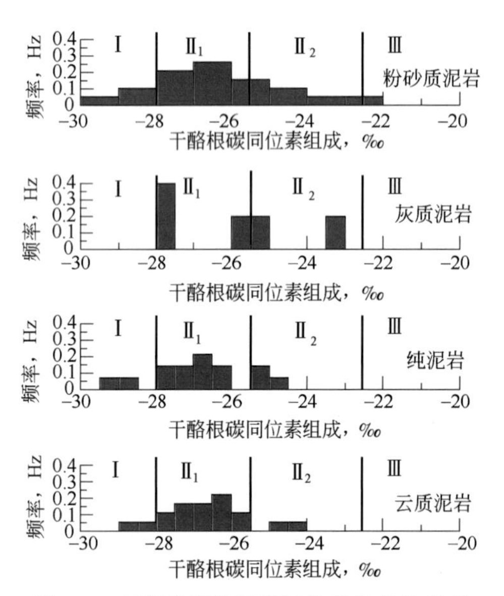

图5.4 烃源岩干酪根碳同位素组成分布图

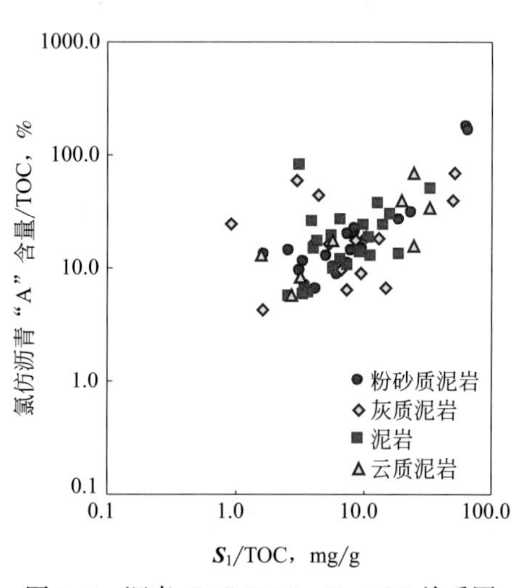

图5.5 沥青“A”/TOC—S_1/TOC关系图

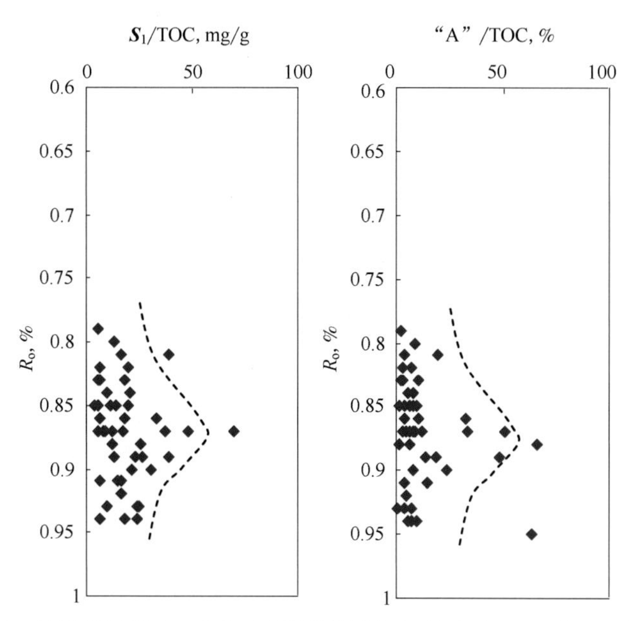

图 5.6　烃源岩热解 S_1/TOC、可溶有机质转化率“A”/TOC 与 R_o 关系图

5.1.3　含油性特征

页岩油含油饱和度计算是页岩油测井评价中最困难的工作之一。究其原因是其严重的各向异性、复杂多变的孔隙结构，电阻率测井受多种因素的影响，并对流体性质反映的信噪比较低，不确定性增加。

含油饱和度的计算方法除了电法饱和度外，还可以利用核磁共振测井来计算含油饱和度。本书在核磁共振实验资料及连续的密闭取心资料分析的基础上，建立了确定页岩油储层最大注入压力条件下对应的核磁共振横向弛豫最小时间阈值，从而形成了一种全新的应用核磁共振横向弛豫时间波谱直接计算页岩油储层含有饱和度的方法。

确定饱和度计算对应的核磁共振横向弛豫时间 T_2 阈值是该方法计算含油饱和度的关键技术，确定该 T_2 阈值有两种方法：一种为岩心样品的无氢减饱和与核磁共振联测法；另一种为密闭取心分析含油饱和度数据与核磁共振测井 T_2 阈值迭代法。前者适用于无系统密闭取心资料的情况，用常规取心即可完成，后者适用于有系统密闭取心的情况。两种方法也可同时应用，相互印证，以提高饱和度 T_2 阈值的确定精度。

取心获得的全直径岩心在 30℃温度下低温保存，选取有代表性的岩心用液氮钻取 1in 的样品，去掉两端有一定污染的部分，中间 4cm 样品作为实验样品，测量原始状态下油水两相的核磁共振波谱（图 5.7）。

采用二氧化碳洗油的方法减饱和，先洗去大孔喉中的油气，再洗去较小孔喉中的油气，在这一过程中对应测量岩心样品的核磁共振波谱，直到基本洗去岩心样品中的烃类，获得基本不含烃类的剩余水谱。

水谱的识别与 T_2 阈值的确定方法为：分析剩余水谱的特征，确定含水体积，获取含油饱和度计算的 T_2 阈值（图 5.7）。

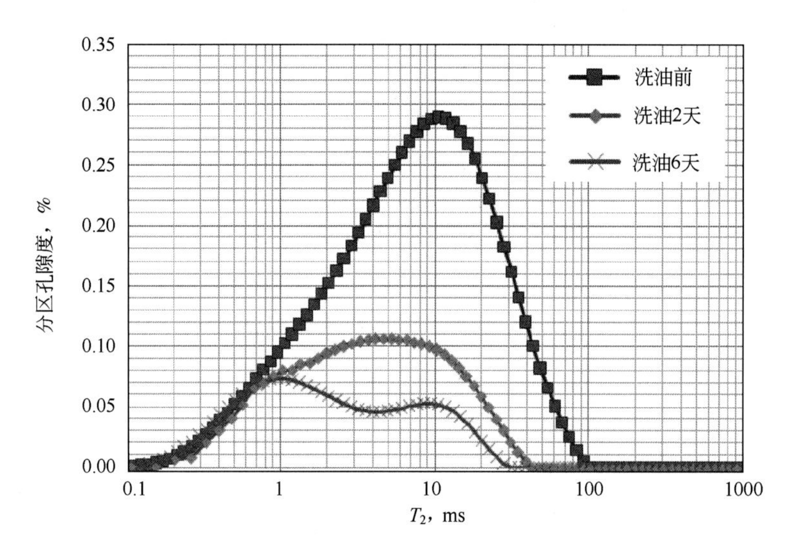

图 5.7　洗油过程中核磁共振波谱变化图

可用迭代法确定饱和度计算横向弛豫时间 T_2 阈值，按下列公式进行迭代计算均方误差：

$$AT_2(j) = \sum_{j=1}^{m} \frac{1}{n} \sum_{i=1}^{n} (SO_i - SSO_{ji})^2 \tag{5.1}$$

式中　$AT_2(j)$——第 j 个迭代 T_2 阈值的均方计算误差；

n——含油饱和度实验数据的个数；

SO_i——第 i 个样点的饱和度测量数据；

SSO_{ji}——第 j 个迭代 T_2 值的第 i 个计算饱和度。

计算均方误差最小的 T_2 值为确定的 T_2 饱和度计算阈值 AT_2。图 5.8 为吉 176 井密闭取心井段应用不同的 AT_2 值计算的均方误差，均方误差最小时对应的 AT_2 为 6ms，与岩心实验结果完全一致。

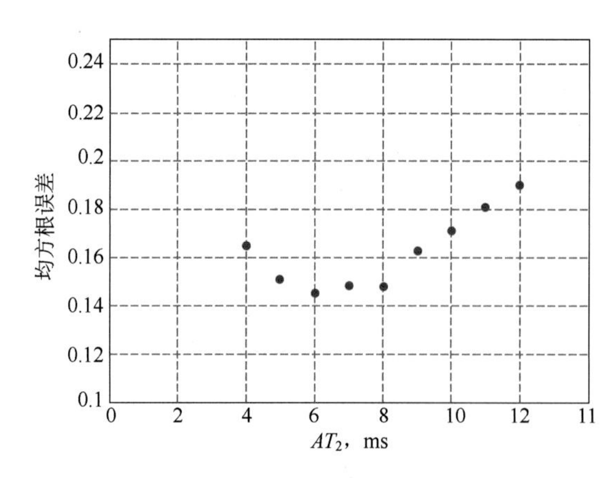

图 5.8　吉 176 井不同的 AT_2 值计算的均方误差变化图

应用确定的 AT_2 和核磁共振测井获得的连续 T_2 波谱按下列公式计算每个测点的饱和度：

$$S_o = 1 - \left(\sum_{i=ATS}^{AT_2} \phi_i\right) / \left(\sum_{i=ATS}^{ATD} \phi_i\right) \tag{5.2}$$

式中 S_o——含油饱和度；

ϕ_i——第 i 毫秒核磁共振弛豫时间对应的孔隙相对体积；

AT_2——所述横向弛豫时间阈值；

ATS——有效孔隙度的核磁共振横向弛豫起算时间；

ATD——有效孔隙度的核磁共振横向弛豫终止时间。

图 5.9 为吉 176 井应用确定的 AT_2 和核磁共振测井获得的连续 T_2 波谱计算饱和度的实例。全区具有密闭取心饱和度实验数据和应用本方法计算的饱和度误差分析显示计算饱和度的相对误差平均值为 2.74%，计算精度较高，完全能够满足储量计算的精度要求。

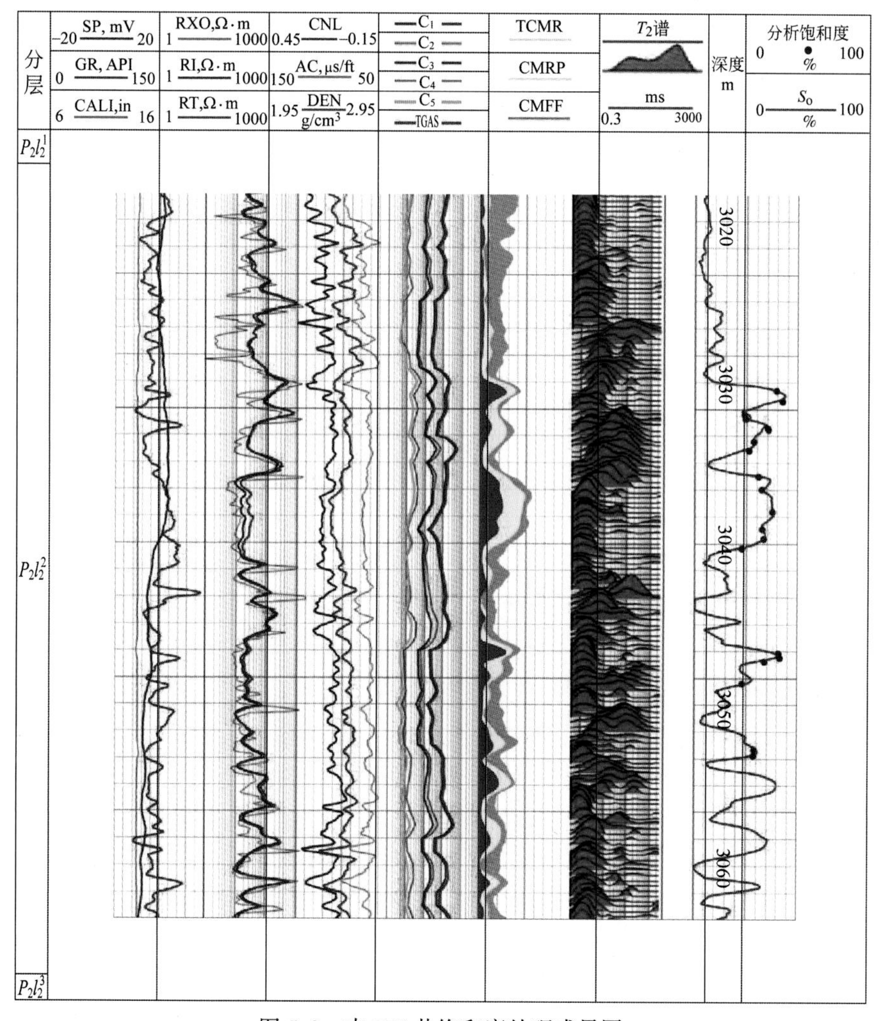

图 5.9 吉 176 井饱和度处理成果图

5.1.4 脆性特征

“体积压裂”技术是致密油储层开发有效技术手段，其增产效果与储层岩石脆性密切相关。脆性较好储层在压裂过程中随主裂缝不断扩张产生剪切滑移，在主裂缝的侧向形成次生裂缝，更容易形成裂缝网络系统，因此对储层脆性研究至关重要。

“脆性”一般指物体受拉力或冲击时容易破碎的性质，表征物体力学特性的脆性既是一种变形特性又是一种材料特性。从变形方面来看，脆性表示没有明显变形就发生破裂；从材料特性方面来看，脆性是构件破裂，材料失去连续性。岩石脆性是指岩石受力后，变形很小时就发生破裂的性质。

使用岩石三轴应力仪进行室内岩石力学试验，根据加载过程的应力—应变1曲线可以进行岩石脆性研究，岩石由于成分不同、结构不同，其变形机理比较复杂，岩石应力—应变1曲线大致可归纳为三种类型（图5.10）。

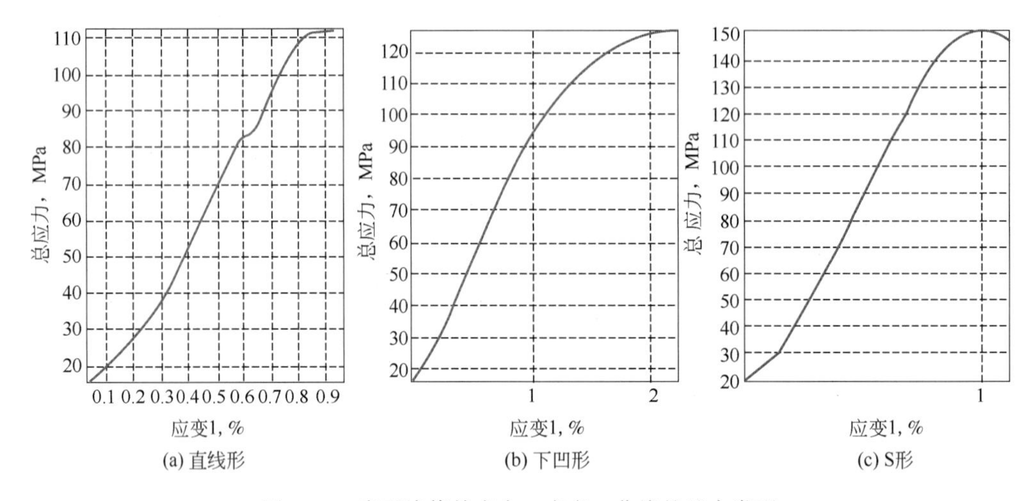

图5.10　岩石峰值前应力—应变1曲线的基本类型

岩石脆性主要与岩石类型有关，低孔隙度的砂岩和石灰岩是典型的脆性岩石，在石油工程上认为脆性较好，在应力—应变1曲线上表现为直线型［图5.10(a)］，在大的非线性变形前就发生了破坏，破坏形式为脆性破坏，脆性破坏是微破裂的发生和发展过程。泥岩和高孔隙度的砂岩是典型的塑性岩石，在石油工程上认为脆性较差，在应力—应变1曲线上表现为下凹型［图5.10(b)］，变形没有明显的阶段（即理论上讲的无限的屈服），破坏形式为塑性破坏。一些中—粗粒结构的砂岩在石油工程上认为脆性中等，在应力—应变1曲线上表现为S形［图5.10(c)］，主要反映了微裂纹在受压条件下的力学行为。在使用岩石三轴应力仪研究岩石脆性时，岩石脆性还与加载的围压和加载速率有关，不加载围压情况下，大多数岩石表现为脆性较好，随着围压的增加或加载速率的降低，岩石脆性会由较好转化为中等和较差，为了区分一个地区或一口井不同井段岩石脆性特征，需要加载合适的围压和速率，以较好地对一个区块和一口井不同井段岩石脆性进行分类。

选取研究区有代表性的85块岩心进行岩石脆性分析。通过分析所有岩心加载过程的应力—应变1曲线、应变2—应变1曲线和岩石破裂形态，对85块岩心岩石脆性进行分类评价，分为较好脆性、中等脆性、较差脆性三类，并归纳了三类岩石的岩石力学特征。

脆性较好岩心岩石力学特征是：在应力—应变1曲线上表现较好弹性，呈直线型，曲线斜率较陡，在达到最大抗压强度之前岩石破碎，岩石破碎时应变1较小，一般小于0.8%；在应变2—应变1曲线上表现为在破裂点之前曲线斜率变化小，在破裂点曲线产生突变；岩石破裂形态为破碎。脆性较好典型岩心为选样点标号516号岩心（深度3302.13m），如图5.11所示。

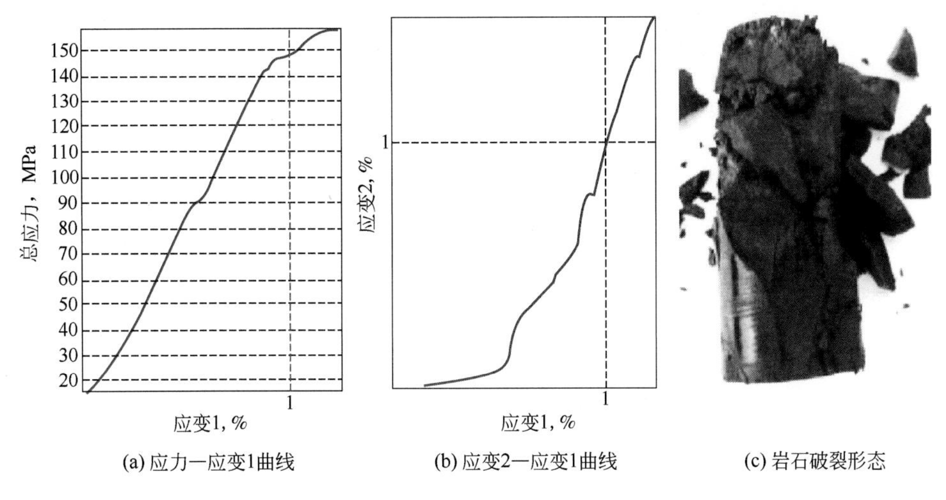

图5.11 516号岩心岩石力学特征曲线及破裂形态

脆性较差岩心岩石力学特征是：在应力—应变1曲线上表现为较差弹性（或称表现为塑性），呈下凹型，在达到最大抗压强度之前岩石一直发生塑性变形，应变1较大时才发生破坏，一般大于1.5%；在应变2—应变1曲线上表现为在破裂点之前曲线斜率持续增加，在破裂点曲线变化平缓无突变；岩石破裂形态为剪切破坏。脆性较差典型岩心为选样点标号23号岩心（深度3117.75m），如图5.12所示。

脆性中等岩心岩石力学特征是：在应力—应变1曲线上表现为中等弹性，呈S形，在抗压强度50%时曲线表现一定弹性，呈直线，在达到最大抗压强度之前岩石有塑性变形发生，在最大抗压强度时岩石发生破坏，岩石破坏时，应变1大于0.8%，小于1.5%；在应变2—应变1曲线上表现为在破裂点曲线有突变但较缓；岩石破裂形态为剪切破坏及较小的破碎。脆性中等典型岩心为选样点标号90号岩心（深度3277.5m），如图5.13所示。

依据对岩心进行岩石脆性分类评价的三类岩心的岩石力学特征及破裂形态，结合岩石脆性分类结果及岩石力学弹性参数试验数据，绘制吉174井岩石力学静态弹性参数交会图（图5.14）。较好脆性岩心岩石力学弹性参数范围为 $E_s \geqslant 15000$MPa，$\nu_s \leqslant 0.2$；中等脆性

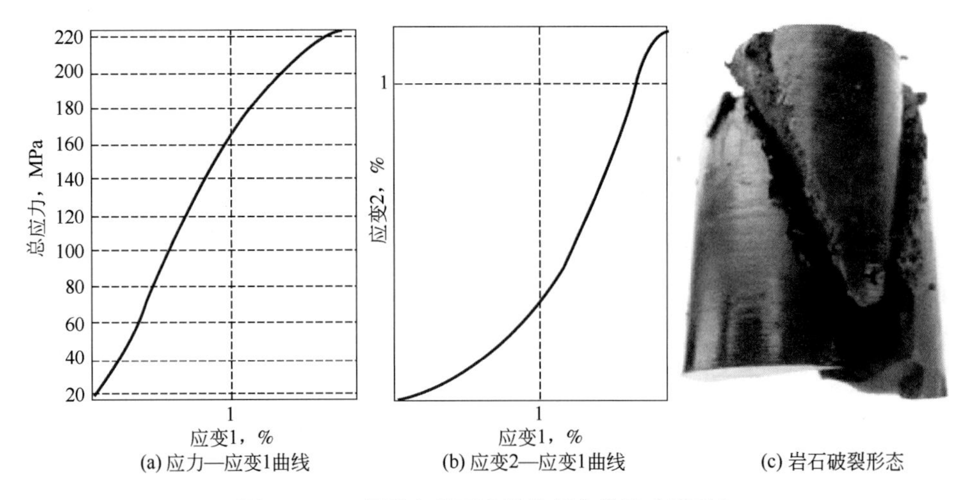

(a) 应力—应变1曲线　(b) 应变2—应变1曲线　(c) 岩石破裂形态

图 5.12　23 号岩心岩石力学特征曲线及破裂形态

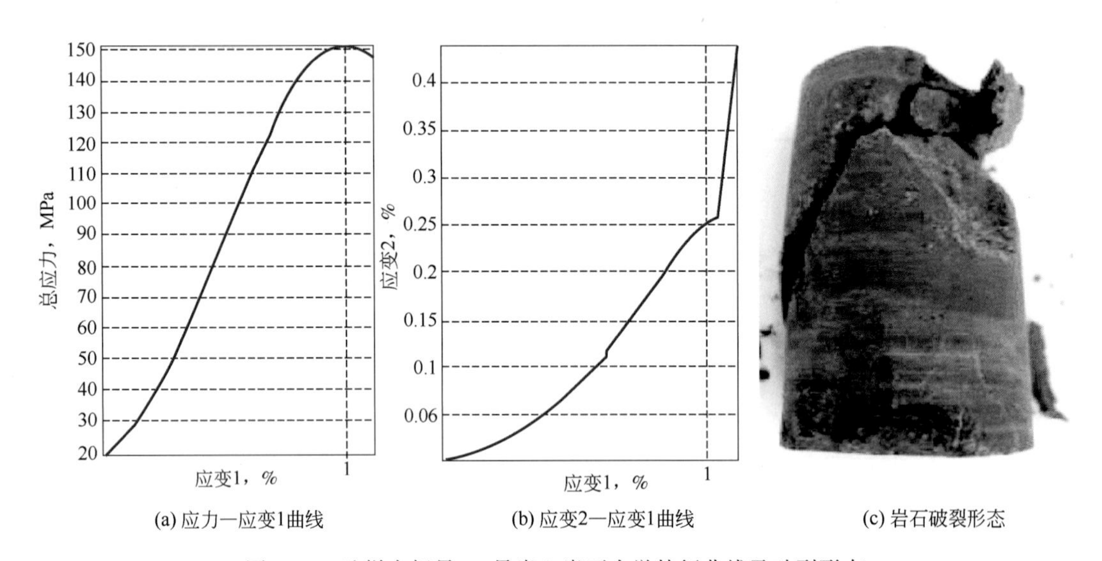

(a) 应力—应变1曲线　(b) 应变2—应变1曲线　(c) 岩石破裂形态

图 5.13　选样点标号 90 号岩心岩石力学特征曲线及破裂形态

岩心岩石力学弹性参数范围为 $E_s \geqslant 10000$MPa，$0.2<\nu_s \leqslant 0.23$ 或者 $10000\text{MPa} \leqslant E_s < 15000$MPa，$0.2<\nu_s \leqslant 0.23$；较差脆性岩心岩石力学弹性参数范围为 $E_s < 10000$MPa，$\nu_s>0.23$。

研究区还可以应用另外一种脆性评价方法，现有的脆性衡量方法有 20 多种，Honda 和 Sanada（1956）提出以硬度和坚固性差异表征脆性；Huckaand Das（1974）建议采用试样抗压强度和抗拉强度的差异表示脆性；Bishop（1967）则认为应从标准试样的应变破坏试验入手，分析应力释放的速度进而表征脆性。这些方法大多针对具体问题提出，适用于不同学科，无统一的说法，尚未建立标准测试方法，同时无法进行连续的计算。

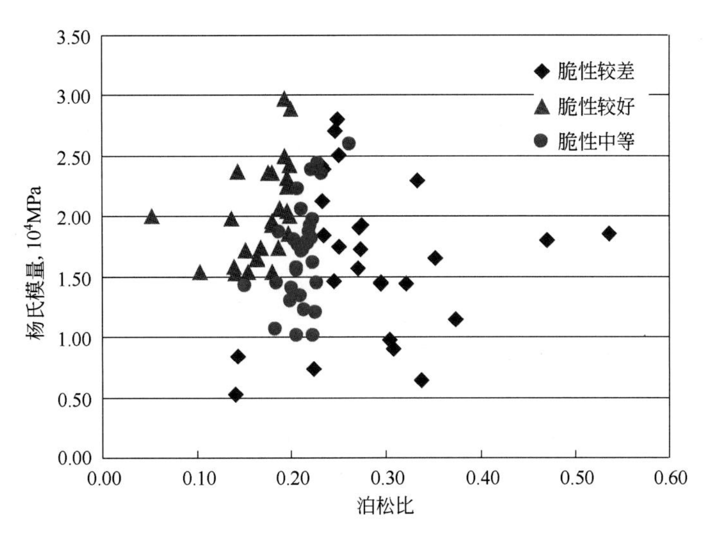

图 5.14 脆性评价杨氏模量与泊松比交会图

弹性参数法（Grieser et al.，2007）是目前比较常用的计算连续的岩石脆性的方法，该方法认为杨氏模量越高，泊松比越低的岩石脆性更强。具体计算方法如下：

$$\mathrm{YM\_BRIT}=\frac{\mathrm{YM\_C}-\mathrm{ym\_min}}{\mathrm{ym\_max}-\mathrm{ym\_min}}\times 100\% \tag{5.3}$$

$$\mathrm{PR\_BRIT}=\frac{\mathrm{PR\_C}-\mathrm{pr\_max}}{\mathrm{pr\_min}-\mathrm{pr\_max}}\times 100\% \tag{5.4}$$

$$\mathrm{BRIT_{avg}}=\frac{\mathrm{YM_{BRIT}}+\mathrm{PR_{BRIT}}}{2} \tag{5.5}$$

式中，YM_C，PR_C 为计算的杨氏模量和泊松比；ym_max，ym_min 为杨氏模量最大、最小值；pr_max，pr_min 为泊松比最大、最小值；YM_BRIT，PR_BRIT 为归一化杨氏模量和归一化泊松比；$\mathrm{BRIT_{avg}}$ 为岩石脆性指数。

根据岩石的破裂特点，不加载围压或较低围压（$\sigma_3=100$psi）条件下进行岩石压缩试验时，试样对非固有裂缝极为敏感，从而产生很大的随机性，且在不加载围压情况下，绝大多数岩石表现出良好的脆性。因此，不加载围压或较低围压条件岩石脆性分类效果差。较高围压条件下（$\sigma_3=3200$psi），岩石加载过程的力学特征曲线不能真实反映岩心开始破裂及固有裂缝发育情况，绝大多数岩石表现出的脆性较差。因此不能在加载较高围压情况下进行岩石的脆性分类。加载围压 $\sigma_3=1600$psi 情况下，不但消除了岩石中非固有裂隙的影响，最大限度地反映了试样固有的裂缝发育程度，而且应力—应变与岩石破裂形态特征一致性较好，可以进行岩石脆性分类。

观察围压 $\sigma_3=1600$psi 的岩石破裂形态，并计算出与之对应的脆性指数进行统计分析（表 5.2）。根据统计结果，利用脆性指数确定了芦草沟组岩石脆性划分标准为 BRIT≤35%，脆性差；35%<BRIT≤45%，脆性中等；45%<BRIT，脆性好。

表 5.2 岩石破裂形态与对应的脆性指数

井号	岩性	样品名称	深度，m	BRIT，%	破裂照片	脆性评价
吉 176	云质砂岩	J176_RES1_1V2. A	3030. 14	50. 4	J176_RES1_1V2.A_3030.14_TRX1600 L: 2.003 Inch D: 1.000 Inch WT: 64.336 gr 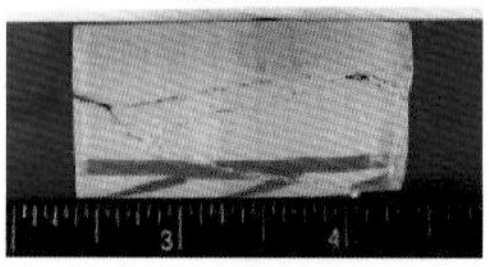	好
		J176_RES1_2H1. A	3030. 16		J176_RES1_2H1.A_3030.16_TRX1600 L: 1.974 Inch D: 1.000 Inch WT: 62.902 gr 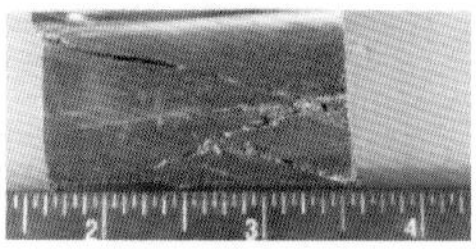	好
	页岩	J176_BAR1_1V2. A	3033. 91	50. 8	J176_BAR1_1V2.A_3033.905_TRX1600 L: 2.000 Inch D: 0.999 Inch WT: 66.678 g 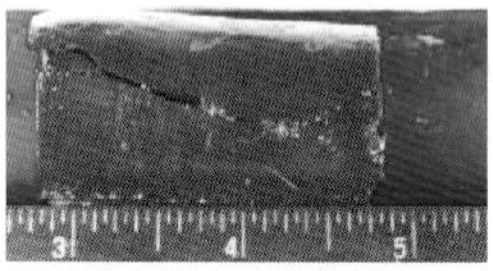	好
		J176_BAR1_2H1. A	3033. 96		J176_BAR1_2H1.A_3033.960_TRX1600 L: 1.983 Inch D: 1.000 Inch WT: 65.375 g 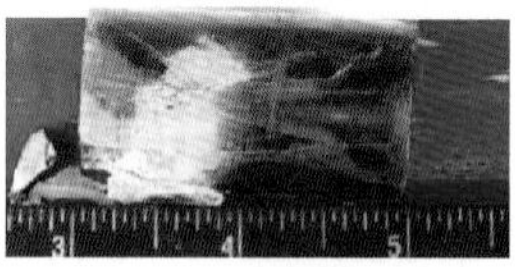	好
	泥质粉砂岩	J176_RES2_1V2. A	3036. 15	35. 0	J176_RES2_1V2.A_3036.15_TRX1600 L: 1.994 Inch D: 1.003 Inch WT: 56.520 g 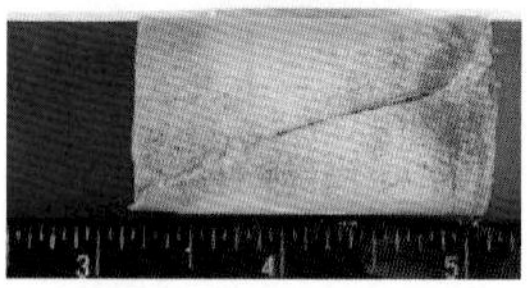	差
		J176_RES2_2H1. A	3036. 17		J176_RES2_2H1.A_3036.17_TRX1600 L: 1.999 Inch D: 1.000 Inch WT: 57.067 g 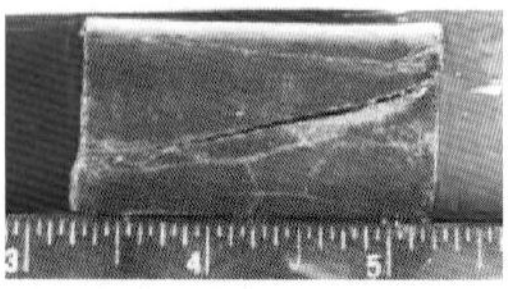	差

续表

井号	岩性	样品名称	深度，m	BRIT，%	破裂照片	脆性评价
吉 176	页岩	J176_BAR2_2V2. A	3041. 20	44. 5	J176_BAR2_2V2.A_3041.20_TRX1600 L: 2.001 Inch D: 1.000 Inch WT: 59.339 g	中
		J176_BAR2_1H1. A	3041. 30		J176_BAR2_1H1.A_3041.30_TRX1600 L: 1.999 Inch D: 0.999 Inch WT: 60.537 g	好
	砂质云岩	J176_REΣ3_1V2. A	3048. 79	49. 5	J176_RES3_1V2.A_3048.79_TRX1600 L: 1.994 Inch D: 0.999 Inch WT: 63.565 g	好
		J176_REΣ3_3H1. A	3048. 85		J176_RES3_3H1.A_3048.845_TRX1600 L: 2.001 Inch D: 1.000 Inch WT: 65.056 g	好
	粉砂质泥岩	J176_BAR3_2V3. A	3053. 17	45. 9	J176_BAR3_2V3.A_3053.174_TRX1600 L: 1.995 Inch D: 1.002 Inch WT: 61.954 g	好
		J176_BAR3_1H1. A	3053. 16		J176_BAR3_1H1.A_3053.155_TRX1600 L: 2.000 Inch D: 1.002 Inch WT: 63.422 g	好

续表

井号	岩性	样品名称	深度，m	BRIT，%	破裂照片	脆性评价
吉 174	页岩	J174_CAP_1V2. A	3112. 14	51. 2	J176_BAR2_2V2.A_3041.20_TRX1600 L: 2.001 Inch D: 1.000 Inch WT: 59.339 g	好
		J174_CAP_2H1. A	3112. 24		J176_BAR2_1H1.A_3041.30_TRX1600 L: 1.999 Inch D: 0.999 Inch WT: 60.537 g	好

5. 1. 5　地应力及岩石力学特征

地应力方向预测技术目前比较成熟，可以应用井壁崩落、钻井诱导缝以及快横波的方法综合预测。其余地层岩石力学参数关系密切，地层岩石力学参数包括岩石泊松比、杨氏模量、抗压强度、内聚力等。这些参数可以通过两种方法确定，一种是用钻井所得的岩心，在实验室内模拟岩石所处的环境（温度、围压、孔隙压力）进行实测；另一种方法是利用测井曲线进行反演。地层岩石力学参数的直接测量方法直观，理论简单，但大量耗费人力、物力，而且现场取心代价高昂，无法得到整个井身剖面内连续的岩石力学参数，应用受到限制。测井曲线反演岩石力学参数则具有明显的优点，如不需要取心，资料充足，可取得整个井身剖面内连续的岩石力学参数，测试周期短，能节省大量的人力物力。

5. 1. 5. 1　弹性介质中的纵、横波

波动现象在自然界中大量存在，例如地震波、声波、光波、电磁波等。这些波动虽有各自的特点，但也有许多共同的传播规律。当外力对弹性介质的某一部分产生初始扰动时，由于介质的弹性，这种扰动将由一个质点传播到另一个质点，如此连续进行下去，即出现弹性波。

弹性波是一个扰动的传播，没有物质的传输，也就是说不管弹性波在介质中传播得多远，但介质质点仅能围绕其平衡位置在一个非常小的空间内振动或转动。扰动经过介质传播的速度称为弹性波的波速度。单位时间内质点的振动次数称为波的频率。在空气中的弹性波，当其频率为 20Hz ~ 20kHz 时，通常称为声波，声波是人耳可以感知的范围，频率低于 20Hz 时，称为次声波，而高于 20kHz 时，则称为超声波，声波测井中的声波一般均为超声波，习惯上也把它叫作声波。当扰动产生于弹性体中的一点时，波动将由此点开始向各个方向传播，此时的波前并不在一个平面上。但距离扰动中心足够远时，则可以近似认为波动的传播将以平面的形式向前推进，且所有质点的运动都平行传播方向或垂直于传播

方向，这种波称为平面波。其中，当质点运动方向平行于传播方向时，称为纵波；而当质点运动方向垂直于传播方向时，称为横波。可以证明，各向同性无限介质中，必须有也仅仅有两种弹性波存在，即纵波和横波。由于纵波的传播速度总是比横波的传播速度要快，因而常把纵波称为初始波（primary）或简称为 P 波，而把横波称为续至波（secondary），简称为 S 波。

根据弹性力学的运动微分方程、几何方程及其物理方程，可以推得无限弹性介质中纵、横波的传播速度为

$$v_p=\sqrt{\frac{E_d(1-\mu_d)}{\rho(1+\mu_d)(1-2\mu_d)}} \tag{5.6}$$

$$v_s=\sqrt{\frac{E_d}{2\rho(1+\mu_d)}} \tag{5.7}$$

式中，v_p 为纵波速度；v_s 为横波速度；E_d 为动态杨氏模量；μ_d 为泊松比。

式(5.6) 和式(5.7) 说明，若介质的弹性模量 E_d，泊松比 μ_d 及密度 ρ 已知，则介质的纵、横波速度(v_p，v_s)就能完全确定。

5.1.5.2 岩石力学参数的计算模型

以实验测试结果为依据，对比分析主要的计算模型之后，建立了芦草沟组岩石力学参数计算模型。

1）纵、横波速度转换关系

纵、横波速度转换公式有多种，典型的几种如下。

Gassman 模型：

$$v_s=\frac{v_p}{\sqrt{3}} \tag{5.8}$$

SST-Castagna 模型：

$$v_s=\frac{v_p}{3.3-0.67v_p+0.065v_p^2} \tag{5.9}$$

SST-Vernik 模型：

$$v_s=0.804v_p-0.805 \tag{5.10}$$

Dolomite-Castagana 模型：

$$v_s=0.578v_p-0.078 \tag{5.11}$$

根据 25 块样品所测的纵、横波速度数据，拟合出纵横波速度转换关系式为

$$v_s=1.9498\ln v_p-0.2938(R^2=0.7405) \tag{5.12}$$

式中，v_s、v_p 为横波、纵波速度，km/s。

由式(5.12) 所计算的横波速度与实测值对比见表 5.3。计算的横波速度与实测的横波速度接近，误差范围-6.62%~6.50%，满足工程计算要求。

表 5.3 横波速度实测值与计算值对比

井号	岩性	取样深度 m	实测 v_p km/s	实测 v_{savg} km/s	v_{savg} 计算值 km/s	误差 %
吉 176	云质砂岩	3030.14	4.676	2.699	2.714	0.56
		3030.14	4.766	2.750	2.751	0.04
		3030.16	5.006	2.848	2.847	-0.04
吉 176	泥岩	3033.91	4.946	2.774	2.823	1.77
		3033.91	5.000	2.859	2.844	-0.51
		3033.91	5.044	2.943	2.861	-2.78
		3033.96	5.130	2.898	2.894	-0.13
吉 176	泥质粉砂岩	3036.15	3.895	2.252	2.357	4.67
		3036.15	4.021	2.305	2.419	4.98
		3036.17	4.413	2.495	2.601	4.25
吉 176	泥岩	3041.20	4.000	2.262	2.409	6.50
		3041.20	4.060	2.290	2.438	6.45
		3041.20	4.107	2.329	2.461	5.68
		3041.30	4.732	2.598	2.737	5.36
吉 176	灰质砂岩	3048.79	4.043	2.581	2.430	-5.85
		3048.79	4.165	2.617	2.488	-4.92
		3048.85	4.481	2.716	2.631	-3.13
吉 176	粉砂质泥岩	3053.17	3.970	2.551	2.394	-6.15
		3053.17	4.013	2.581	2.416	-6.39
		3053.17	4.068	2.600	2.442	-6.09
		3053.16	4.285	2.723	2.543	-6.62
吉 174	泥岩	3112.14	3.871	2.309	2.345	1.58
		3112.14	3.948	2.348	2.384	1.53
		3112.14	3.999	2.378	2.409	1.30
		3112.24	4.361	2.513	2.578	2.56

2）杨氏模量

若已知岩石的纵、横波速度和密度，则可求得岩石的动态杨氏模量：

$$E_d = \frac{\rho v_s^2 [3(v_p/v_s)^2 - 4]}{(v_p/v_s)^2 - 1} \tag{5.13}$$

式(5.13）计算的是岩石的动态杨氏模量，根据实测数据可以建立动、静态杨氏模量之间的转换关系。

在没有实验数据的情况下，斯伦贝谢公司采用下式进行转换：

$$E_s = 0.032 E_d^{1.632} \tag{5.14}$$

根据 25 块样品所测的动、静态杨氏模量数据，拟合出转换关系式为

$$E_s = 0.2443 E_d^{1.2251} \quad (R^2 = 0.9451) \tag{5.15}$$

式中，E_s、E_d 分别为静态、动态杨氏模量，GPa。

用式(5.15) 计算的静态杨氏模量与实测值进行对比，结果见表5.4。计算的静态杨氏模量与实测的杨氏模量接近，仅有两个数据点误差超过-10%，其余误差范围在-8.12%~7.63%。

表5.4 静态杨氏模量实测值与计算值对比

井号	岩性	取样深度，m	实测 E_s，GPa	计算 E_s，GPa	误差，%
吉176	云质砂岩	3030.14	24.37	26.23	7.63
		3030.14	26.21	27.63	5.42
		3030.16	28.36	30.10	6.13
吉176	泥岩	3033.91	29.98	29.97	-0.03
		3033.91	31.97	32.06	0.29
		3033.91	32.73	33.91	3.61
		3033.96	37.09	32.87	-11.38
吉176	泥质粉砂岩	3036.15	13.84	14.55	5.11
		3036.15	14.37	15.37	6.95
		3036.17	19.77	19.12	-3.29
吉176	泥岩	3041.20	15.43	15.66	1.51
		3041.20	16.01	16.26	1.58
		3041.20	16.16	16.90	4.53
		3041.30	24.21	23.14	-4.44
吉176	灰质砂岩	3048.79	20.18	21.33	5.69
		3048.79	20.99	22.48	7.10
		3048.85	25.24	26.10	3.40
吉176	粉砂质泥岩	3053.17	19.67	19.81	0.73
		3053.17	20.64	20.35	-1.39
		3053.17	20.64	21.23	2.87
		3053.16	26.28	24.14	-8.12
吉174	泥岩	3112.14	17.16	16.00	-6.78
		3112.14	17.39	16.72	-3.84
		3112.14	17.75	17.38	-2.11
		3112.24	23.87	19.96	-16.39

3) 泊松比

根据纵、横波速度，可由下式计算岩石的动态泊松比：

$$\mu_d = \frac{(v_p/v_s)^2 - 2}{2[(v_p/v_s)^2 - 1]} \tag{5.16}$$

4）剪切模量、体积模量

在已知杨氏模量（E）和泊松比（ν）的情况下，剪切模量（G）、体积模量（K）可由以下两式进行计算：

$$G=\frac{E}{2(1+\nu)} \tag{5.17}$$

$$K=\frac{E}{3(1-2\nu)} \tag{5.18}$$

5）单轴抗压强度

目前单轴抗压强度的计算公式较多（均属于经验公式），砂岩类岩石单轴抗压强度典型计算模型有以下几种。

McNally 模型：

$$\mathrm{UCS}=1276.7\exp(-0.037\Delta t_{\mathrm{p}}) \tag{5.19}$$

Freyburg 模型：

$$\mathrm{UCS}=10670/\Delta t_{\mathrm{p}}-31.5 \tag{5.20}$$

泥页岩类岩石单轴抗压强度典型计算模型有以下几种。

Modified Horsrud 模型：

$$\mathrm{UCS}=1.35v_{\mathrm{p}}^{2.6} \tag{5.21}$$

Golubev-DT 模型：

$$\mathrm{UCS}=0.069\times(244+109.14/\Delta t_{\mathrm{p}}) \tag{5.22}$$

式中，UCS 为单轴抗压强度，MPa；t_{p} 为纵波时差，μs/ft；v_{p} 为纵波速度，km/s。

本次实验单轴抗压强度测了 7 个样品，得到 7 个数据，其中偏砂岩类 3 个样品，偏泥岩类 4 个样品。测试数据偏少，影响经验关系的建立。将有限的数据进行拟合，得出经验公式，用经验公式与主要的计算模型进行对比之后，选择出计算误差最小的计算模型。

偏砂岩类岩石：

$$\mathrm{UCS}=419.35\exp(-0.013\Delta t_{\mathrm{p}}) \tag{5.23}$$

偏泥岩类岩石：

$$\mathrm{UCS}=-282.2\ln\Delta t_{\mathrm{p}}+1395.6 \tag{5.24}$$

用式(5.23)、式(5.24) 计算的单轴抗压强度与实测值进行对比，结果见表 5.5。

表 5.5 单轴抗压强度计算值与实测值对比

井号	深度，m	岩性	实测 t_{p}，μs/ft	实测 UCS，MPa	计算 UCS，MPa	误差，%
吉 176	3030.14	云质砂岩	65.19	175.50	180.90	3.10
吉 176	3036.20	泥质粉砂岩	78.25	137.10	152.80	11.40
吉 176	3048.80	灰质砂岩	75.39	182.20	158.60	-13.00
吉 174	3112.14	泥岩	78.74	155.80	163.50	4.90
吉 176	3033.91	泥岩	61.62	232.50	232.60	0.10
吉 176	3041.20	泥岩	76.21	152.70	172.70	13.10
吉 176	3053.17	粉砂质泥岩	76.78	198.50	170.60	-14.10

由表 5.5 可知，计算的单轴抗压强度误差在-14.1%~13.1%。受多种因素的影响，岩石的单轴和三轴压缩测试具有较大的随机性，相邻深度（甚至是同一深度）的测试样品所获得的强度参数也可能出现较大的差异。例如，吉 176 井 3041.20m 和 3053.17m 两个深度点，岩性均属于偏泥岩类，实测纵波时差差异极小（分别为 76.21μs/ft、76.78μs/ft），而单轴抗压强度却相差 46MPa。岩石压缩测试结果的随机性影响了经验关系式的精度。

6）抗拉强度

目前普遍采用的抗拉强度的计算方法为

$$\sigma_f=\frac{UCS}{8\sim12} \tag{5.25}$$

式中，UCS 为单轴抗压强度，MPa；σ_f 为抗拉强度，MPa。

根据 9 块样品的测试数据，上甜点储层岩石抗拉强度为抗压强度的 1/8~1/12，平均 1/10.85。根据测试结果，建立了抗拉强度与抗压强度之间的关系式：

$$\sigma_f=0.0666UCS+4.4544 \tag{5.26}$$

7）内摩擦角

内摩擦角典型计算模型有以下几种。

Chang&Zoback 模型：

$$\theta=18.532v_p^{0.5148} \tag{5.27}$$

Lal v_p 模型：

$$\theta=\frac{180}{\pi}\arcsin\frac{v_p-1}{v_p+1} \tag{5.28}$$

式中，θ 为内摩擦角，(°)。

本次实验进行了四组莫尔—库伦分析，得到四组内摩擦角—内聚力数据。测试数据偏少，影响经验关系的建立。将有限的数据进行拟合，得出经验公式，用经验公式与主要的计算模型进行对比之后，确定了芦草沟组岩石内摩擦角的计算模型：

$$\theta=15.9v_p^{0.5171} \tag{5.29}$$

用式(5.29) 计算的内摩擦角与实测值进行对比，结果见表 5.6，计算的内摩擦角与实测值差异不大。

表 5.6　内摩擦角计算值与实测值对比

井号	深度，m	实测 v_p，km/s	实测 θ，(°)	计算 θ，(°)
吉 174	3112.14	3.87	29.82	32.02
吉 176	3030.14	4.95	36.18	36.34
吉 176	3041.2	4.00	29.18	32.56
吉 176	3053.17	3.97	39.02	32.43

8）内聚力的计算模型

若已知单轴抗压强度、内摩擦角，内聚力的理论公式为

$$C=\frac{\text{UCS}}{2}\tan\left(45°-\frac{\theta}{2}\right) \tag{5.30}$$

5.1.5.3 岩石力学参数计算结果

根据上述计算模型，对吉176、吉174、吉172、吉172H井芦草沟组岩石力学参数及脆性指数进行计算，结果如图5.15~图5.18所示。

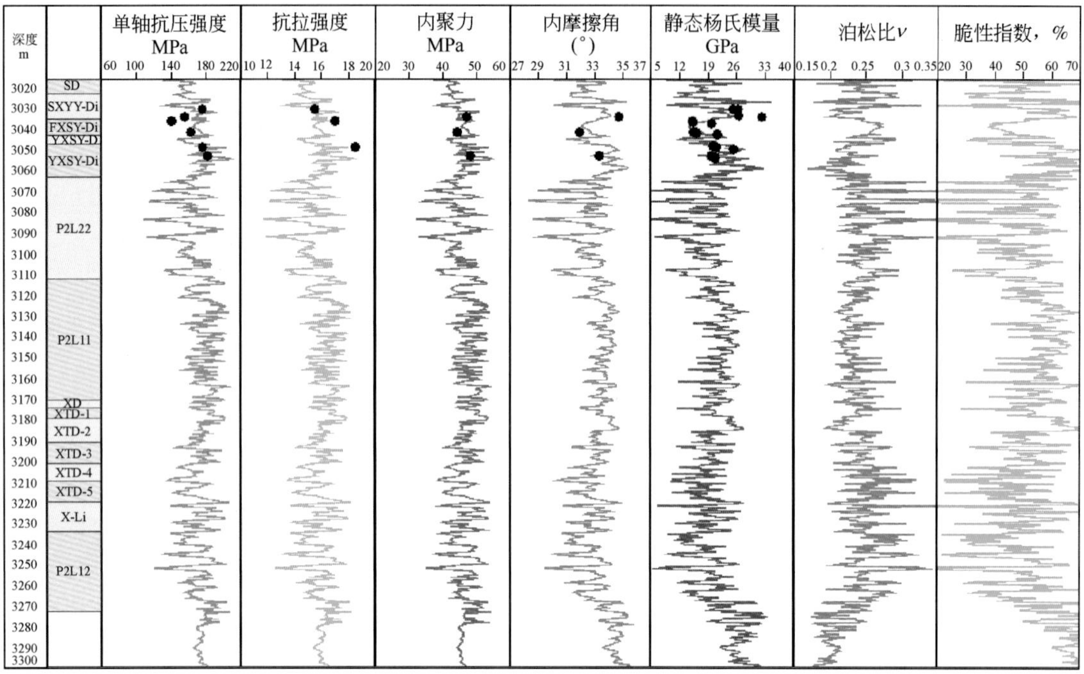

深度 m
单轴抗压强度 MPa
60 100 140 180 220
抗拉强度 MPa
10 12 14 16 18 20
内聚力 MPa
20 30 40 50 60
内摩擦角 (°)
27 29 31 33 35 37
静态杨氏模量 GPa
5 12 19 26 33 40
泊松比ν
0.15 0.2 0.25 0.3 0.35
脆性指数，%
20 30 40 50 60 70
3020 3030 3040 3050 3060 3070 3080 3090 3100 3110 3120 3130 3140 3150 3160 3170 3180 3190 3200 3210 3220 3230 3240 3250 3260 3270 3280 3290 3300
SD
SXYY-Di
FXSY-Di
YXSY-Di
YXSY-Di
P2L22
P2L11
XD
XTD-1
XTD-2
XTD-3
XTD-4
XTD-5
X-Li
P2L12

图5.15 吉176井岩石力学参数计算结果

从图5.15可以看出，吉176井上甜点（3026~3050m）内岩石抗压强度为139.5~219.2MPa，统计平均178.9MPa；静态杨氏模量5.1~33.7GPa，统计平均20.3GPa；泊松比0.18~0.28，统计平均0.24；脆性指数12%~81%，统计平均56.7%。

吉176井下甜点（3168~3194m）内岩石抗压强度160.7~215.4MPa，统计平均179.9MPa；静态杨氏模量8.2~28.8GPa，统计平均21.2GPa；泊松比0.19~0.31，统计平均0.267；脆性指数20%~72%，统计平均54.4%。

从图5.16可以看出，吉174井上甜点（3116~3155m）内岩石抗压强度136.1~219.7MPa，统计平均172.2MPa；静态杨氏模量5.0~32.5GPa，统计平均21.4GPa；泊松比0.17~0.30，统计平均0.23；脆性指数21%~82%，统计平均55.8%。

吉174井下甜点（3260~3290m）内岩石抗压强度161.3~210.6MPa，统计平均182.3MPa；静态杨氏模量8.7~26.5GPa，统计平均21.9GPa；泊松比0.17~0.30，统计平均0.238；脆性指数30%~70%，统计平均54.8%。

从图5.17可以看出，吉172井芦草沟组（2904~3000m）内岩石抗压强度100~220MPa，统计平均167.40MPa；静态杨氏模量3.40~35.60GPa，统计平均18.80GPa；泊松比0.17~0.37，统计平均0.25；脆性指数5%~86%，统计平均49.20%。

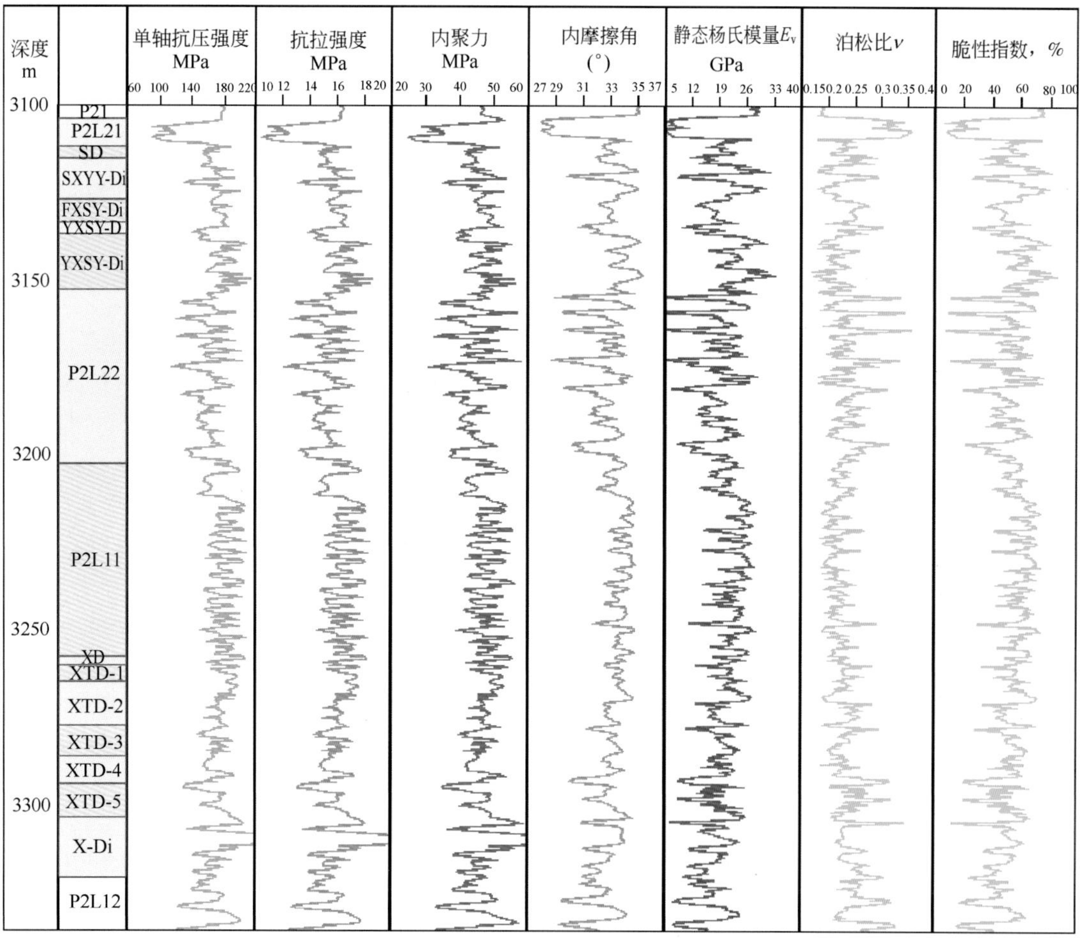

深度 m
单轴抗压强度 MPa 60 100 140 180 220
抗拉强度 MPa 10 12 14 16 18 20
内聚力 MPa 20 30 40 50 60
内摩擦角 (°) 27 29 31 33 35 37
静态杨氏模量E_v GPa 5 12 19 26 33 40
泊松比v 0.15 0.2 0.25 0.3 0.35 0.4
脆性指数，% 0 20 40 60 80 100
3100 3150 3200 3250 3300
P21 P2L21 SD SXYY-Di FXSY-Di YXSY-D YXSY-Di P2L22 P2L11 XD XTD-1 XTD-2 XTD-3 XTD-4 XTD-5 X-Di P2L12

图 5.16 吉 174 井岩石力学参数计算结果

从图 5.18 可以看出，水平段计算结果与吉 172 直井段接近。芦草沟组水平段岩石抗压强度 167～221MPa，统计平均 169.80MPa；静态杨氏模量 15～25GPa，统计平均 19.40GPa；泊松比 0.17～0.34，统计平均 0.26；脆性指数 30%～66%，统计平均 51.10%。

5.1.5.4 地应力与破裂压力计算模型

当物体受到外力作用时，在它的内部同时产生了一个与此外力相对抗以保持平衡的力，这就是内力。单位面积上的内力称为应力。来自天体、地球内外部以及地球自转速度的变化，导致地壳不同部位出现受力不均衡，分别受到挤压、拉伸、旋扭等力的作用，促使地壳中的岩层发生变形。与此同时，岩层也产生一种反抗变形的力，这种内部产生的并作用在地壳单位面积上的力，称为地应力。

油气生储盖地层是地壳上部的组成部分。在漫长的地质年代里，它经历了无数次沉积轮回和升沉运动的各个历史阶段，地壳物质内产生了一系列的内应力效应。这些内应力来源于板块周围的挤压、地幔对流、岩浆活动、地球的转动、新老地质构造运动以及地层重力、地层温度的不均匀、地层中的水压梯度等等，使地下岩层处于十分复杂的自然受力状

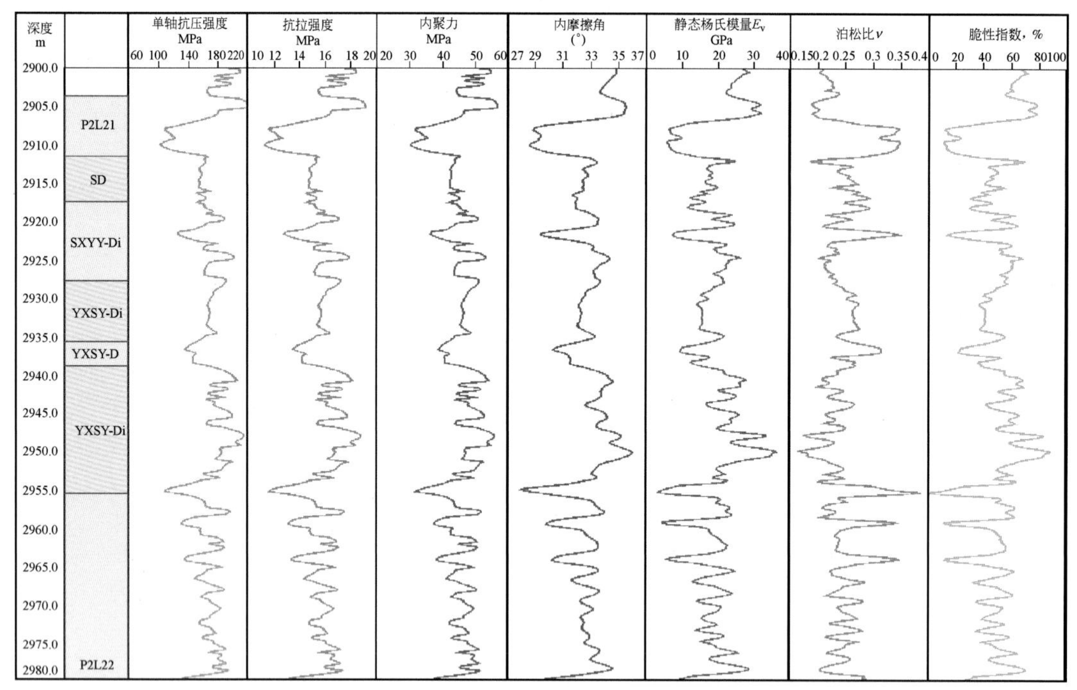

图 5.17　吉 172 井芦草沟组岩石力学参数与脆性指数

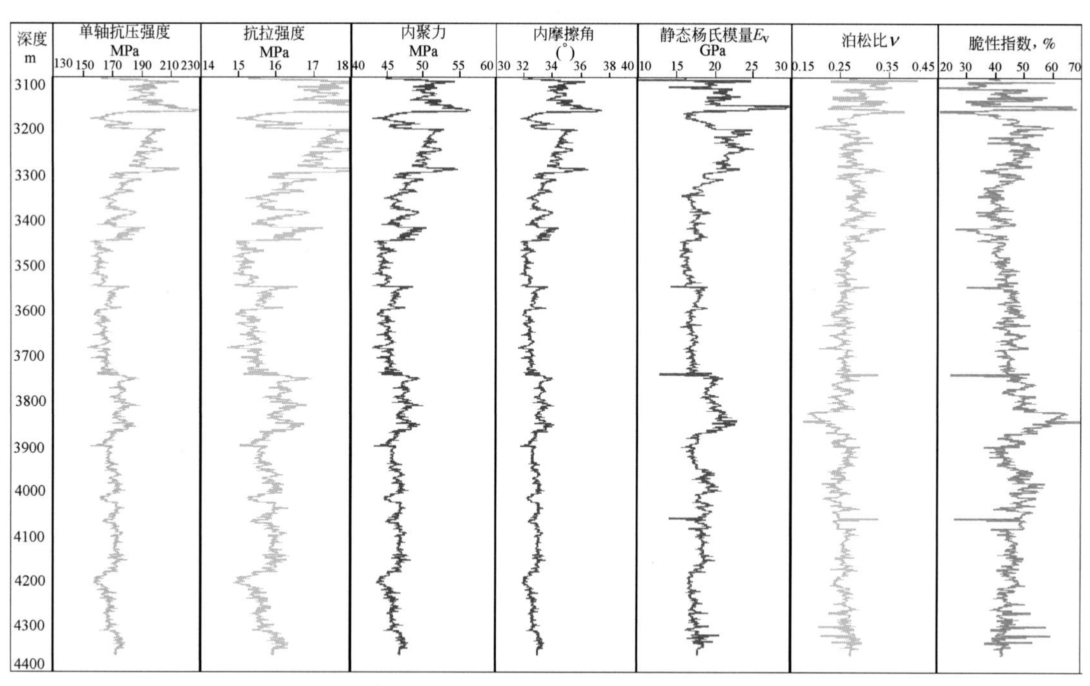

图 5.18　吉 172H 井芦草沟组岩石力学参数与脆性指数

态，并随时间和空间变化。地应力主要以两种形式存在于地层中：一部分是以弹性能形式；其余则由于种种原因在地层中处于自我平衡而以冻结形式保存着。

地层处于三轴地应力作用，其三个正交方向的主应力为最大水平主应力 σ_H、最小水平地应力 σ_h 和垂向应力 σ_v，其中水平向地应力由岩体自重、地质构造运动、地层流体压力及地层温度变化产生。

1）现有的水平主应力计算模型

垂向应力可通过对密度测井曲线的积分来求取，相对容易获取。最大水平主应力 σ_H、最小水平地应力 σ_h 的计算相对困难。水平方向地应力主要来自两方面，一是由上覆岩层压力产生的应力，二是由构造挤压作用产生的应力。由上覆岩层压力产生的应力可根据弹性力学理论推导获得，理论依据充分，计算简单；构造挤压作用在水平方向产生的应力，因挤压力的大小无法预知，只能先建立经验关系然后进行反算。

水平方向主应力的计算，国内外学者提出了许多模型，但没有一个模型能适用于所有地层和区块。主要计算模型有以下几种。

（1）Mattens & Kelly 模型：

$$\sigma_H - p_p = \sigma_h - p_p = K_i(\sigma_v - p_p) \tag{5.31}$$

式中，p_p 为孔隙压力；K_i 为地应力系数。

该模型中，K_i 需要反算，且其的物理意义不明确。式(5.31）属于经验关系式，没有理论推导过程。

（2）Terzaghi 模型：

$$\sigma_H - p_p = \sigma_h - p_p = \frac{\nu}{1-\nu}(\sigma_v - p_p) \tag{5.32}$$

Terzaghi 模型认为水平方向应力仅来源于上覆岩层压力，未考虑构造应力，仅对挤压作用较小的地区适用；该模型以 Terzaghi 有效应力为基础，根据弹性力学理论推导而得，理论依据充分。

（3）Anderson 模型：

$$\sigma_H - \alpha p_p = \sigma_h - \alpha p_p = \frac{\nu}{1-\nu}(\sigma_v - \alpha p_p) \tag{5.33}$$

式中，α 为有效应力系数。

Anderson 模型认为水平方向应力仅来源于上覆岩层压力，未考虑构造应力；仅对挤压作用较小的地区适用；该模型以 Biot 有效应力为基础，根据弹性力学理论推导而得，理论依据充分。

（4）Newberry 模型：

$$\sigma_h - p_p = \frac{\nu}{1-\nu}(\sigma_v - \alpha p_p) \tag{5.34}$$

Newberry 模型针对低渗透且有微裂缝地层提出，适用于弱构造运动地层；未查到理论推导过程。

（5）六五模式。

黄荣樽等人假设地下岩层的地应力主要由上覆岩层压力与水平方向的构造应力产生，且水平方向的构造应力与上覆压力成正比，该模式考虑了构造应力的影响：

$$\begin{aligned}\sigma_H&=\left(\frac{\nu}{1-\nu}+\xi_1\right)(\sigma_v-\alpha p_p)+\alpha p_p\\ \sigma_h&=\left(\frac{\nu}{1-\nu}+\xi_2\right)(\sigma_v-\alpha p_p)+\alpha p_p\end{aligned}\tag{5.35}$$

式中，ξ_1、ξ_2 为应力构造系数。

该模型中计算上覆岩层压力产生的应力，根据弹性力学理论推导获得；计算构造应力时，假定构造应力与上覆岩层的有效应力成正比，属于经验性质，理论依据不足；构造应力系数需要反算。

（6）七五模式。

黄荣樽等人在六五模式的基础上，假设地层为匀质各向同性的线弹性体，并假定在沉积后期地质构造运动过程中，地层与地层之间不发生相对位移，所有地层两水平方向的应变均为常数，则：

$$\begin{aligned}\sigma_H&=\frac{1}{2}\left[\frac{\xi_1E_s}{1-\nu}+\frac{2\nu(\sigma_v-\alpha p_p)}{1-\nu}+\frac{\xi_2E_s}{1+\nu}\right]+\alpha p_p\\ \sigma_h&=\frac{1}{2}\left[\frac{\xi_1E_s}{1-\nu}+\frac{2\nu(\sigma_z-\alpha p_p)}{1-\nu}-\frac{\xi_2E_s}{1+\nu}\right]+\alpha p_p\end{aligned}\tag{5.36}$$

七五模式意味着地应力不但与泊松比有关，而且与地层的杨氏模量正相关，此模式可解释砂岩地层比相邻页岩地层有更高的地应力现象。其缺陷在于：各岩层水平方向应变相等的假设在构造运动剧烈地区受到一定的限制，并且使用本模式对具有非线性或大变形地层来说已没有意义。该模型属于经验关系，未见到理论推导过程；构造应力系数需要反算；模型中参数较多，由于各参数本身的计算误差，易产生较大的误差累积效应。

（7）葛洪魁等人在 1996 年提出的经验公式为

$$\begin{aligned}\sigma_H&=\frac{\nu}{1-\nu}(\sigma_v-\alpha p_p)+K_H\frac{EH}{1+\nu}+\frac{\alpha_TE\Delta T}{1-\nu}\\ \sigma_h&=\frac{\nu}{1-\nu}(\sigma_v-\alpha p_p)+K_h\frac{EH}{1+\nu}+\frac{\alpha_TE\Delta T}{1-\nu}\end{aligned}\tag{5.37}$$

式中，K_H、K_h 为地应力系数；α_T 为温度引起的膨胀系数。

当 $\sigma_H>\sigma_h>\sigma_v$ 时，若考虑到地层的剥蚀情况，在水平应力项右端加上一剥蚀项。利用该模式的优点在于：在倾角不太大的地区，垂向应力与上覆地层产生的压力基本相等；在同一地层，岩性基本相同时，三向应力均随深度线性增加；地层泊松比增大，其水平应力的垂向应力分量增大；构造应力随杨氏模量的增大而增大，随泊松比的增大而降低，在同样的构造载荷作用下，在软地层中产生的构造应力分量小，在硬地层中产生的应力分量大。该模式与黄氏七五模式在形式上没有多大的差别，缺少理论基础，带有较多的经验色彩。此外，所添加的温度项在工程中一般不作考虑，仅在热采、注水所引起的应力场变化时才考虑。模型中地应力系数、温度引起的膨胀系数确定困难；参数较多，由于各参数本身的计算误差，易产生较大的误差累积效应。

目前国内外学者发表了多个水平方向地应力的计算模型，这些模型大多认为水平方向地应力由上覆岩层压力和构造应力共同产生，对其他因素则较少考虑或忽略不计。模型中由上覆岩层压力产生的应力，以有效应力理论为基础，根据弹性力学推导获得，理论依据充分；但是由构造作用产生的应力，均未查阅到各模型的理论推导过程。前人研究表明，没有一个模型能适用于所有地层和区块，均需要结合各区块或地层的实际情况来构建地应力模型。

2）研究工区水平主应力计算模型

对比分析现有的计算模型之后，确定了研究工区水平方向主应力计算模型的思路与原则：建立的模型要具有一定的理论依据；模型的意义明确，易于理解；模型中参数不宜过多，避免误差累积效应；计算结果与芦草沟组页岩油储层表现出来的地质力学特点吻合。

芦草沟组页岩油储层水平方向地应力计算模型构建过程如下：

（1）由上覆岩层压力在水平方向产生的应力。

Terzaghi 有效应力计算公式为

$$\sigma' = \sigma - p_p \tag{5.38}$$

根据式(5.38)，地层中某点的三个主方向的有效应力为

$$\begin{cases} \sigma'_H = \sigma_H - p_p \\ \sigma'_h = \sigma_h - p_p \\ \sigma'_v = \sigma_v - p_p \end{cases} \tag{5.39}$$

岩石在弹性变形过程中，有效应力（σ'）与应变（ε）满足 Hooke 定律：

$$\sigma' = E\varepsilon \tag{5.40}$$

式(5.40) 的三维形式为

$$\begin{cases} \varepsilon_H = [\sigma'_H - \nu(\sigma'_h + \sigma'_z)]/E \\ \varepsilon_h = [\sigma'_h - \nu(\sigma'_H + \sigma'_z)]/E \\ \varepsilon_v = [\sigma'_v - \nu(\sigma'_H + \sigma'_h)]/E \end{cases} \tag{5.41}$$

地层在沉积过程中，由于盆地边缘的限制，只在垂向上产生应变，水平方向应变为0，即

$$\begin{cases} \varepsilon_H = 0 \\ \varepsilon_h = 0 \end{cases} \tag{5.42}$$

联立式(5.40)、式(5.41)、式(5.42) 可解得

$$\sigma_H = \sigma_h = \frac{\nu}{1-\nu}(\sigma_v - p_p) + p_p \tag{5.43}$$

式(5.43) 即为上覆岩层压力在水平方向产生的应力。

（2）构造作用产生的应力。

参考黄荣樽六五模式，假定水平方向构造应力与上覆岩层有效应力成正比，即

$$\begin{cases} \sigma_H^{\varepsilon} = \xi_H(\sigma_v - p_p) \\ \sigma_h^{\varepsilon} = \xi_h(\sigma_v - p_p) \end{cases} \tag{5.44}$$

式中，ξ_H、ξ_h 为最大、最小水平主应力方向的构造应力系数。

（3）水平方向的总应力。

由式(4.46)、式(4.47)可得水平方向的总应力为

$$\sigma_h = \left(\frac{\nu}{1-\nu}+\xi_h\right)(\sigma_v - p_p) + p_p$$
$$\sigma_H = \left(\frac{\nu}{1-\nu}+\xi_H\right)(\sigma_v - p_p) + p_p \tag{5.45}$$

式(5.45)中的垂向应力、孔隙压力、泊松比相对容易求取，但构造应力系数需要进行反算。

3）最小水平主应力方向构造应力系数的反算

最小水平主应力可从水力压裂/微压裂实验及扩展井漏实验获取，如图5.19所示。钻井作业一般是在下完套管固井后，钻开新地层4~5m，然后做井漏实验，实验时以恒定的速率向井内注入钻井液，井内压力随时间线性增加，当井内压力达到某个压力值，井壁会产生小的水压张性裂缝，压力曲线就会偏离线性趋势线，此偏离点处的压力即为井漏压力（LOP），这时可能会漏失少量的钻井液。对于直井，此压力接近最小水平主应力，可以作为最小主应力的上限。如果井漏实验在出现张性裂缝前结束，压力曲线只有线性部分，称为受限的井漏实验，或者称为地层完整性实验（LT或FIT）。FIT是不能用来估算最小水平主应力的大小的，因为它往往比最小主应力偏低（有时也会偏高）。若实验在出现张性裂缝后继续进行，继续向井内注入钻井液，井内压力会持续增加，当压力至最高值时，即地层破裂压力（FBP），在井壁就会产生大的张性裂缝，裂缝会从井壁延伸至地层，钻井液就通过这些裂缝渗入地层，井漏就发生了，井内压力显著下降，而后趋于平稳，裂缝开始传播，则此平稳压力称为裂缝传播压力（FPP）。若此时突然停泵，井内压力也会突然下降至某一压力，此压力为瞬时关闭压力（ISIP）。而后压力缓慢下降，降至某一压力后而趋于稳定，代表着裂缝逐渐闭合，这样就完成了一个完整的扩展漏失实验。在压力图上从瞬时关闭压力和最后稳定压力的部分叫闭合压力曲线，通过分析可以获得裂缝闭合压力（FCP），裂缝闭合压力接近于最小水平主应力的大小。另外，还可以通过在储层段进行的

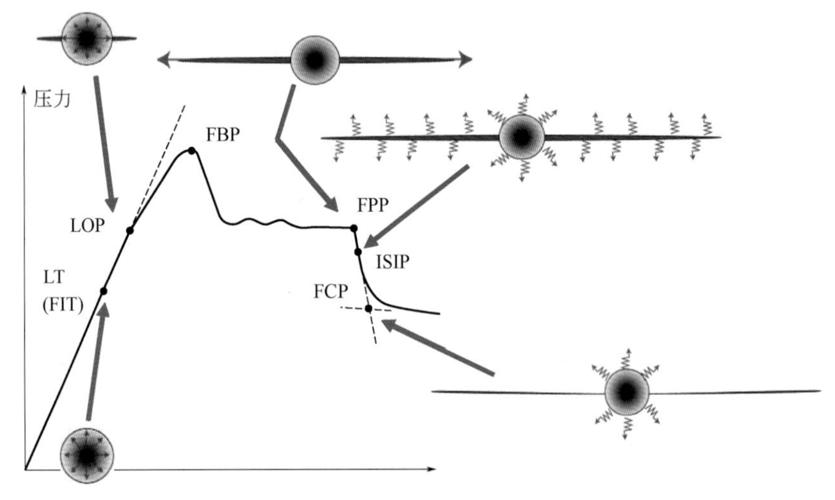

图5.19　扩展井漏实验压力示意图

小型压裂或微压裂实验来获取最小主应力的大小，其原理与漏失实验类似。

吉174井小压曲线G函数分析如图5.20所示。吉174井第一段（3302~3314m）没有表现明显的天然裂缝发育特征，同时液体效率近40%，这一段天然裂缝欠发育，地层闭合压力60.60MPa。

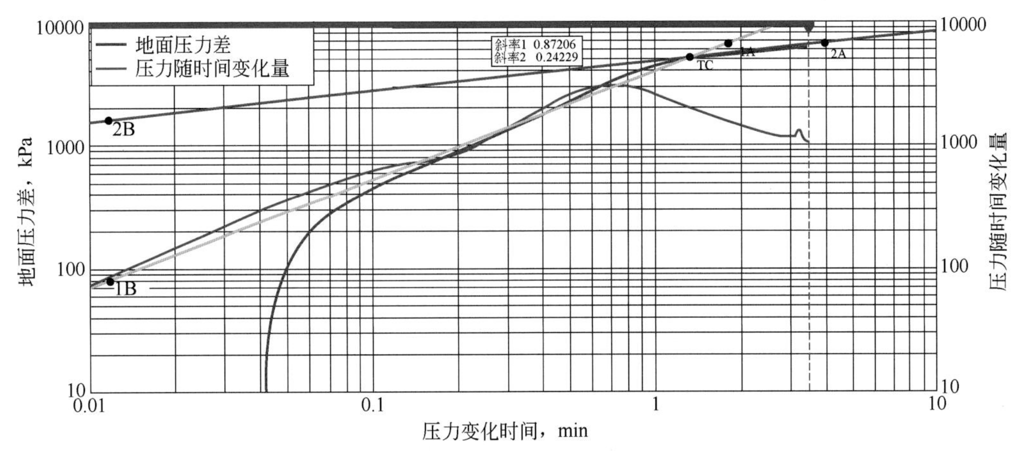

图5.20　吉174井小压曲线G函数分析

吉172H井小压曲线G函数分析如图5.21所示。霍纳分析得到闭合压力下限值53.05MPa，G函数分析闭合压力为57.36MPa，第一级拟合得最小水平主应力为58.33MPa。综合以上分析，闭合压力值在53.05~58.33MPa之间，液体效率为38.40%。

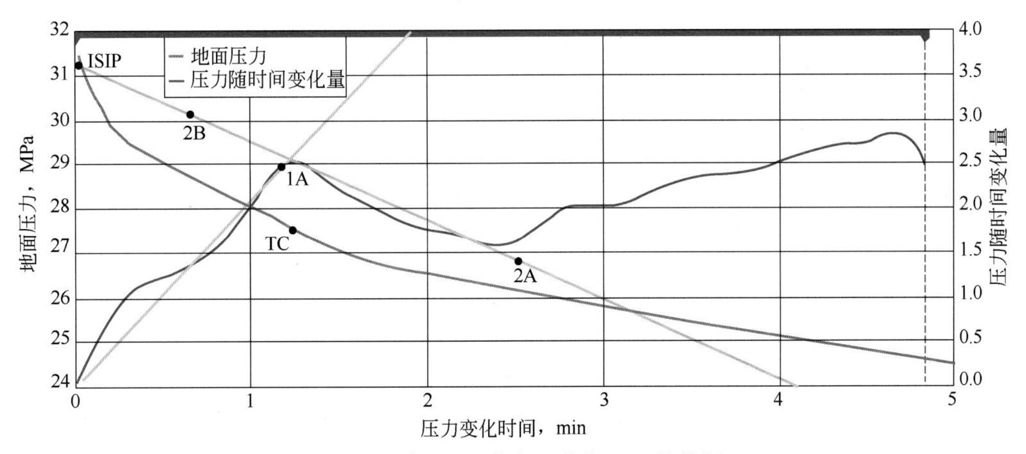

图5.21　吉172H井小压曲线G函数分析

研究工区芦草沟组裂缝闭合压力当量密度见表5.7。

表5.7　研究工区芦草沟组闭合压力统计

井号	裂缝闭合压力当量密度，g/cm³	构造应力系数
吉171	1.98	0.32
吉172	2.00	0.33

续表

井号	裂缝闭合压力当量密度，g/cm³	构造应力系数
吉 173	2.22	0.38
吉 174	2.22	0.38
吉 30	2.04	0.33
吉 31	1.84	0.30
吉 172H	1.94~2.14	0.35
JHW018	2.28	0.41
JHW015	2.05	0.33
平均		0.35

在已知最小水平主应力、垂向应力、孔隙压力和泊松比的条件下，反算构造应力系数：

$$\xi_h = \frac{\sigma_h - p_p}{\sigma_v - p_p} - \frac{\nu}{1-\nu} \tag{5.46}$$

通过多口井的统计，获得芦草沟组最小主应力的多个数值，根据式(5.46) 计算得到最小主应力方向的构造应力系数 $\xi_h = 0.35$。

4）最大水平主应力方向构造应力系数的反算

地应力模型中的 σ_h，σ_v，p_p 等参数，计算起来相对比较容易些，而地应力建模的关键，则是确定 σ_H 的大小，常规方法是难以计算的，SFIB 软件能够方便准确地获取其大小。

根据 Anderson 断层理论及库仑破裂理论，不同的应力状态可以用一个多边形来表示。多边形的大小是由滑动摩擦系数和地层孔隙压力控制的，多边形不同区域对应着 σ_h、σ_v 和 σ_H 三者不同的相对关系，即正断层应力机制（NF，$\sigma_h < \sigma_H < \sigma_v$）、走滑断层应力机制（SS，$\sigma_h < \sigma_v < \sigma_H$）和逆断层应力机制（RF，$\sigma_v < \sigma_h < \sigma_H$）。在多边形边界上，地应力处于摩擦平衡状态，即地层应力在断层面上的分量（切向应力）等于断层摩擦强度，这在地壳中是经常见到的。库仑破裂理论基于如下假设：如果断层的剪应力与有效法向应力之比超过滑动摩擦系数，地层就会沿着最可能方向产生断层而滑动。GMI SFIB 软件，在充分利用现有资料的基础上，设计出十余种模块，来计算最大水平主应力。根据井壁岩石强度或所观察到的井壁垮塌情况（图 5.22），利用 GMI SFIB 可快速方便地计算出最大水平主应力的大小，如图 5.23 中所示。图中红色等值线为岩石强度，即在一定深度，根据岩石的压实强度（UCS）和崩落宽度可计算出 S_{Hmax} 值可能的区间。

在已知最大水平主应力、垂向应力、孔隙压力和泊松比的条件下，反算构造应力系数：

$$\xi_H = \frac{\sigma_H - p_p}{\sigma_v - p_p} - \frac{\nu}{1-\nu} \tag{5.47}$$

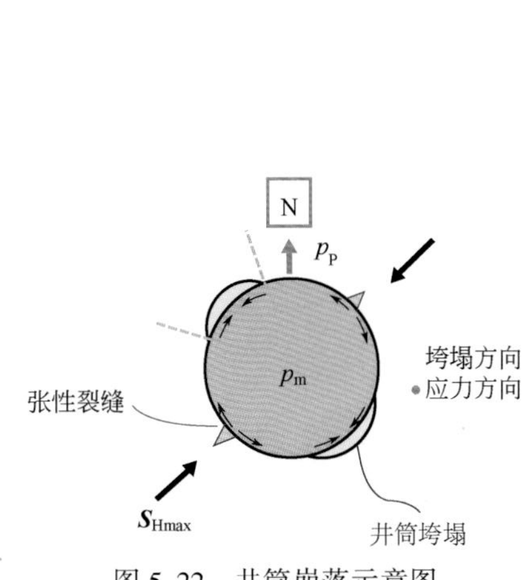

图 5.22 井筒崩落示意图

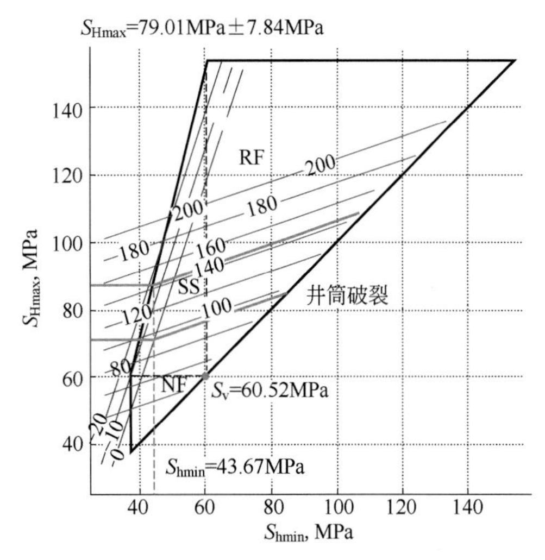

图 5.23 模拟最大水平主应力方法图

通过多口井的计算，获得芦草沟组最大主应力的统计平均值为 2.65g/cm^3，根据式(5.47) 计算得到最小主应力方向的构造应力系数 ξ_H=0.96（表 5.8）。

表 5.8 研究工区芦草沟最大主应力及构造应力系数反算

井号	井段 m	最大水平主应力 当量密度，g/cm^3	构造应力系数
吉 172	2280~2320	2.60	0.98
吉 172	2820~2860	2.50	0.93
吉 174	2580~2630	2.59	0.97
吉 174	2850~2910	2.55	0.94
吉 176	1880~1950	2.47	0.93
吉 176	2080~2130	2.61	0.98
平均			0.96

5）破裂压力计算模型

井眼形成后井内受力情况如图 5.24 所示，井周某点的切向应力为 σ_θ。

根据弹性力学理论，井眼形成后，井周某点的切向有效应力为

$$\sigma_\theta=\frac{\sigma_H+\sigma_h}{2}\left(1+\frac{r_w^2}{r^2}\right)-\frac{\sigma_H-\sigma_h}{2}\left(1+\frac{r_w^4}{r^4}\right)\cos2\theta-\frac{r_w^2}{r^2}p_m-\alpha p_p \tag{5.48}$$

式中，r_w 为井眼半径，m；r 为井周某点与井轴的距离，m；θ 为井周某点至井眼轴线的连线与最大水平主应力之间的夹角，(°)。

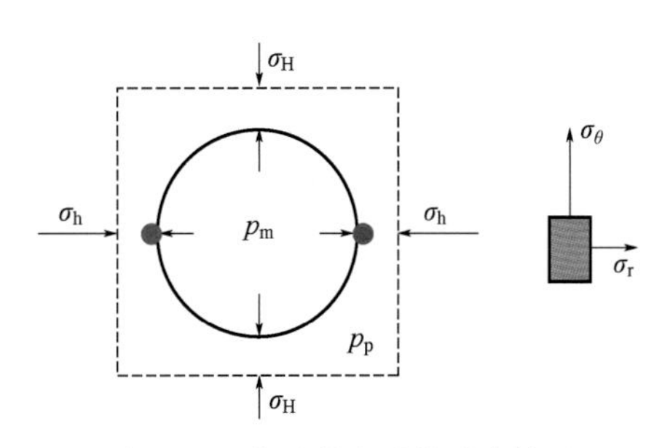

图 5.24 井眼形成后的受力情况

根据式(5.48)，在井壁表面（$r=r_w$）的切向有效应力为

$$\sigma_{\theta}=\sigma_{\mathrm{H}}+\sigma_{\mathrm{h}}-2(\sigma_{\mathrm{H}}-\sigma_{\mathrm{h}})\cos 2\theta-p_{\mathrm{m}}-\alpha p_{\mathrm{p}} \tag{5.49}$$

根据式(5.49)，当 $\sigma_{\theta}=0°/180°$（即最大水平主应力方向），切向有效应力最小：

$$\sigma_{\theta\min}=3\sigma_{\mathrm{h}}-\sigma_{\mathrm{H}}-p_{\mathrm{m}}-\alpha p_{\mathrm{p}} \tag{5.50}$$

井壁要破裂，必须克服岩石的抗拉强度（σ_{f}）：

$$\sigma_{\theta\min}=-\sigma_{\mathrm{f}} \tag{5.51}$$

联立式(4.43)、式(4.44)，可得破裂压力计算公式：

$$p_{\mathrm{m}}=3\sigma_{\mathrm{h}}-\sigma_{\mathrm{H}}-\alpha p_{\mathrm{p}}+\sigma_{\mathrm{f}} \tag{5.52}$$

6）计算结果分析

参考本区压裂井破裂压力成果，设定 α 为调整系数，统一取值 0.95；根据上述计算模型，对吉 176、吉 174、吉 172、吉 172H 井的地应力及破裂压力进行了计算，结果如图 5.25~图 5.29 所示。

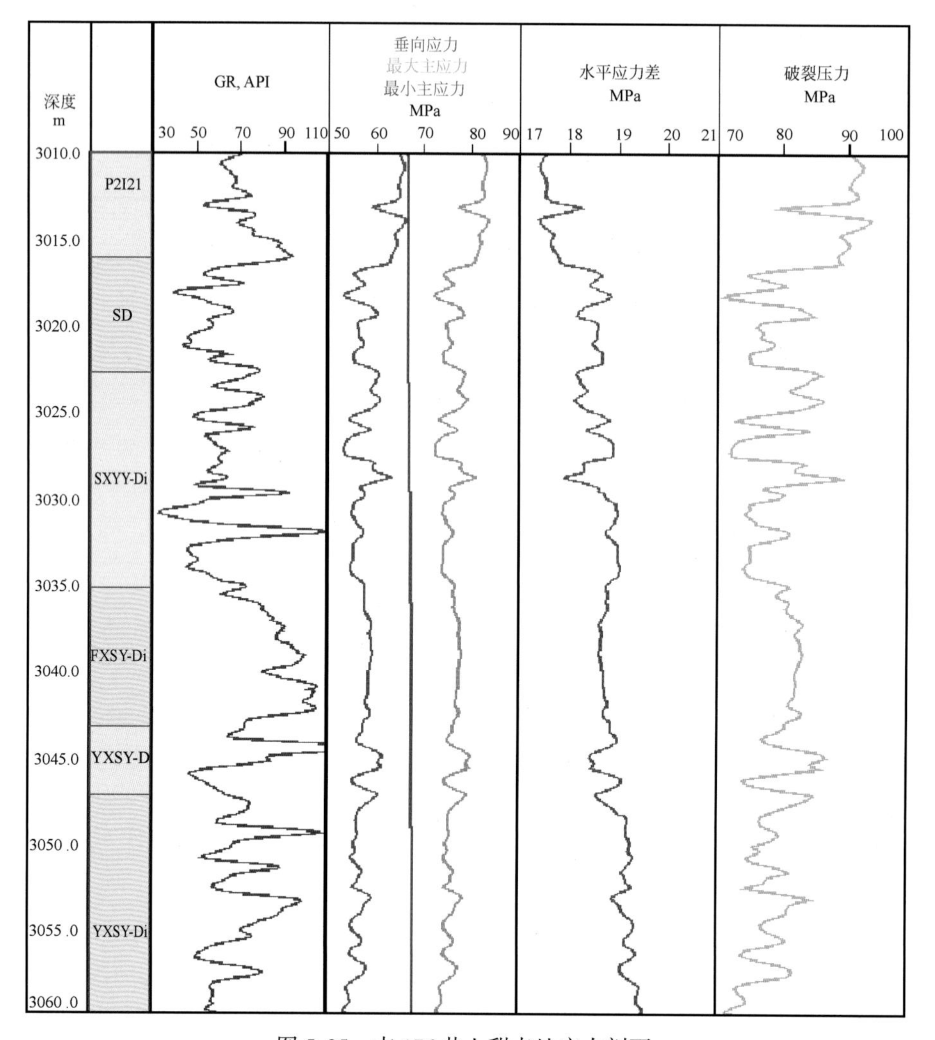

图 5.25　吉 176 井上甜点地应力剖面

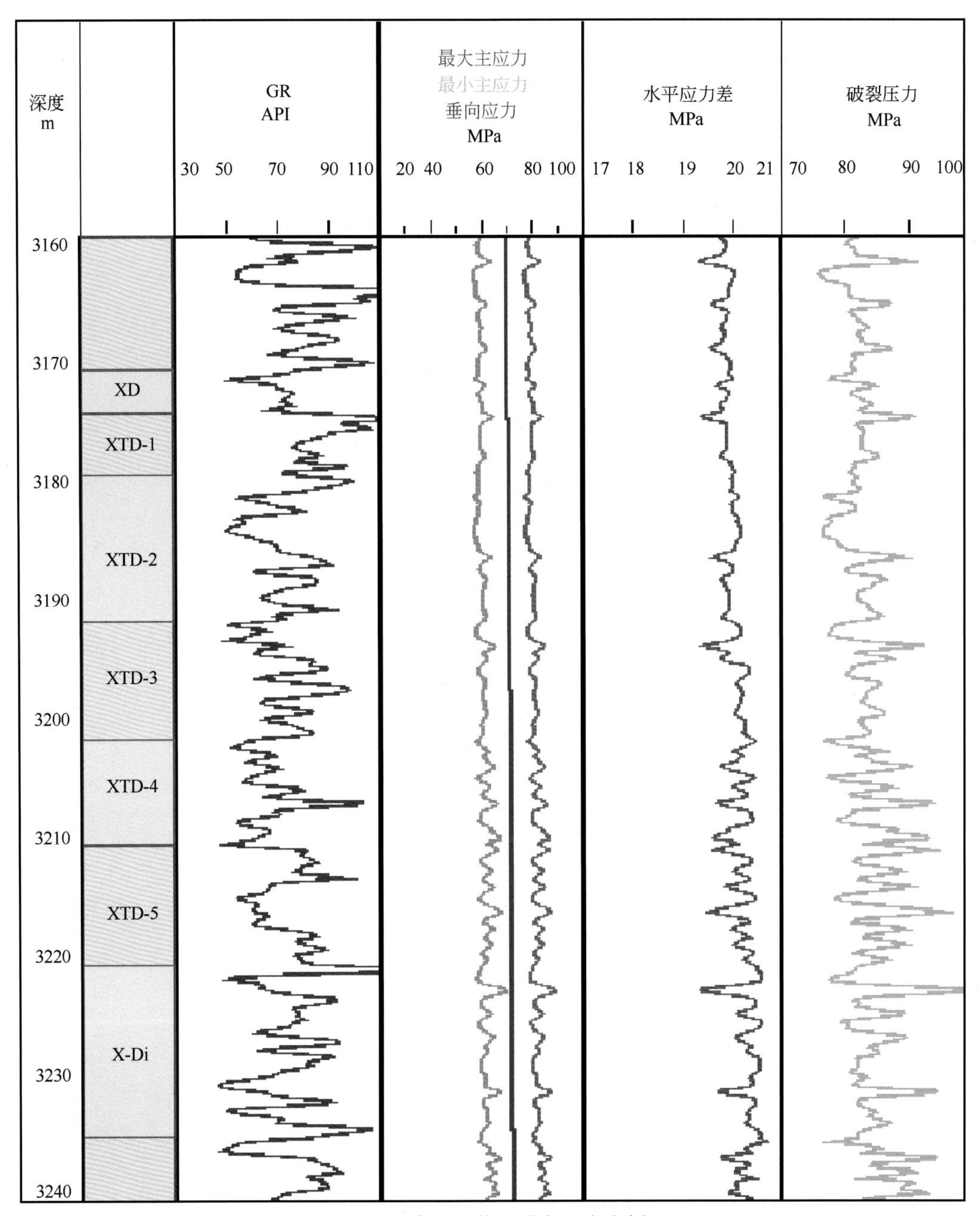

图 5.26 吉 176 井下甜点地应力剖面

从图 5.25 可以看出，上甜点最小水平主应力 55.1～57.8MPa，最大水平主应力 73～82MPa，破裂压力 73～87MPa，水平方向应力差 18.2～19.4MPa。根据脆性指数、最小水平主应力和破裂压力纵向上的相对大小关系分析认为，可压性较好的层段有 3016～3029m、3047～3053m。

从图 5.26 可以看出，下甜点最小水平主应力 57～64.2MPa，最大水平主应力 77.8～

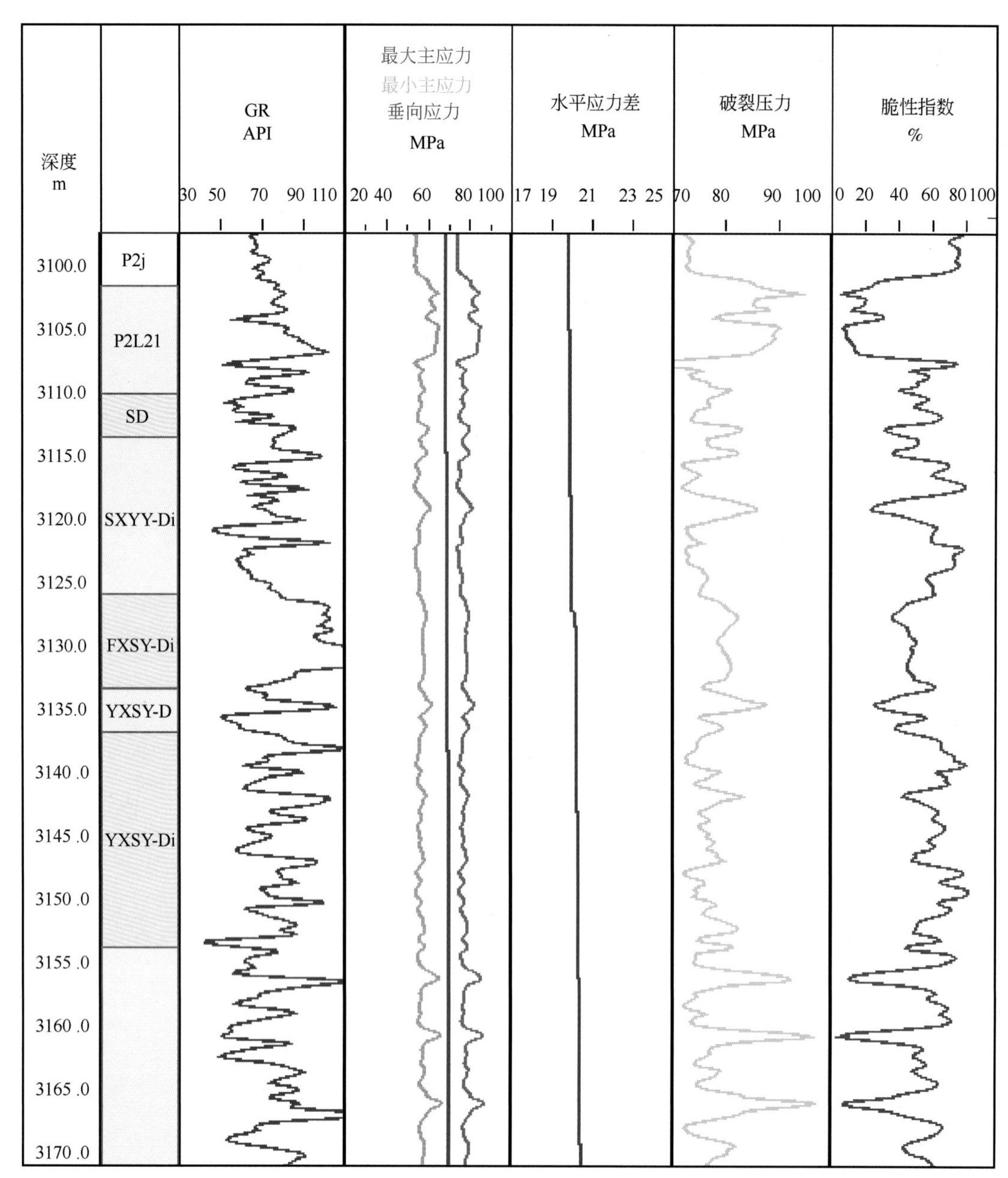

图 5.27　吉 174 井上甜点地应力剖面

81.9MPa，破裂压力 76~90MPa，水平方向应力差 19.3~20.2MPa。根据脆性指数、最小水平主应力和破裂压力纵向上的相对大小关系分析认为，可压性较好的层段有 3162~3169m、3170~3172m、3179~3185m、3191~3193m。

从图 5.27 可以看出，上甜点最小水平主应力 55.1~65.7MPa，最大水平主应力 75~82MPa，破裂压力 71~85MPa，水平方向应力差 19.5~20.5MPa。根据脆性指数、最小水平主应力和破裂压力纵向上的相对大小关系分析认为，可压性较好的层段有 3117~3120m、3121~3126m、3138~3141m、3147~3151m、3157~3160m。

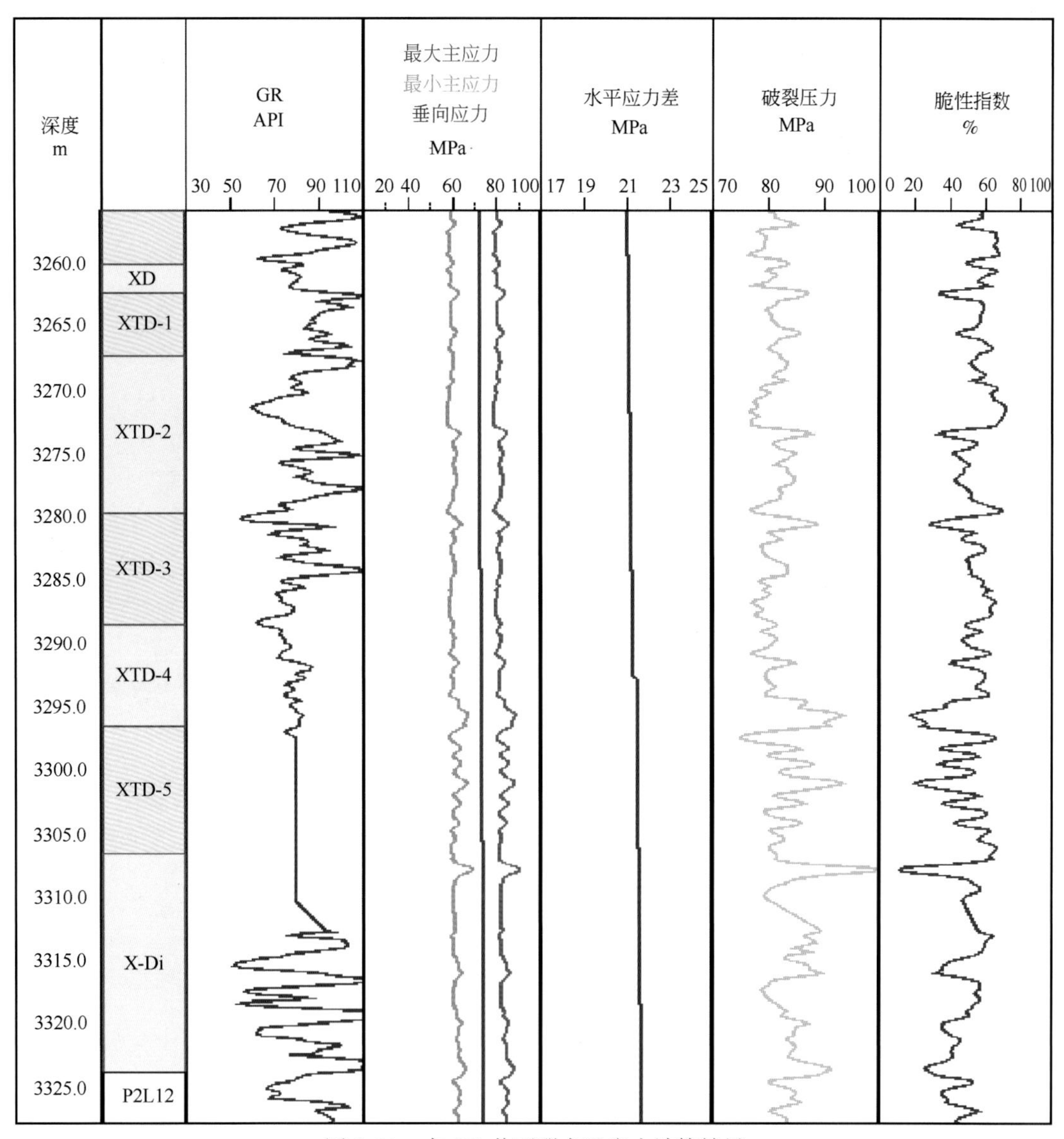

图 5.28　吉 174 井下甜点地应力计算结果

从图 5.28 可以看出，下甜点最小水平主应力 55.1～65.7MPa，最大水平主应力 76～86MPa，破裂压力 72～91MPa，水平方向应力差 20.9～21.2MPa。根据脆性指数、最小水平主应力和破裂压力纵向上的相对大小关系分析认为，可压性较好的层段有 3260～3262m、3263～3265m、3267～3273m、3285～3288m。

吉 172_H 井计算结果如图 5.29 所示，根据脆性指数、最小水平主应力和破裂压力纵向上的相对大小关系分析认为，芦草沟组水平段可压性较好的井段有 3165～3250m、3550～3665m、3750～3850m、3900～4200m。

对吉 176、吉 174、吉 172H 三口井可压性较好的井段主要特征参数进行统计，见表 5.9。

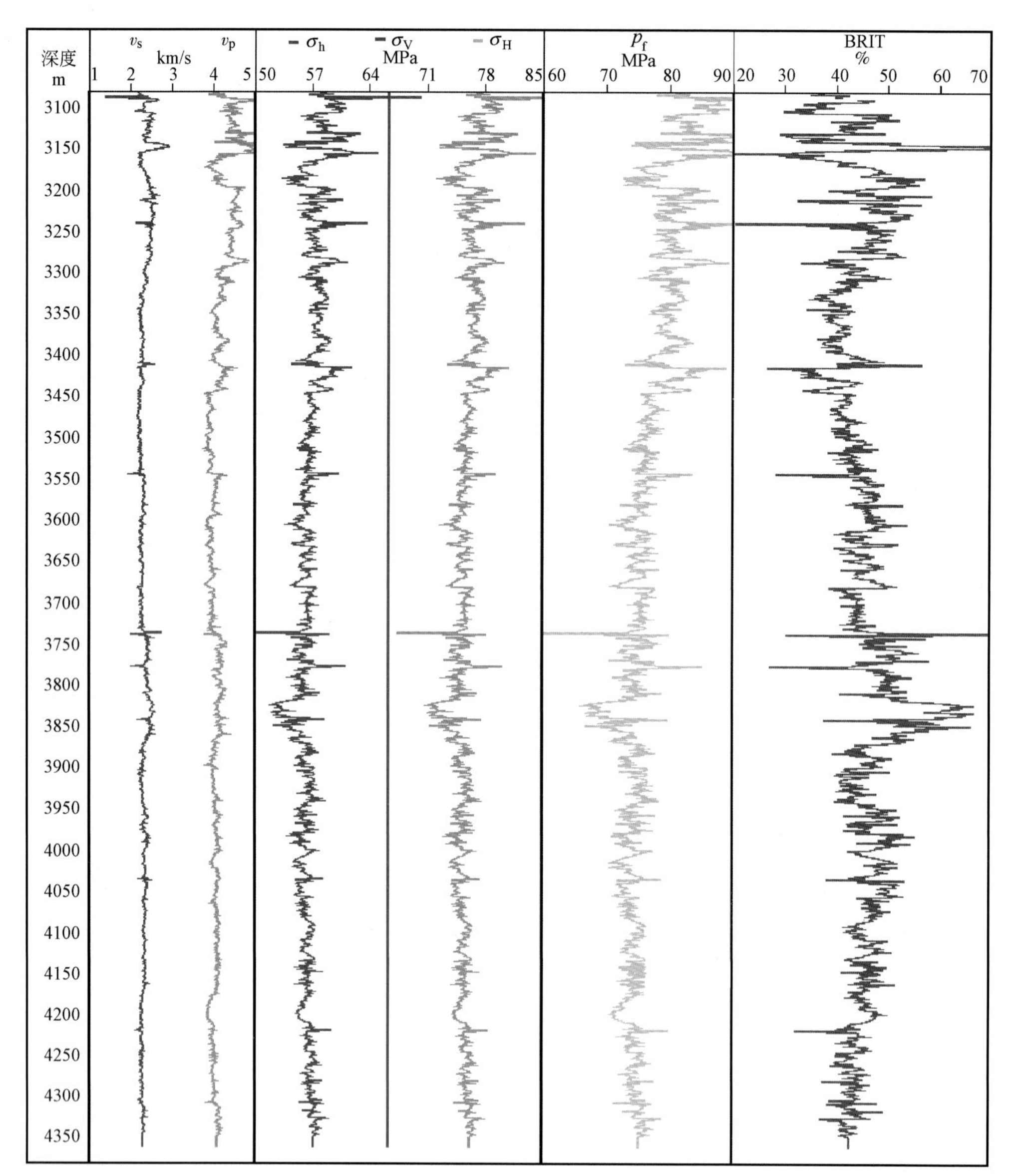

图 5.29　吉 172H 井芦草沟组地应力剖面

表 5.9　可压性好的井段主要特征参数

井号	层位	可压性好的井段 m	平均最小水平主应力，MPa	平均杨氏模量 GPa	平均泊松比	平均脆性指数 %
吉 176	上甜点	3016~3022	57.5	18.0	0.248	48.4
		3047~3053	57.1	23.4	0.230	59.0
	下甜点	3162~3169	59.4	22.0	0.234	56.3
		3170~3172	58.8	24.2	0.223	61.9
		3179~3185	58.5	25.2	0.215	64.9
		3191~3193	59.7	20.9	0.231	55.8

续表

井号	层位	可压性好的井段 m	平均最小水平主应力，MPa	平均杨氏模量 GPa	平均泊松比	平均脆性指数 %
吉 174	上甜点	3117～3120	55.7	24.8	0.206	66.2
		3121～3126	56.1	24.0	0.212	64.0
		3138～3141	56.0	27.6	0.202	70.7
		3147～3151	56.2	28.0	0.200	71.6
		3157～3160	58.2	20.9	0.231	55.7
	下甜点	3260～3262	59.6	22.1	0.226	58.4
		3263～3265	59.9	22.2	0.231	57.6
		3267～3273	59.3	23.7	0.217	62.3
		3285～3288	59.3	22.7	0.213	61.5
吉 172H	P_2l	3165～3250	57.2	20.8	0.271	47.5
		3550～3665	56.2	17.4	0.255	46.1
		3750～3850	55.2	20.1	0.238	53.5
		3900～4200	56.3	18.3	0.257	46.7

5.1.6 七性关系特征

常规储层的测井评价目标是四性关系研究，即岩性、物性、含油性以及电性。但页岩油气具有两大显著的特点，一是近源成藏或源储一体，其赋存与邻近烃源岩密切相关；二是必须采用水平井钻井和体积压裂改造技术才能获得商业油气流。因此，相对于常规油气评价聚焦的四性关系，页岩油气评价内容的广度和深度则要大得多，承担的任务也有很大的不同，采用的技术思路与方法也大不相同。因此页岩油气测井评价具有自身的特点，具体表现在承担的任务、解决的核心问题、采用的评价思路三个方面。

页岩油气测井评价的任务除了发现页岩油层以及找页岩油气的“甜点”，预测有利的区块外，另外一个重要的任务是支持钻井、完井和压裂等工程技术的有效实施，分析地应力及其各向异性特征，提供相关设计以及现场实施参数，服务于水平井井眼轨迹设计、完井方案优选和大型压裂施工设计等。

解决页岩油气核心问题的技术挑战难度大，要求高、涉及面广，页岩油评价的核心问题主要有三个方面：一是烃源岩评价，突出烃源岩生烃与排烃能力的计算；二是储层评价；三是工程品质研究，重点确定地应力方位以及其各向异性评价、优选有利压裂层段。通过这三个方面的定量计算以及配置关系研究，评价出页岩油气的纵向、横向分布、预测出“甜点发育区”、支撑页岩油气有效的勘探开发。

为了解决上述问题，就必须“精耕细作”，页岩油气评价应采用“非常规油气、非常规思路”，具体的体现就是“七性关系研究”。

“七性关系”研究即岩性、物性、电性、烃源岩特性、脆性、含油性和地应力各向异性研究，其中岩性、物性、电性和含油性虽然名词上与常规储层“四性关系”相同，但其具体内涵和常规油气评价的“四性关系”有很大的不同，如岩性更加复杂、孔隙类型多样、油气赋存状态差异大等。

通过前述研究，分别得到了岩性、物性、电性、含油性、烃源岩特性、脆性和地应力各向异性的测井评价模型，综合起来即可得到研究区的“七性关系”成果（图 5.30）。

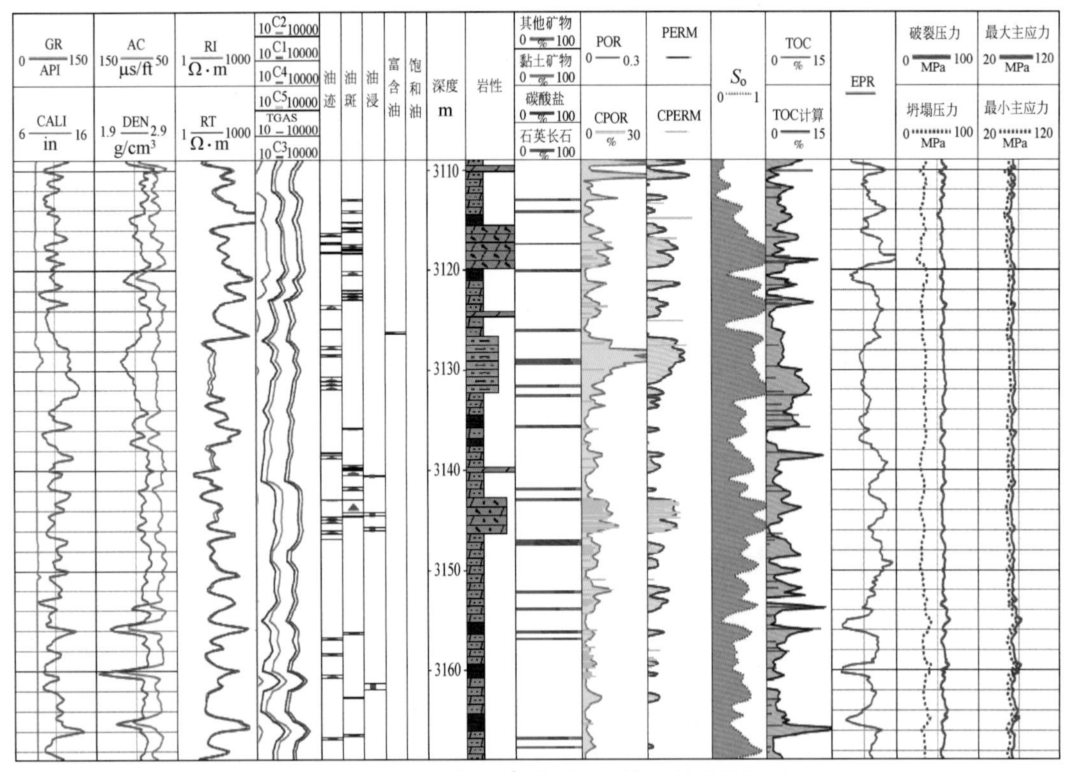

图 5.30　吉 174 井 $P_2l_2^2$ 储层“七性”关系分析图

整个研究区“七性关系”较为清晰，岩电关系清楚。

（1）岩性决定物性、烃源岩特性以及脆性、岩石力学性质。

岩性是页岩油测井评价研究的基础，其他特性都直接与岩性相关。一般情况下，岩性控制物性，云质粉细砂岩、砂屑云岩、岩屑长石粉细砂岩物性较好。准噶尔盆地页岩油储层不是泥页岩，其岩性可分为两大类，即细粒级的碎屑岩和碳酸盐岩，由于都是细粒级沉积的产物，孔喉半径一般较小。在这种条件下形成了大储集空间、低渗透率的储层。准噶尔盆地吉木萨尔凹陷二叠系芦草沟组都是以这种储层为主，这种岩性储层构成大型页岩油矿藏的主体。

岩性决定烃源岩的特性。不同沉积环境形成的烃源岩决定其特性。对湖相云质岩地层而言，一般深湖、半深湖沉积的泥页岩往往是好的烃源岩。沼泽环境沉积的碳质泥岩也是好的烃源岩。一些泥灰岩也有形成优质烃源岩的条件。储层与烃源岩的匹配关系好，除储层本身具有一定的生油能力外，储层被生油能力较强的烃源岩包裹，源储一体。

岩性决定岩石的脆性和岩石力学特性，储层与脆性匹配关系好，除长石岩屑粉细砂岩外，储层的脆性好于围岩（图 5.31）。黏土含量低、较为纯净的碎屑岩和碳酸盐岩脆性相对较好，黏土含量高的储层往往脆性较差。岩石的结构也对脆性具有一定的控制作用，胶结物的成分、含量对脆性的控制作用尤其明显。在埋深相同的条件下，黏土含量低储层泊松比低、地应力相对较小、闭合应力低、破裂压力小。反之，黏土含量高，泊松比大，地应力数值较大、闭合压力高、破裂压力大，这是一般泥岩的闭合应力和破裂压力高于储层的基本成因。

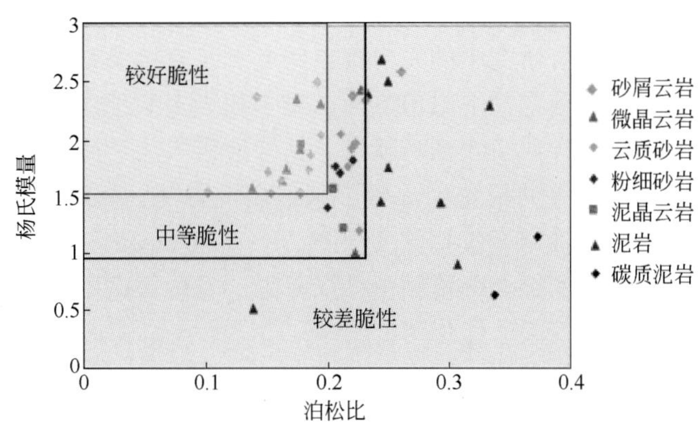

图 5.31　吉 174 井岩性与脆性关系交会图

（2）物性决定含油性。

尽管页岩油与常规油藏的成藏机理有较大的差别，具有非浮力成藏的特点。但是，在烃源岩排烃压力一定的情况下，孔喉半径较大、物性较好的储层，含油饱和度相对较高（图 5.32）。

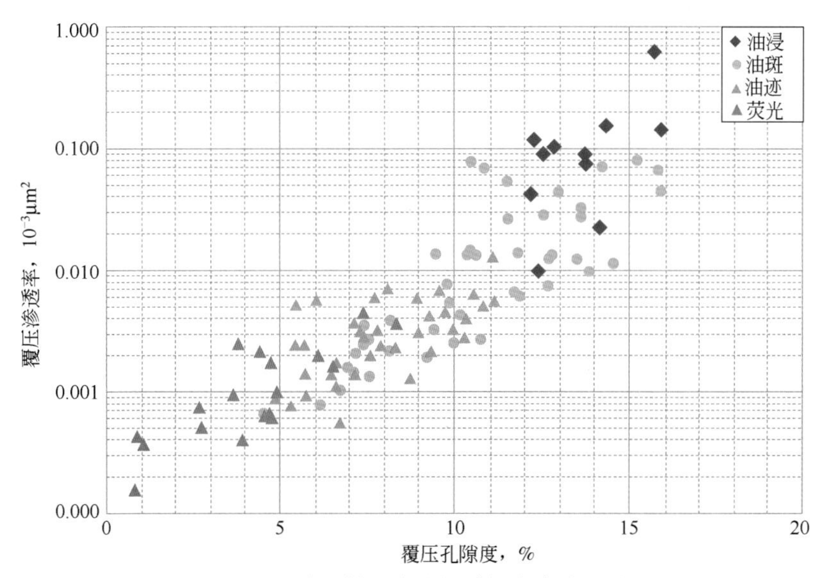

图 5.32　岩心描述含油级别与孔渗关系图

（3）物性控制脆性。

对一般的碎屑岩，特别是泥质胶结的细粒级的粉细砂岩，孔隙度越大、脆性越差。但是对于以溶蚀孔隙为主的碳酸盐岩或钙质、硅质胶结的粉细砂岩，岩石的脆性一般不受物性的控制，并且会出现孔隙度越大、脆性越好的情况。

5.2 页岩油层划分标准

吉木萨尔凹陷芦草沟组为典型的页岩储层，储层整体致密背景下的高孔区即为“甜点”区，这就需要为储层进行物性下限分析。储层物性下限的确定是影响储量计算结果的一个主要因素，是储层评价研究中的一个难点问题，是直接关系到勘探、开发决策的重要问题。前人在求取有效储层物性下限值方面已做了相当多的工作，如杨通佑和裘亦楠等深入研究了测试法、经验统计法、含油产状法、钻井液侵入法、泥质含量法、最小有效孔喉法、孔隙度渗透率交会法等油层物性参数下限的研究方法，Murry、蔡正旗、曾伟等利用岩样的水银毛管压力曲线确定有效孔隙度下限，R. W. Mannon 等利用岩样的油水相对渗透率曲线和毛细管压力曲线的综合分析划分储层下限，万玲等运用分布函数法求取鄂尔多斯盆地中部气田的有效储层下限。

与常规储层相比，吉木萨尔凹陷芦草沟组页岩储层物性低，孔隙度与渗透率相关性差，孔隙结构复杂，常规物性下限方法对页岩储层并不完全适用。近年来，国内外学者多从孔喉的角度对页岩储层求取下限，认为孔喉结构是决定页岩储层物性下限的关键因素。本书选取可以很好地表征研究区页岩储层孔喉下限的孔隙分形维数和喉道分形综合指数两个参数入手，对芦草沟组页岩储层下限进行求取。

通过对孔隙分形维数 D 和喉道分形综合指数 ITF 进行交会可以发现，两个参数对于岩心含油级别具有明显的分界作用（图 5.33）。当 $D<2.9$ 即岩石孔隙具备分形特征时，岩石有油气显示，而当 $D>2.9$ 时，岩心含油级别多为荧光，因此判定有利储层分形下限 $D_{min}=2.9$，即为广义上的“甜点”。当 $D<2.7$ 时，岩石明显含油，开始出现含油级别为油浸的样品，说明此界限可以作为是否可以形成油气高产曲的分界，因此判定优质“甜点”分形下限 $D_{sp}=2.7$。

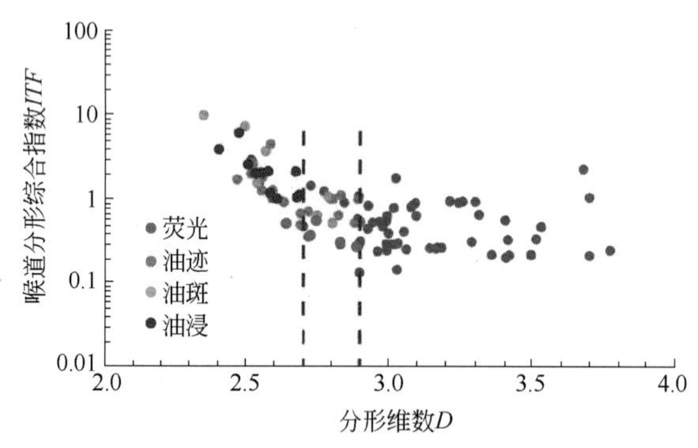

图 5.33 分形维数与喉道分形综合指数交会图

排驱压力 p_d 是指非润湿相（汞）开始进入岩样所需要的最低压力，它是汞开始进入岩样最大连通孔喉而形成连续流所需的启动压力。在排驱压力下汞能进入的孔隙喉道半径就是岩样中最大连通孔隙喉道半径 R_d。因此，最大连通孔喉半径下限可以表示储层的孔喉下限。根据前文对不同岩类分形维数和最大连通孔喉半径相关性分析公式：

陆源碎屑岩类 $R_d=3208.1D^{-9.503}, R^2=0.7505$ (5.53)

碳酸盐岩类 $R_d=124.73D^{-6.611}, R^2=0.6872$ (5.54)

将 $D_{min}=2.9$ 带入式(5.53)和式(5.54)，得出陆源碎屑岩类储层最大连通孔喉半径下限为 0.129μm，碳酸盐岩类储层最大连通孔喉半径下限为 0.109μm，即为两类岩类的孔喉下限。

根据前文对不同岩类分形维数与孔隙度的相关性分析公式：

陆源碎屑岩类 $\phi=1280.6D^{-4.678}, R^2=0.7814$ (5.55)

碳酸盐岩类 $\phi=3167.8D^{-5.852}, R^2=0.6881$ (5.56)

将 $D_{min}=2.9$ 带入式(5.55)和式(5.56)，得出陆源碎屑岩类储层孔隙度下限为 8.8%，碳酸盐岩类储层孔隙度下限为 6.2%，即为两类岩类的物性下限。将优质"甜点"分形维数下限 $D_{sp}=2.7$ 带入上式，得出陆源碎屑岩类储层孔隙度下限为 12.3%，碳酸盐岩类储层孔隙度下限为 9.5%，即为两类岩类的优质"甜点"物性下限。

5.3 页岩油产能单因素分析

吉木萨尔凹陷芦草沟组页岩油试油显示东部斜坡井区试油多为干层、差油层，中心凹陷区主要是油层（表 5.10）。

表 5.10 吉木萨尔页岩油试油情况统计表

井区	井号	射孔井段/层位，m	试油日产，t	试油结论
东部斜坡井区	吉 015	2193.0~2218.0	未出油	干层
	吉 221	2262.5~2278.0	未出油	干层
	吉 15	2349.0~2353.0	未出油	干层
	吉 23	2309.0~2385.0	0.24	差油层
	吉 31	2875.0~2945.0	0.71	差油层
中心凹陷区	吉 25	3403.0~3425.0	18.25	油层
	吉 36	4209.0~4255.0	13.88	油层
	吉 30	4018.0~4184.0	10.54	油层

东部斜坡区和中心凹陷区产能差异明显（表 5.10），通过油层埋藏中深和试油日产油量关系图可以看出，油层埋深和产能呈正相关关系，随着地层埋藏深度的增加，产能有增大的趋势（图 5.34）。当埋深小于 3000m 时，经过地温测算可得地层温度小于 85℃，镜质组反射率 R_o<0.5%，此时烃源岩未进入大量生排烃阶段，多为低熟油，油品质量差，储层多为干层或者差油层；当埋深超过 3000m 后，烃源岩逐渐进入生烃门限，开始大量生油，凹陷中心

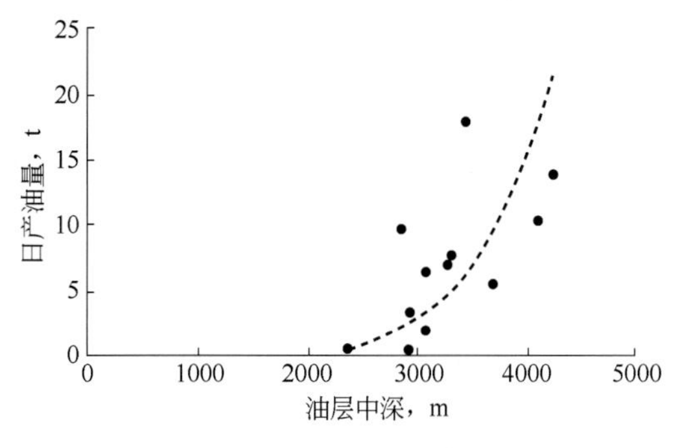

图 5.34 页岩油层中深与日产油量关系图

埋藏深度大，烃源岩大量生排烃后进入储层，储层多为油层，油品质量好。

为了确保页岩油层生产能力评价的准确度和有效性，取吉 37 井进行产能评价同时，选择吉 173 井、吉 28 井、吉 174 井、吉 33 井、吉 36 井、吉 30 井等 7 口井 7 个试油层段进行分析。选取表征生产能力的试油日产油量为母因素，表征储层富集能力的油层厚度、油层层数、层厚比，表征物性的孔隙度、渗透率，表征流体性质的 50℃原油黏度、原油密度、原油凝固点以及表征储层改造情况的压裂级数作为子因素，通过母因素与子因素相关关系进行单因素分析。

5.3.1 富集参数单因素分析

油层富集参数主要包括油层厚度 *D*、油层层数 *N* 以及油层厚度/层数比 *Th*（简称层厚比）。页岩油层由于岩性复杂、非均质性强，因此射孔层段并不能代表油层，射孔段厚度并不能代表油层厚度。为了更准确地分析页岩油富集参数与产能的相关关系，分别选取射孔段（射孔段厚度、射孔层数、射孔段层厚比）、测井解释油层段（测井解释油层厚度、测井解释有效层数、测井解释层厚比）、核磁测井有效层段（核磁测井有效厚度、核磁测井有效层数、核磁测井层厚比）三种情况进行相关分析。

5.3.1.1 射孔段厚度、射孔层数、射孔段层厚比

通过射孔段厚度、射孔层数、射孔段层厚比与试油日产油量分析可以看出，射孔段厚度 *D*、射孔层数 *N* 与日产油量正相关，虽然符合地质规律但相关程度较低，射孔段层厚比 *Th* 与日产油量负相关，不符合地质规律（图 5.35）。其中吉 30 井射孔井段 4018.0～4184.0m，射开厚度 54.5m，试油日产油量 10.54t；吉 37 井射孔井段 2830～2849.0m，射开厚度 16m，试油日产油量 9.7t。两口井试油厚度差距大，但产油情况大致相同，说明吉 30 井尽管射孔段厚度大，但并非所有射开层段均为有效储层，利用射孔段富集参数进行产能评价准确度较低。

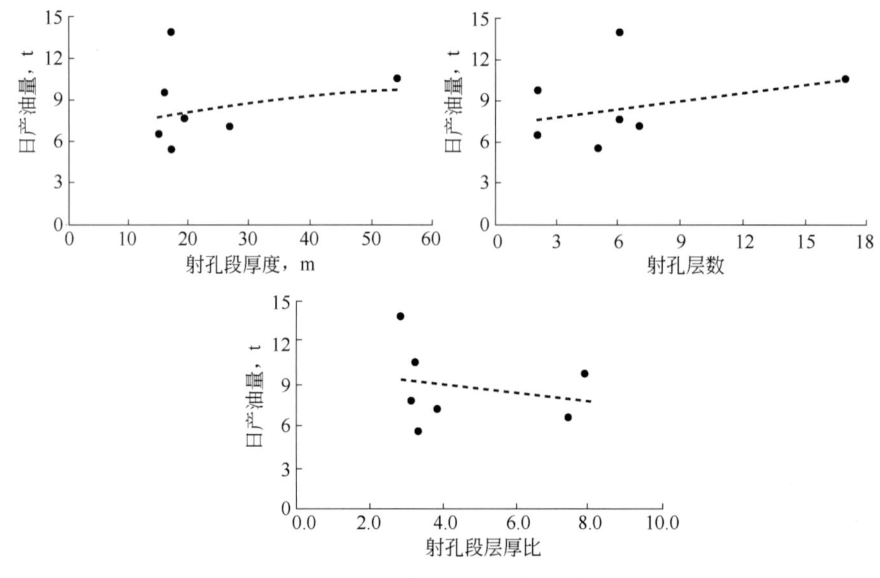

图 5.35　页岩油层射孔段富集参数单因素分析

5.3.1.2 测井解释油层厚度、测井解释有效层数、测井解释层厚比

统计射孔井段测井解释资料，通过解释油层厚度、测井解释有效层数、测井解释层厚比与试油日产油量分析可以看出：测井解释油层厚度 D 与日产油量正相关，相关程度较高，相关系数 $R^2=0.6596$，说明测井解释结果具有较高的可信性；测井解释有效层数 N、测井解释层厚比 Th 与日产油量正相关，相关程度较低（图 5.36）。

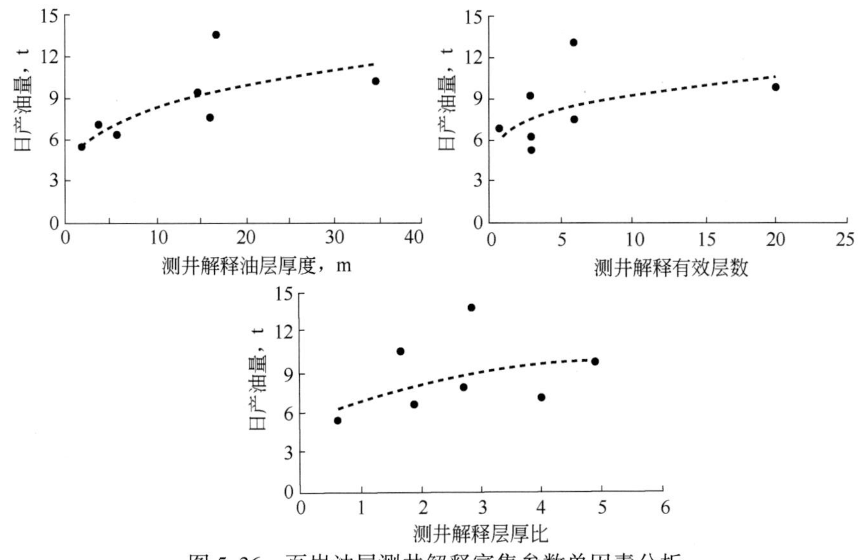

图 5.36 页岩油层测井解释富集参数单因素分析

5.3.1.3 核磁共振测井有效厚度、核磁共振测井有效层数、核磁共振测井层厚比

选取孔隙度 6%作为有效储层物性下限，对射孔井段储层有效性进行厘定，统计核磁共振测井有效孔隙度大于 6%的储层段厚度、层数，计算层厚比。通过核磁共振测井有效厚度、核磁共振测井有效层数、核磁共振测井层厚比与试油日产油量分析可以看出（图 5.37），核磁共振测井有效厚度 D 与日产油量具有较高的相关性，相关系数 $R^2=0.7383$，核磁共振测井有效层数 N、核磁共振测井层厚比 Th 与日产油量的相关性相比于射孔段、测井解释段均有提高，表明将孔隙度 6%作为有效储层物性下限具有良好的效果，可以作为有效储层和无效储层划分的依据。

5.3.2 物性参数单因素分析

吉木萨尔凹陷芦草沟组页岩油实测物性数据主要集中在吉 174 井、吉 251 井、吉 36 井等取心井段，试油段实测物性相对较少，实测有效孔隙度、实测渗透率与试油日产油量呈负相关，违背地质规律，不能用于储层产能评价中。页岩油层相对于常规储层来说岩性细、非均质性强、物性低、束缚水饱和度高，常规测井并不能对储层的物性、含油性进行很好的识别和预测。核磁共振测井相对于常规测井在页岩油物性预测上具有良好的效果，因此在进行相关分析时采用核磁共振有效孔隙度和核磁共振渗透率作为物性参数子因素。通过相关分析可以看出，核磁共振有效孔隙度、核磁共振渗透率与试油日产油量呈正相关关系，相关系数中等，符合地质规律（图 5.38）。

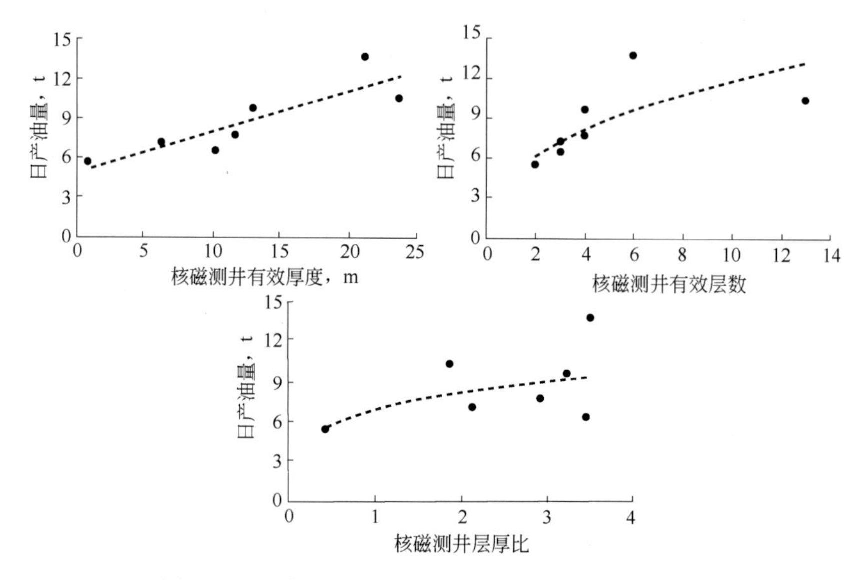

图 5.37　页岩油层核磁共振测井富集参数单因素分析

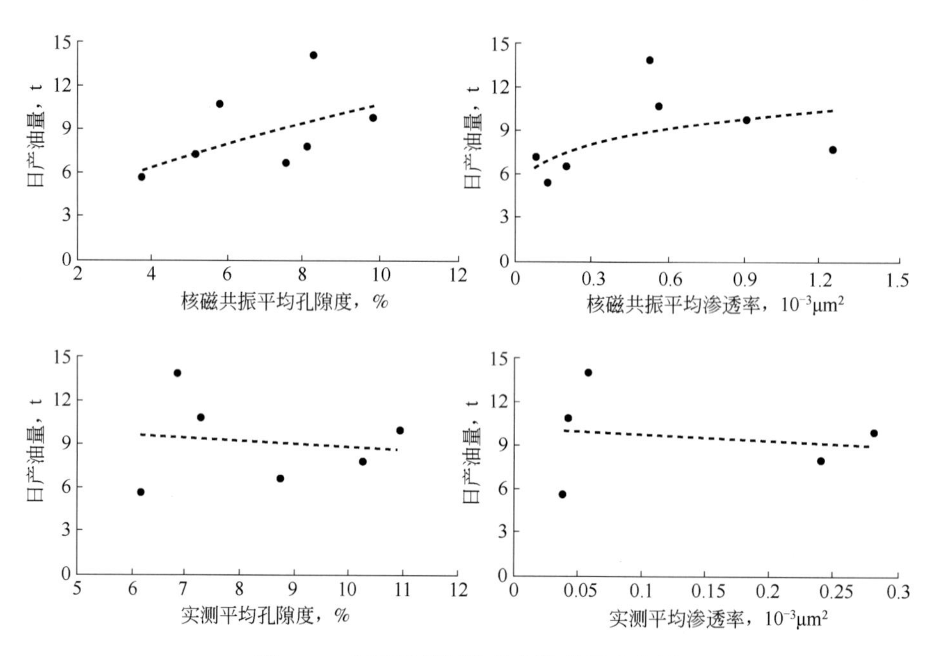

图 5.38　页岩油储层物性参数单因素分析

5.3.3　流体性质单因素分析

与国内外典型页岩油流体特征相比，芦草沟组页岩油原油密度、黏度、凝点“三高”特点突出（表 5.11）。芦草沟组页岩油具有高黏度、低流度特征，黏度—温度敏感性远高于北美典型页岩油，储层条件下，芦草沟组页岩油流度接近页岩气，同等物性条件下不足

Bakken页岩油流度的十分之一，流动性差，给有效提高动用程度和单井产量带来极大挑战。实验表明芦草沟组页岩油黏度随温度快速变化，温度越低、黏度增大越剧烈；生产实践及数值模拟表明原油黏度直接影响单井日产及累产，黏度越大，油井日产及累产越低。纵向上芦二段原油好于芦一段，且有随埋深增加、原油品质变差的趋势；平面上原油性质从西向东有变黏稠趋势，自吉17井向西为稀油区，向东为稠油区。

表5.11 国内外典型页岩油原油流体性质数据

项目	中国					北美	
	鄂尔多斯 长6—长7	松辽 青山口组	松辽 扶杨组	川中 侏罗系	准噶尔 二叠系	Bakken	Eagle Ford
原油密度 g/cm^3	0.7～0.76	0.78～0.87	0.72～0.78	0.76～0.87	0.87～0.92	0.81～0.83	0.82～0.87
原油黏度 mPa·s	0.97	0.8～1.3	1.4～1.9	3.2～9.8	39.2～500	0.15～0.45	

根据50℃原油黏度、原油密度、原油凝点与试油日产油量相关关系分析，原油密度与日产油量具有较高的负相关关系，相关系数$R^2=0.8769$，符合地质规律；原油密度与日产油量呈负相关关系，相关性中等，符合地质规律；原油凝点与日产油量呈正相关关系，不符合地质规律（图5.39）。

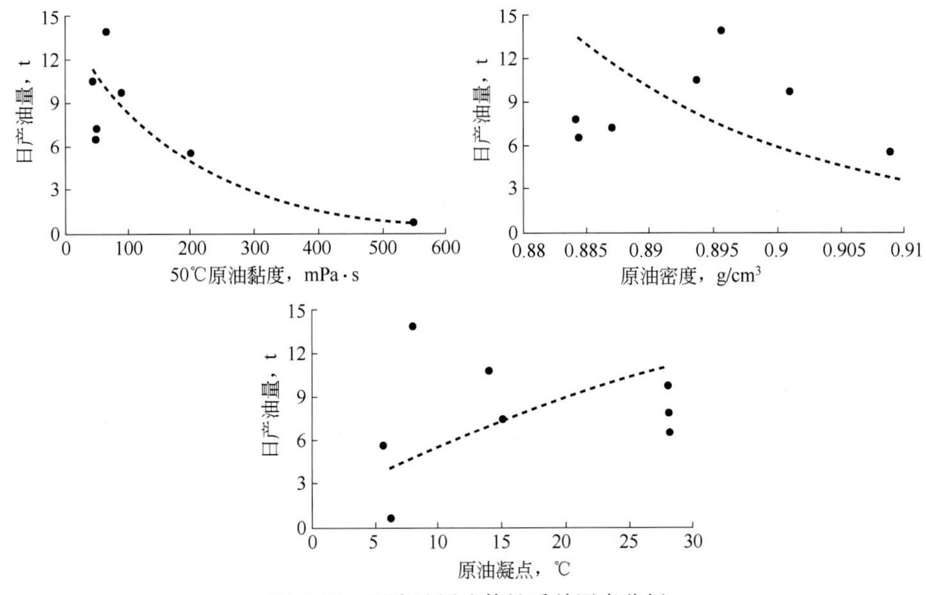

图5.39 页岩油层流体性质单因素分析

5.3.4 工程因素单因素分析

页岩油作为非常规油气资源的基本类型之一，需要采取压裂改造措施才能出油。目前正开发的芦草沟组上甜点储层受岩性控制，含油性、物性、脆性差异较大。砂屑云岩、云屑砂岩脆性好，岩石抗拉强度低，但因泥质含量低，含油率较低，以Ⅱ、Ⅲ类储层为主。泥质粉砂岩储层因泥质含量较高，含油率相对较高，以Ⅰ、Ⅱ类储层为主，是上甜点主力层位，但脆性较差、抗拉强度高。即便是 $P_2l_2^2$ 主力甜点泥质粉砂岩层段内，因岩性变化，如泥质粉砂岩过渡至粉砂质泥岩，或粉砂质泥岩过渡至泥岩，也造成储层物性及质量发生变化。研究发现，压裂级数—产能关系分析显示压裂级数与产能具有一定的正相关性，随着压裂级数增加具有产能增大的趋势，优化压裂设计、提高有效压裂级数是提高页岩油产能的重要研究方向（图5.40）。

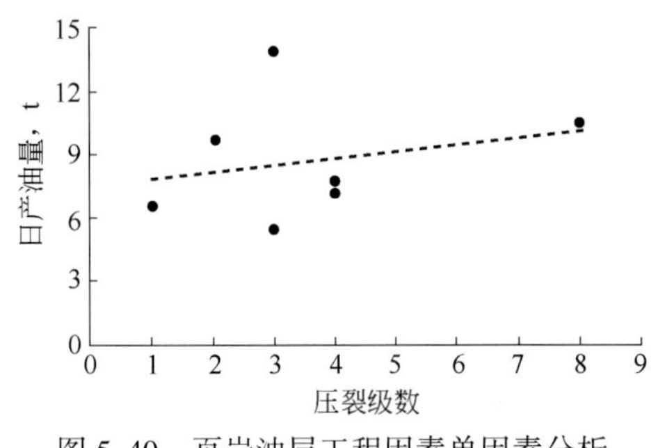

图5.40　页岩油层工程因素单因素分析

5.4　页岩油层产能综合评价

页岩油层地质特征复杂，储层物性差，非均质性强，导致其勘探开发难度大、风险高，页岩油生产效果受地质、工程等多因素综合影响，储层油气资源评价难度大。近年来，随着油气勘探技术的提高以及计算机技术的发展，储层油气资源评价已经从常规定性分析向半定量、定量分析转化。在油气产能评价过程中，地质因素和工程因素等共同影响了储层的生产效果，因此采用单一因素来评价产能，可能会出现相互矛盾的结果。页岩油层产能受到油层厚度、储层物性、流体性质、压裂措施等的综合影响，在利用这些参数进行产能综合评价时，需要明确各个因素在评价参数中的重要性，这就涉及评价指标的建立和指标权重的确定问题。当然，研究区页岩油产能综合评价是基于水平井开发、分级压裂方法方案基础上的，是以水平井方法方式为前提进行综合评判的；灰色关联分析不需要大量数据，对数据要求不高，也不要求数据有典型的分布规律，同时具有计算方法简便、运算量小的优点，用于储层油气资源评价具有较高的可行性。因此，采取灰色关联分析方法对影响页岩油产能的各评价参数的权重系数进行计算，利用“主因素”评价方法对页岩油生产效果进行综合定量评价。

5.4.1　评价指标优选

在全面分析影响被评价事物特性的因素的基础上，结合理论分析与专家经验形成因素集，进而建立评价指标。油气储层的生产能力是各种因素综合作用的反映，影响产能的因素主要有两大类：一类是储层自身条件，主要包括储层的厚度、岩性、物性、含油气性以及流体性质；另一类是外部环境条件，主要包括生产方式以及酸化、压裂等改造措施。

在吉木萨尔凹陷页岩油层产能评价研究中，选取已获取工业油流、分析测试资料齐全的吉37井、吉174井等7口关键井7个试油小层进行分析，初步选定产能参数（试油日产油量）、富集参数（射孔段厚度、核磁共振测井有效厚度、核磁共振测井有效厚度/层数比）、物性参数（实测孔隙度、实测渗透率、核磁共振有效孔隙度、核磁共振渗透率）、流体性质（50℃原油黏度、原油密度）、工程因素（压裂级数）作为综合评价的指标，以日产油量为母因素、其他参数为子因素进行相关分析（表5.12）。其中，射孔段厚度与试油日产油量呈正相关关系，虽然符合地质规律但其相关性远小于核磁共振测井有效厚度与日产油量的相关性，表明射孔段中存在无效储层，对产能的贡献不大；实测孔隙度、实测渗透率由于分析数据较少，导致其与日产油量呈现负相关，不符合地质规律，因此不纳入灰色关联分析。

表5.12 吉木萨尔凹陷页岩油关键井产能影响因素相关关系分析表

子因素		函数关系	相关系数	与地质规律匹配关系
富集参数	核磁共振测井有效厚度	$y=0.3107x+4.8858$	$R^2=0.7387$	符合地质规律
	核磁共振测井层厚比	$y=6.9432x^{0.2474}$	$R^2=0.3288$	符合地质规律
	射孔段厚度	$y=4.9878x^{0.1692}$	$R^2=0.0608$	符合地质规律
物性参数	核磁共振有效孔隙度	$y=2.9526x^{0.5518}$	$R^2=0.3423$	符合地质规律
	核磁共振渗透率	$y=10.066x^{0.1796}$	$R^2=0.3526$	符合地质规律
	实测孔隙度	$y=-0.2096x+10.736$	$R^2=0.0178$	不符合地质规律
	实测渗透率	$y=-3.5102x+9.9414$	$R^2=0.0174$	不符合地质规律
流体性质	50℃原油黏度	$y=14.411e^{-0.005x}$	$R^2=0.8769$	符合地质规律
	原油密度	$y=8E+20e^{-51.44x}$	$R^2=0.5403$	符合地质规律
工程因素	压裂级数	$y=0.3331x+7.5462$	$R^2=0.0671$	符合地质规律

为了能从数据信息分析被评判事物与其影响因素之间的关系，需要用某个能够定量地反映被评判事物性质的数量指标，这种按照一定的顺序排列的数量指标称作关联分析的母序列，则有母序列：

$$\{X_t^{(0)}(0)\},t=1,2,\cdots,n \tag{5.57}$$

子序列是从一定程度上影响或决定被评判事物性质的各子因素数据的有序排列，则有子序列：

$$\{X_t^{(0)}(i)\},i=1,2,\cdots,m;t=1,2,\cdots,n \tag{5.58}$$

根据母序列、子序列，可以构成如下的原始数据矩阵：

$$X^{(0)}=\begin{bmatrix} X_1^{(0)}(0) & X_1^{(0)}(1) & \cdots & X_1^{(0)}(m) \\ X_2^{(0)}(0) & X_2^{(0)}(1) & \cdots & X_2^{(0)}(m) \\ \vdots & \vdots & & \vdots \\ X_n^{(0)}(0) & X_n^{(0)}(1) & \cdots & X_n^{(0)}(m) \end{bmatrix} \tag{5.59}$$

在页岩油层油气产能评价中，日产油量无疑是表征油气井生产能力的最佳参数，因此将日产油量看作母因素，将核磁共振测井有效厚度、核磁共振测井层厚比、核磁共振有效孔隙度、核磁共振渗透率、50℃原油黏度、原油密度、压裂级数看作是子因素（表5.13）。

表 5.13　吉木萨尔凹陷页岩油关键井产能评价参数数据

井号	层位	日产油量 t	核磁共振测井有效厚度 m	核磁共振测井层厚比 m	核磁共振有效孔隙度 %	核磁共振渗透率 $10^{-3}\mu m^2$	50℃原油黏度 mPa · s	原油密度 g/cm^3	压裂级数
吉 37	$P_2l_2^2$	9.7	12.95	3.24	9.84	0.9108	94.05	0.9012	2
吉 173	$P_2l_2^2$	6.56	10.3	3.43	7.51	0.2033	49.91	0.8844	1
吉 28	P_2l	7.2	6.3	2.10	5.15	0.0804	52.61	0.8871	4
吉 174	$P_2l_1^2$	7.76	11.6	2.91	8.07	1.2552	510.35	0.8844	4
吉 33	$P_2l_1^2$	5.51	0.90	0.45	3.74	0.1258	197.97	0.9092	3
吉 36	$P_2l_1^2$	13.88	20.96	3.49	8.23	0.5473	67	0.8959	3
吉 30	P_2l	10.54	23.70	1.82	5.78	0.5708	44.36	0.8939	8

5.4.2　评价指标标准化

为了消除各参数的物理意义以及参数量纲间的差异，首先要对原始数据进行标准化处理。数据变化处理的方法有初值化处理、归一化处理、均值化处理、极大值标准化等处理方法。本次分析采用极大值标准化的数据处理方法，使得每项评价指标成为无量纲、标准化的数据。根据各参数意义的不同，极大值标准化数据处理方法主要分为 2 种情况：（1）评价指标与母因素呈正相关关系，即评价指标数据值越大，反映储层产能越高的指标，如核磁共振测井有效厚度、核磁共振测井层厚比、核磁共振有效孔隙度、核磁共振渗透率、压裂级数，用单个参数数据除以本评价指标的最大值；（2）评价指标与母因素呈负相关关系，即评价指标数据值越大，反映储层产能越低的指标，如 50℃原油黏度、原油密度，先用本参数的极大值减去单项参数数据，再用其差值除以极大值。通过统计吉木萨尔凹陷页岩油关键井各项评价指标数据，利用极大值标准化方法获得标准化数据（表 5.14）。

表 5.14　吉木萨尔凹陷页岩油关键井产能评价参数标准化数据

井号	层位	日产油量 t	核磁共振测井有效厚度 m	核磁共振测井层厚比 m	核磁共振有效孔隙度 %	核磁共振渗透率 $10^{-3}\mu m^2$	50℃原油黏度 mPa · s	原油密度 g/cm^3	压裂级数
吉 37	$P_2l_2^2$	0.699	0.547	0.928	1.000	0.726	0.903	0.982	0.250
吉 173	$P_2l_2^2$	0.473	0.435	0.984	0.763	0.162	0.989	1.000	0.125
吉 28	P_2l	0.519	0.266	0.602	0.523	0.064	0.984	0.997	0.500
吉 174	$P_2l_1^2$	0.559	0.491	0.833	0.820	1.000	0.087	1.000	0.500
吉 33	$P_2l_1^2$	0.397	0.038	0.129	0.380	0.100	0.699	0.973	0.375
吉 36	$P_2l_1^2$	1.000	0.884	1.001	0.836	0.436	0.956	0.987	0.375
吉 30	P_2l	0.759	1.000	0.522	0.587	0.455	1.000	0.990	1.000

5.4.3　评价指标权重计算

衡量各评价指标在决定储层产能高低时的重要程度，就是计算各指标相对于储层产能的权重值。标准化后的评价参数数据可以利用下式计算出各子因素与主因素（日产油量）之间的灰关联系数，进而确定各个子因素评价指标与诸因素指标的灰关联度，将灰关联度进行归一化处理，处理后的数据结果即为各评价指标相对于储层产能评价时的权重系数。

5.4.3.1　灰关联系数的计算

同一观测时刻各子因素与母因素之间的绝对差值为

$$\Delta_t(i,0)=\left|X_t^{(1)}(i)-X_t^{(1)}(0)\right| \tag{5.60}$$

同一观测时刻各子因素与母因素之间的绝对差值最大值为

$$\Delta_{\max}=\max_i \max_t \left|X_t^{(1)}(i)-X_t^{(1)}(0)\right| \tag{5.61}$$

同一观测时刻各子因素与母因素之间的绝对差值的最小值为

$$\Delta_{\min}=\min_i \min_t \left|X_t^{(1)}(i)-X_t^{(1)}(0)\right| \tag{5.62}$$

母序列与子序列的关联系数为

$$L_t(i,0)=\frac{\Delta_{\min}+\xi\Delta_{\max}}{\Delta_t(i,0)+\xi\Delta_{\max}} \tag{5.63}$$

式中，$L_t(i,0)$ 为关联系数；ξ 为分辨系数，通常 $\xi\in[0.1,1]$，本次分析取0.5，其作用是为了削弱由于最大绝对差数值太大而造成数据失真的影响，进而提高灰关联系数之间的差异显著性。经计算，吉木萨尔凹陷页岩油关键井储层产能评价参数关联系数数据见表5.15。

表5.15　吉木萨尔凹陷页岩油关键井产能评价参数关联系数数据

井号	层位	日产油量 t	核磁共振测井有效厚度 m	核磁共振测井层厚比 m	核磁共振有效孔隙度 %	核磁共振渗透率 $10^{-3}\mu m^2$	50℃原油黏度 mPa·s	原油密度 g/cm^3	压裂级数
吉37	$P_2l_2^2$	1.000	0.675	0.579	0.511	0.924	0.607	0.527	0.412
吉173	$P_2l_2^2$	1.000	0.894	0.381	0.520	0.503	0.378	0.373	0.475
吉28	P_2l	1.000	0.554	0.793	0.989	0.409	0.403	0.396	0.946
吉174	$P_2l_1^2$	1.000	0.823	0.535	0.547	0.416	0.400	0.416	0.844
吉33	$P_2l_1^2$	1.000	0.467	0.540	0.952	0.515	0.510	0.353	0.937
吉36	$P_2l_1^2$	1.000	0.732	1.000	0.658	0.358	0.878	0.964	0.334
吉30	P_2l	1.000	0.567	0.571	0.647	0.508	0.567	0.578	0.567

5.4.3.2　灰关联度的计算

各子因素与母因素之间的关联度为

$$r_{i,0}=\frac{1}{n}\sum_{t=1}^{n}L_t(i,0) \tag{5.64}$$

式中，$r_{i,0}$ 为子序列 i 与母序列0的灰关联度；n 为序列的长度，即评价指标的个数。

关联度 r 的取值范围在0.1~1之间，子因素与母因素之间的关联度越接近1，则该子因素对主因素的影响越大。将标准化后的数据在计算机内进行处理，计算出各指标对日产油量的关联度 $r=(1.000,0.673,0.628,0.689,0.519,0.535,0.515,0.645)$。根据关联度排序，可以看出对储层产能的影响由大到小依次是核磁共振有效孔隙度、核磁共振测井有效厚度、压裂级数、核磁共振测井层厚比、50℃原油黏度、核磁共振渗透率、原油密度。

5.4.3.3 权重系数的计算

将获得的关联度进行归一化处理，得到的结果就是各项评价指标相对于储层产能评价时的权重系数，归一化表达式为

$$a_i = r_{i,0} / \sum_{i=1}^{m} r_{i,0} \tag{5.65}$$

式中，a_i 为归一化后的权重系数。根据计算得出7个指标的权重系数分别为 $a=$（0.160，0.149，0.164，0.123，0.127，0.123，0.153），根据权重系数可以得出各评价指标的相关关联序，即核磁共振有效孔隙度>核磁共振测井有效厚度>压裂级数>核磁共振测井层厚比>50℃原油黏度>核磁共振渗透率>原油密度。

根据权重系数所得相关关联序可以看出：（1）表征储层富集能力的孔隙度、储层有效厚度权重系数最大，表明页岩油层的产能主要受控于孔隙度及有效储层厚度，勘探开发的重点应该放在寻找高孔隙的有效储层发育段；（2）压裂级数的权重高于表征储层渗流能力的渗透率、原油黏度、原油密度，说明储层渗流能力并不是决定储层产能的关键因素，在页岩油层整体致密的背景下如何采取有效的改造措施是进一步提高储层产能的关键。

5.4.3.4 确定综合权衡评价分数和分类标准

对每个评价指标数据经过极大值标准化处理，即为单项评价指标，根据上述各参数的权重系数与所得的单项评价指标相乘，就可以得到单项指标的权衡分数，将每个试油小层的各个评价指标的单项权衡分数相加，即为每个试油小层产能的综合权衡评价分数，称为“储层产能综合评价 Q 因子”（表5.16）。根据各试油小层储层产能综合评价 Q 因子的差别情况，将吉木萨尔凹陷二叠系页岩油层产能情况分为3类。分类标准为：$0.7 \leqslant Q<1$ 为Ⅰ类储层；$0.4 \leqslant Q<0.7$ 为Ⅱ类储层；$Q<0.3$ 为Ⅲ类储层。Ⅰ类储层为研究区生产效果最好储层，这类储层有效厚度大，储层有效孔隙度高，原油性质好，结合有效压裂改造措施，日产油量可达10t以上；Ⅱ类储层生产效果中等储层，日产油量可达6~10t左右；Ⅲ类储层生产效果较差，日产油量一般低于6t，该类储层有效厚度小、物性低，储层有效性差。

表5.16 吉木萨尔凹陷页岩油关键井综合权衡评价分数

井号	层位	核磁共振测井有效厚度	核磁共振测井层厚比	核磁共振有效孔隙度	核磁共振渗透率	50℃原油黏度	原油密度	压裂级数	综合评价分数	储层分类
吉37	$P_2l_2^2$	0.087	0.138	0.164	0.089	0.115	0.121	0.038	0.753	Ⅰ
吉173	$P_2l_2^2$	0.070	0.147	0.125	0.020	0.126	0.123	0.019	0.629	Ⅱ
吉28	P_2l	0.043	0.090	0.086	0.008	0.125	0.123	0.077	0.550	Ⅱ
吉174	$P_2l_1^2$	0.078	0.124	0.135	0.123	0.011	0.123	0.077	0.671	Ⅱ
吉33	$P_2l_1^2$	0.006	0.019	0.062	0.012	0.089	0.120	0.057	0.366	Ⅲ
吉36	$P_2l_1^2$	0.141	0.149	0.137	0.054	0.121	0.121	0.057	0.782	Ⅰ
吉30	P_2l	0.160	0.078	0.096	0.056	0.127	0.122	0.153	0.792	Ⅰ

6　吉木萨尔页岩油优质储层评价及其控制因素

优质储层识别，特别是其中“甜点”的识别与优选是实现页岩油气高效勘探开发的核心，对其控制因素及分布规律的研究是页岩砂岩油气勘探开发研究的重点和难点。吉木萨尔凹陷二叠系芦草沟组以咸化半深湖-深湖相沉积为主，粒度细，单层薄。从其分布范围来看，具有纵向跨度大、平面分布广的特点，几乎遍布整个凹陷，其厚度最大约350m。

从钻探情况看，除了凹陷边缘的吉15、吉5、吉6井等老井钻穿芦草沟组外，其余2010年之前钻探的老井都未钻穿芦草沟组。2011年之后钻探的吉174、吉251、吉30、吉31、吉32、吉33井都钻穿了芦草沟组，其中吉174井在芦草沟组连续取心30筒，心长246.8m。通过对吉174井的系统分析，建立了吉木萨尔凹陷二叠系芦草沟组地层对比的“铁柱子”。根据吉174井芦草沟组岩性、电性和核磁共振测井特征将芦草沟组划分为两段四层组，即芦草沟组二段（P_2l_2）和芦草沟组一段（P_2l_1），芦草沟组二段和一段又各分为2个层组，共4个单元。由于吉174井芦草沟组录井、测井资料齐全，且分析化验资料较多，因此，目前“甜点”储层主要依据吉174井的岩性、电性、核磁和气测显示情况综合分析来判定、划分。但从吉174井芦草沟组录井资料、测井曲线上可以看出，上、下“甜点”储层的岩性、电性及核磁特征纵向上变化快，“甜点”储层与非储层之间在岩性、电性、核磁特征等方面差异较小，在具体划分时，不能严格按照“甜点”标准进行划分，而是应当按照相对优质储层段整体的岩性、电性、核磁特征，将相邻较集中的若干“甜点”储层段合计为一个“甜点体”，以此为标准将吉174井芦草沟组划分为2个“甜点体”，即“上甜点体”和“下甜点体”。

6.1　页岩油优质储层分布

6.1.1　页岩油优质储层平面分布

页岩以薄互层的形式发育于连续沉积的沉积体系中。准噶尔盆地南缘东段油页岩非常发育，该区紧邻吉木萨尔凹陷，芦草沟组中可见大量油页岩出露地表（图6.1）。野外露头显示：芦草沟组下部为黑色、灰黑色砂页岩及同色薄层粉砂岩稠密而频繁的互层，近下部夹砂层及薄层沥青油页岩，前者为薄层状，后者为板状或致密状，富节理；中部为灰黑色、灰褐色粉砂岩与黑色、棕灰色砂页岩及薄层沥青质黑灰色油页岩互层，岩层致密坚硬；上部为油页岩、砂泥页岩、粉砂岩和白云灰岩互层，油页岩含油率较高，有些闻之有油味。可见，芦草沟组页岩油以薄互层的形式发育于连续沉积的页岩沉积体系中。

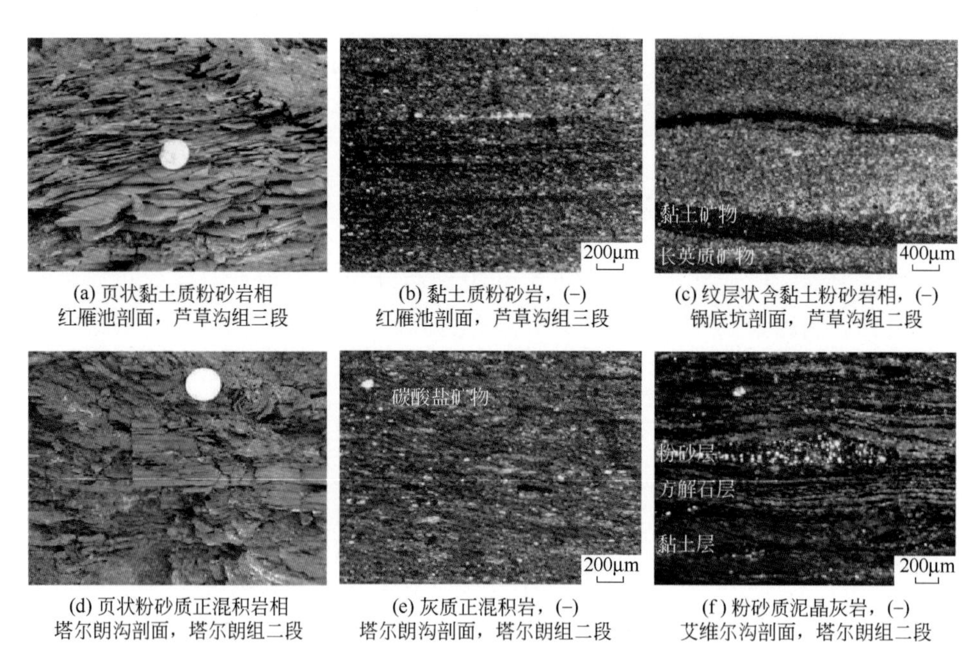

(a) 页状黏土质粉砂岩相 红雁池剖面，芦草沟组三段

(b) 黏土质粉砂岩，(-) 红雁池剖面，芦草沟组三段

(c) 纹层状含黏土粉砂岩相，(-) 锅底坑剖面，芦草沟组二段

(d) 页状粉砂质正混积岩相 塔尔朗沟剖面，塔尔朗组二段

(e) 灰质正混积岩，(-) 塔尔朗沟剖面，塔尔朗组二段

(f) 粉砂质泥晶灰岩，(-) 艾维尔沟剖面，塔尔朗组二段

图 6.1 二叠系芦草沟组野外露头剖面（据王越，2017）

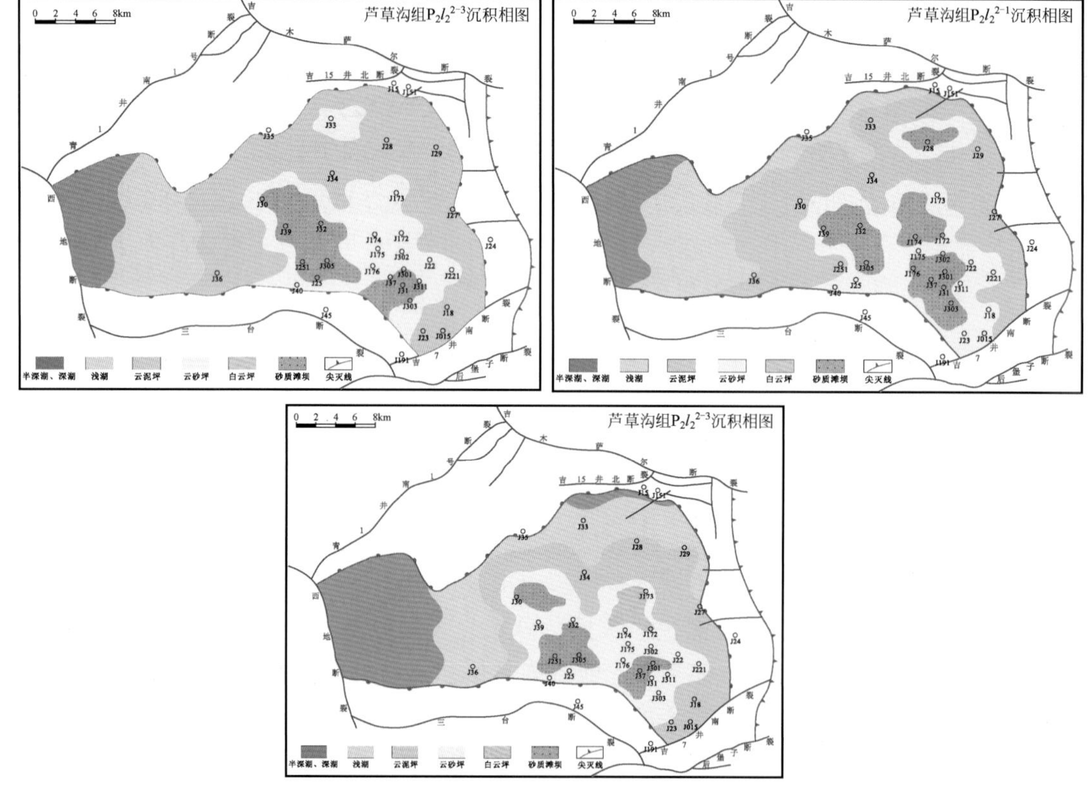

图 6.2 芦草沟组芦二段沉积微相图

不同沉积微相微观孔隙结构差异大，芦草沟组上甜点体（$P_2l_2^{2-2}$）主要沉积相类型为浅湖相、滨浅湖相、滨湖相夹云泥坪相（图6.2），主力储集岩为砂屑白云岩和白云质粉砂岩，泥晶白云岩储集能力相对较差；中部主要为滨浅湖相沉积，储集岩石以白云质粉砂岩为主，夹薄层状砂屑白云岩；西部吉30井附近发育浅湖相沉积，主要储集岩石为白云质粉砂岩，其中白云石含量较少，砂体单层厚度都很薄，但由于储层与烃源岩匹配关系较好，储集岩含油性也很好。

芦草沟组下甜点体（$P_2l_1^{2-2}$）沉积相类型主要为浅湖相、浅湖相夹半深湖相、半深湖相（图6.3）。其中，浅湖相白云质粉砂岩是页岩油甜点发育的优势相带。凹陷的北部、东部、南部浅湖相白云质粉砂岩发育；而凹陷西部半深湖相较为发育，其“源—储”配置关系较好，可能有利于烃源岩的发育。因此，凹陷中部的浅湖相夹半深湖相沉积区可能具有较好的勘探潜力。

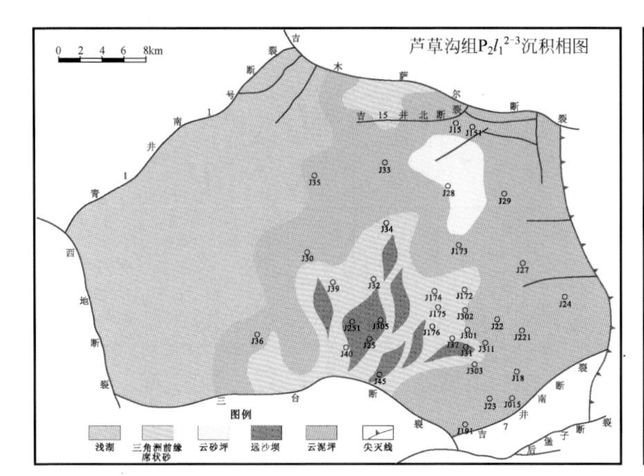

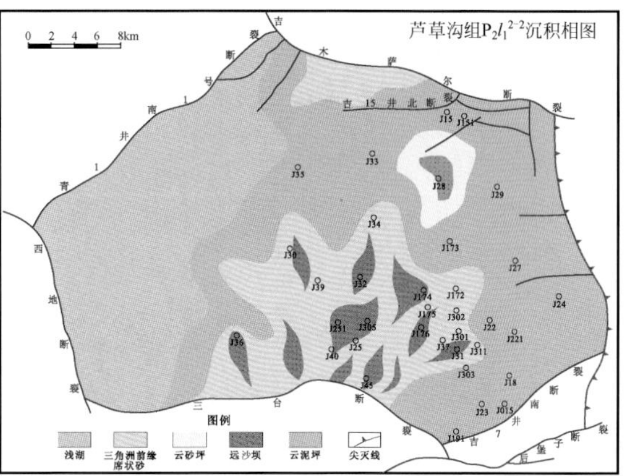

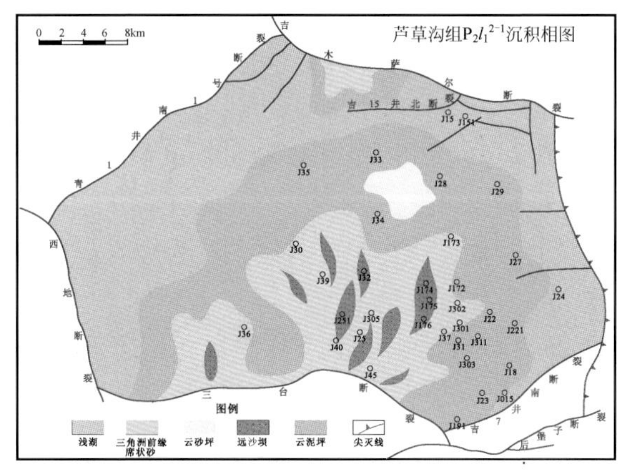

图6.3 芦草沟组芦一段沉积微相图

以吉174井为例，该井在芦草沟组地层厚度246.21m，共发育了968层54种岩性，单层厚度平均0.25m（0.01~2.25m），以泥级碎屑和云质混积岩为主，毫米级层理发育（表6.1）。

表 6.1　吉 174 井芦草沟组（P_2l）岩性统计表

段	岩性	层数	厚度，m	厚度比	段	岩性	层数	厚度，m	厚度比
$P_2l_2^2$ 432 层 92m	粉砂质泥岩	71	20.72	22.52	$P_2l_1^2$ 340 层 98.21m	泥质粉砂岩	45	13.86	14.11
	泥岩	59	13.45	14.62		粉砂质泥岩	54	13.55	13.8
	灰质云岩	40	8.32	9.04		泥岩	40	11.58	11.79
	云质泥岩	39	6.21	6.75		灰质泥岩	18	6.5	6.62
	泥质粉砂岩	28	5.05	5.49		云质泥岩	9	5.98	6.09
	砂屑云岩	19	3.78	4.11		云质粉砂岩	17	4.87	4.96
	泥晶云岩	15	3.74	4.07		含灰泥岩	15	4.69	4.78
	灰质泥岩	19	3.22	3.5		灰质粉砂岩	15	4.55	4.63
	碳质泥岩	14	3.22	3.5		含云粉砂岩	20	4.08	4.15
	泥质云岩	13	2.23	2.42		含灰粉砂质泥岩	15	2.91	2.96
	云质粉砂岩	13	2.16	2.35		粉砂岩	11	3.51	3.57
	其他	102	19.9	21.63		碳质泥岩	10	2.05	2.09
$P_2l_1^1$ 198 层 56m	粉砂质泥岩	43	15.82	28.25		其他	71	20.08	20.45
	灰质泥岩	38	9.83	17.55					
	泥岩	25	8.79	15.7					
	云质泥岩	26	7.89	14.09					
	泥质粉砂岩	17	4.71	8.41					
	其他	49	8.96	16					

6.1.2　典型井页岩油优质储层分布

根据不同岩类物性下限对吉 174 井全井段进行“甜点”及优质“甜点”厘定。并对甜点在纵向的分布进行总结。

吉 174 井全井段“甜点”层段共 23 段，总厚度 73.62m。其中上甜点体发育甜点层段共 10 段，总厚度 22.47m，平均孔隙度 11.87%，平均渗透率 $0.161\times10^{-3}\mu m^2$（图 6.4）。

上甜点体凝灰质含量相对较低，甜点发育层段主要为含凝灰泥晶云岩、粉砂质泥晶云岩以及少量的含凝灰粉砂岩。具体划分情况如下：

（1）3112.65～3115.29m，该段位于上甜点体顶部，厚度约为 2.64m，主要可以为两层，上层为含凝灰粉砂质砂屑灰岩，下层为含凝灰云质粉砂岩，两层平均孔隙度约为 13.5%；

（2）3116.3～3119.23m，该段为粉砂质泥晶云岩与泥晶云岩互层，总厚度约为 2.93m，平均孔隙度为 10.83%；

（3）3121.21～3123.6m，该段为凝灰质泥晶云岩与含凝灰粉砂质泥晶云岩互层，厚度约为 2.39m，平均孔隙度为 10.85%；

（4）3125.1～3127.81m，该段为凝灰质粉砂岩发育层段，可见少量细砂组分，厚度约 2.7m，物性好，平均孔隙度可达 13.88%；

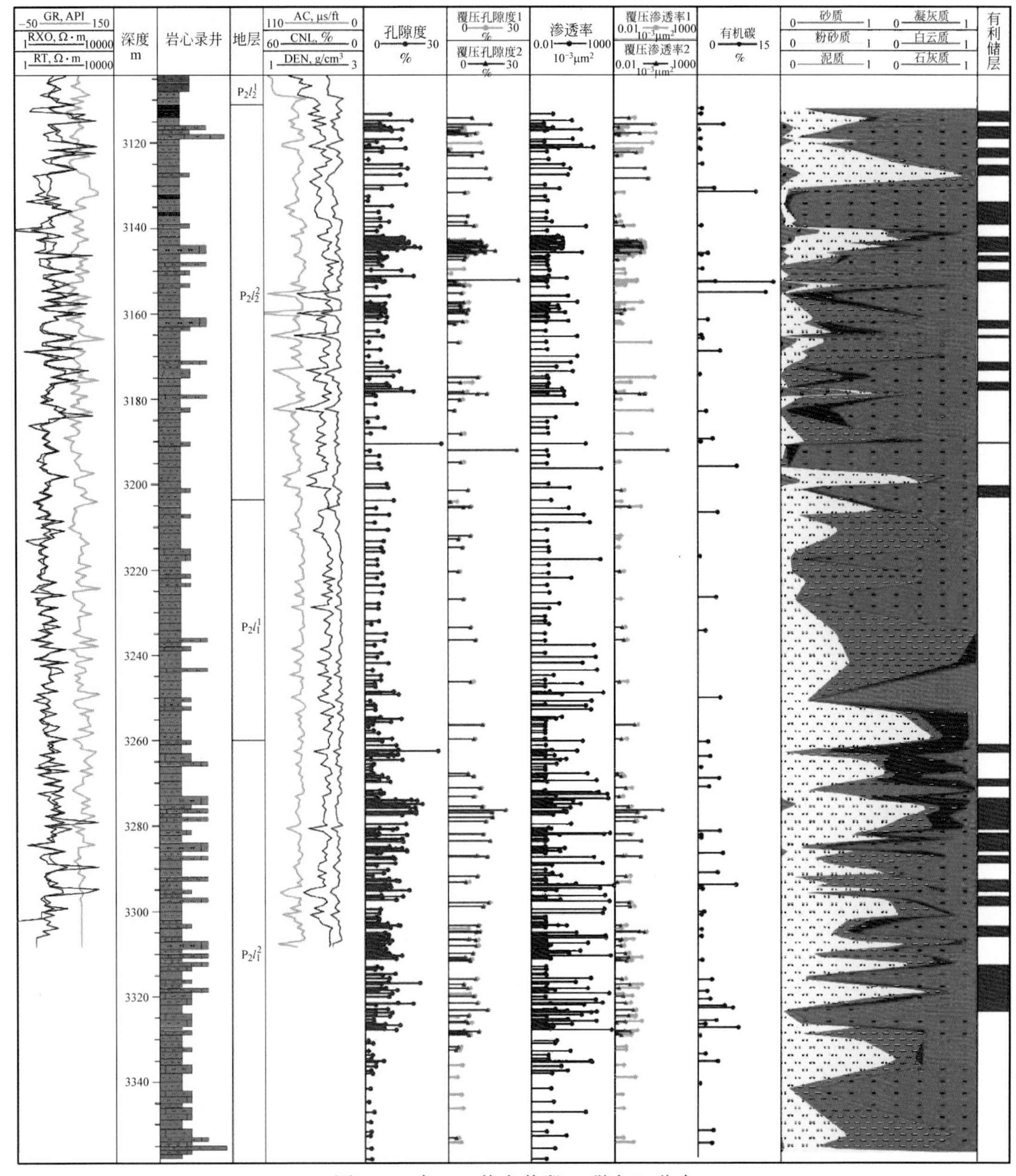

图 6.4　吉 174 井全井段“甜点”分布

（5）3133.8~3139.25m，该段为一套相对较厚的含藻泥晶云岩及泥—粉晶云岩发育层段，总厚度为 5.45m，平均孔隙度为 7.6%；

（6）3142.03~3145.58m，该层段为含凝灰云质粉砂岩与粉砂质泥晶云岩互层，总厚度为 3.55m，平均孔隙度为 14.0%；

（7）3146.38 ~ 3147.9m，该段为粉砂质粉晶云岩，厚度为 1.52m，平均孔隙度为 7.16%；

（8）3149.7~3152.65m，该段位于上甜点体底部，具体可以分为三层：上段为一套亮晶砂屑灰岩，厚度约为0.7mm，平均孔隙度为8.0%；中间为一套生物碎屑云质灰岩，厚度约为1.5m，平均孔隙度为11.75%；下端为一套泥晶砂屑云岩，厚度约为0.67m，平均孔隙度为6.7%。

下甜点体发育甜点层段共9段，总厚度38.66m，平均孔隙度10.62%，平均渗透率$0.159\times10^{-3}\mu m^2$。下甜点体上段主要发育一套凝灰质含量较高的凝灰质粉砂岩以及沉凝灰岩，中部及底部主要为含凝灰粉砂岩储层为主，碳酸盐岩类甜点储层发育相对较少。具体划分情况如下：

（1）3260.9~3263m，该段位于下甜点体顶部，有岩石类型为火山物质含量高的凝灰质粉砂岩以及凝灰岩层段，厚度约为2.1m，平均孔隙度为12.79%；

（2）3269.08~3271m，该段为一套粉砂质沉凝灰岩，厚度约为2m，平均孔隙度为9.2%；

（3）3273.58~3281m，该段上部为一套厚度约为0.8m的粉砂质沉凝灰岩，下段为凝灰质含量较低的凝灰质粉砂岩、含凝灰粉砂岩、含凝灰泥质粉砂岩，储层自下而上火山物质逐渐增高，总厚度约为7.42m，平均孔隙度为13.8%，是良好的储层段；

（4）3281.75~3286.12m，该段为一套混积程度较高的混积岩，底部为一套含粉砂含泥泥晶云岩，向上逐渐过渡为火山物质含量高的火山碎屑型正混积岩，顶部为一套粉砂质泥晶云岩，总厚度约为4.4m，平均孔隙度为10.88%；

（5）3287.1~3289.8m，该段为粉砂质泥晶云岩与含云粉砂质泥岩互层，厚度约为2.7m，平均孔隙度为8.98%；

（6）3292.78~3295.62m，该段为含凝灰粉砂岩与云质粉砂岩、泥质粉砂岩的互层沉积，厚度约为2.8m，平均孔隙度为9.9%；

（7）3296.6~3299.12m，该段为一套云质粉砂岩，厚度约为2.5m，平均孔隙度为10.37%；

（8）3303.61~3306.15m，该段为一套粉砂质泥晶云岩储层，厚度约为2.54m，平均孔隙度为7.08%；

（9）3312.61~3323.85m，该段位于下甜点体的底部，主要为一套碳酸盐含量相对较高的粉砂质泥晶云岩、碳酸盐岩型正混积岩与含泥灰质粉砂岩的互层沉积，总厚度约为11m，平均孔隙度为8.22%。

甜点体间主要发育6段厚度较薄的甜点储层，其中3161.64~3163.55m、3165.12~3165.8m段发育两套生物碎屑灰岩层，3171.47~3173.55m、3176.21~3178.12m发育两层泥晶砂屑云岩，3190.22~3190.6m为一层厚度极薄的含粉砂沉凝灰岩，3200.3~3203.31m发育一套相对较厚的泥晶砂屑云岩储层。

6.2 页岩油层综合分类评价

在确定不同控制因素权重系数的基础上，通过单项评分及不同的控制因素组合对页岩油层展开综合分类评价，根据综合得分将研究区的储层分为3类储层（表6.2）。其中综合得分REI=岩性特征单项得分×0.259+成岩相单项得分×0.263+凝灰质含量单项得分×0.266+白云石含量单项得分×0.212。

表 6.2 页岩油层岩性—成岩—凝灰质—白云石综合评价标准

岩性	单项评分	成岩相	单项评分	凝灰质	单项评分	白云石	单项评分	综合得分	储层类型
火山碎屑岩	1	凝灰质强溶蚀成岩相	1	极高凝灰质	1	低白云石	1	1.00	Ⅰ
火山碎屑岩	1	凝灰质—长石混合溶蚀成岩相	0.88	极高凝灰质	1	低白云石	1	0.97	Ⅰ
火山碎屑岩	1	凝灰质强溶蚀成岩相	1	极高凝灰质	1	无白云石	0.83	0.96	Ⅰ
凝灰质泥晶云岩	1	凝灰质—白云石晶间灰泥中等溶蚀成岩相	1	高凝灰质	0.91	极高白云石	0.97	0.97	Ⅰ
凝灰质泥晶云岩	1	凝灰质—白云石晶间灰泥中等溶蚀成岩相	1	中凝灰质	0.68	极高白云石	0.97	0.91	Ⅰ
凝灰质粉砂岩	0.86	凝灰质—长石混合溶蚀成岩相	0.88	高凝灰质	0.91	低白云石	1	0.91	Ⅰ
凝灰质泥晶云岩	1	凝灰质—白云石晶间灰泥中等溶蚀成岩相	1	低凝灰质	0.64	极高白云石	0.97	0.90	Ⅰ
凝灰质粉砂岩	0.86	凝灰质—长石混合溶蚀成岩相	0.88	高凝灰质	0.91	无白云石	0.83	0.87	Ⅰ
凝灰质粉砂岩	0.86	凝灰质—长石混合溶蚀成岩相	0.88	中凝灰质	0.68	低白云石	1	0.85	Ⅰ
凝灰质粉砂岩	0.86	凝灰质—长石混合溶蚀成岩相	0.88	低凝灰质	0.64	低白云石	1	0.84	Ⅰ
粉砂质泥晶云岩	0.8		0.88	低凝灰质	0.64	极高白云石	0.97	0.81	Ⅰ
凝灰质粉砂岩	0.86	凝灰质—长石混合溶蚀成岩相	0.88	中凝灰质	0.68	无白云石	0.83	0.81	Ⅰ
泥晶云岩	0.65	白云石晶间灰泥中等溶蚀成岩相	1	低凝灰质	0.64	极高白云石	0.97	0.81	Ⅰ
粉砂质泥晶云岩	0.8	白云石晶间灰泥中等溶蚀成岩相	1	无凝灰质	0.41	极高白云石	0.97	0.78	Ⅱ
粉砂质泥晶云岩	0.8	凝灰质—长石—白云石晶间灰泥中等溶蚀成岩相	0.73	低凝灰质	0.64	极高白云石	0.97	0.78	Ⅱ
凝灰质粉砂岩	0.86	凝灰质—长石混合溶蚀成岩相	0.88	中凝灰质	0.68	中白云石	0.61	0.76	Ⅱ
粉砂质泥晶云岩	0.8	白云石晶间灰泥中等溶蚀成岩相	1	低凝灰质	0.64	高白云石	0.53	0.75	Ⅱ
正混积岩	0.71	凝灰质—长石—白云石晶间灰泥中等溶蚀成岩相	0.73	高凝灰质	0.91	中白云石	0.61	0.75	Ⅱ
泥晶云岩	0.65	白云石晶间灰泥中等溶蚀成岩相	1	无凝灰质	0.41	极高白云石	0.97	0.75	Ⅱ
粉砂质泥晶云岩	0.8	白云石晶间灰泥弱溶蚀成岩相	0.57	低凝灰质	0.64	极高白云石	0.97	0.73	Ⅱ
正混积岩	0.71	凝灰质—长石—白云石晶间灰泥中等溶蚀成岩相	0.73	高凝灰质	0.91	高白云石	0.53	0.73	Ⅱ
凝灰质粉砂岩	0.86	凝灰质—长石—白云石晶间灰泥中等溶蚀成岩相	0.73	中凝灰质	0.68	高白云石	0.53	0.71	Ⅱ
泥晶云岩	0.65	白云石晶间灰泥弱溶蚀成岩相	0.37	低凝灰质	0.64	极高白云石	0.97	0.69	Ⅱ
云质粉砂岩	0.5	白云石晶间灰泥中等溶蚀成岩相	1	低凝灰质	0.64	高白云石	0.53	0.68	Ⅱ
粉砂质泥晶云岩	0.8	白云石晶间灰泥弱溶蚀成岩相	0.57	无凝灰质	0.41	极高白云石	0.97	0.67	Ⅱ
粉砂质泥晶云岩	0.8	白云石晶间灰泥弱溶蚀成岩相	0.57	无凝灰质	0.41	极高白云石	0.97	0.67	Ⅱ

续表

岩性	单项评分	成岩相	单项评分	凝灰质	单项评分	白云石	单项评分	综合得分	储层类型
云质粉砂岩	0.5	凝灰质—长石混合溶蚀成岩相	0.88	中凝灰质	0.68	中白云石	0.61	0.67	Ⅱ
正混积岩	0.71	凝灰质—长石—白云石晶间灰泥中等溶蚀成岩相	0.73	中凝灰质	0.68	高白云石	0.53	0.67	Ⅱ
云质粉砂岩	0.5	凝灰质—长石混合溶蚀成岩相	0.88	低凝灰质	0.64	中白云石	0.61	0.66	Ⅱ
云质粉砂岩	0.5	凝灰质—长石混合溶蚀成岩相	0.88	中凝灰质	0.68	高白云石	0.53	0.65	Ⅱ
泥晶云岩	0.65	白云石晶间灰泥弱溶蚀成岩相	0.57	无凝灰质	0.41	极高白云石	0.97	0.63	Ⅱ
泥晶云岩	0.65	白云石晶间灰泥弱溶蚀成岩相	0.57	无凝灰质	0.41	极高白云石	0.97	0.63	Ⅱ
云质粉砂岩	0.5	凝灰质—长石—白云石晶间灰泥中等溶蚀成岩相	0.73	中凝灰质	0.68	高白云石	0.53	0.61	Ⅱ
云质粉砂岩	0.5	凝灰质—长石—白云石晶间灰泥中等溶蚀成岩相	0.73	低凝灰质	0.64	高白云石	0.53	0.60	Ⅱ
泥晶云岩	0.65	白云石晶间灰泥弱溶蚀成岩相	0.57	无凝灰质	0.41	高白云石	0.53	0.54	Ⅲ
云质粉砂岩	0.5	强压实成岩成岩相	0.17	无凝灰质	0.41	低白云石	1	0.50	Ⅲ
云质粉砂岩	0.5	强压实成岩成岩相	0.17	中凝灰质	0.68	中白云石	0.61	0.48	Ⅲ
云质粉砂岩	0.5	强压实成岩成岩相	0.17	低凝灰质	0.64	中白云石	0.61	0.47	Ⅲ
云质粉砂岩	0.5	强压实成岩成岩相	0.17	中凝灰质	0.68	高白云石	0.53	0.47	Ⅲ
泥岩	0.13	强压实成岩成岩相	0.17	低凝灰质	0.64	低白云石	1	0.46	Ⅲ
云质粉砂岩	0.5	强压实成岩成岩相	0.17	低凝灰质	0.64	高白云石	0.53	0.46	Ⅲ
泥岩	0.13	强压实成岩成岩相	0.17	中凝灰质	0.68	无白云石	0.83	0.44	Ⅲ
泥岩	0.13	强压实成岩成岩相	0.17	低凝灰质	0.64	无白云石	0.83	0.42	Ⅲ
泥岩	0.13	强压实成岩成岩相	0.17	无凝灰质	0.41	低白云石	1	0.40	Ⅲ
云质粉砂岩	0.5	强压实成岩成岩相	0.17	无凝灰质	0.41	高白云石	0.53	0.40	Ⅲ
灰质粉砂岩	0	方解石强胶结成岩相	0	低凝灰质	0.64	无白云石	0.83	0.35	Ⅲ
泥岩	0.13	强压实成岩成岩相	0.17	无凝灰质	0.41	中白云石	0.61	0.32	Ⅲ
泥岩	0.13	强压实成岩成岩相	0.17	无凝灰质	0.41	高白云石	0.53	0.30	Ⅲ
泥质粉砂岩	0	方解石强胶结成岩相	0	无凝灰质	0.41	无白云石	0.83	0.29	Ⅲ
灰质粉砂岩	0	方解石强胶结成岩相	0	无凝灰质	0.41	无白云石	0.83	0.29	Ⅲ
泥质粉砂岩	0	强压实成岩成岩相	0.17	无凝灰质	0.41	中白云石	0.61	0.28	Ⅲ
灰质粉砂岩	0	方解石强胶结成岩相	0	无凝灰质	0.41	高白云石	0.53	0.22	Ⅲ

通过对不同组合对比可以发现，许多岩性—成岩相—凝灰质含量—白云石含量组合可以合并，这是由于凝灰质和白云石本身就是岩性的组成部分，为避免冗杂，分类主要对岩性特征和成岩相进行综合评价。由于岩性和成岩相的灰色关联权重系数分别为 0.259 和 0.263，所以将两者的权重系数归一化之后近似看作 0.5，即综合得分 REI = 岩性特征单项得分×0.5+成岩相单项得分×0.5，据此划分出了 22 种岩性—成岩综合相，并根据综合得分将页岩油层分为 3 类（表 6.3）。

表 6.3 页岩油层岩性—成岩综合评价标准

岩性	单项评分	成岩相	单项评分	综合得分	储层类型
火山碎屑岩	1	凝灰质强溶蚀成岩相	1	1.00	Ⅰ
凝灰质泥晶云岩	1	凝灰质—白云石晶间灰泥中等溶蚀成岩相	1	1.00	Ⅰ
火山碎屑岩	1	凝灰质—长石混合溶蚀成岩相	0.88	0.94	Ⅰ
粉砂质泥晶云岩	0.8	白云石晶间灰泥中等溶蚀成岩相	1	0.90	Ⅰ
凝灰质粉砂岩	0.86	凝灰质—长石混合溶蚀成岩相	0.88	0.87	Ⅰ
粉砂质泥晶云岩	0.8	凝灰质—长石混合溶蚀成岩相	0.88	0.84	Ⅰ
泥晶云岩	0.65	白云石晶间灰泥中等溶蚀成岩相	1	0.83	Ⅰ
凝灰质粉砂岩	0.86	凝灰质—长石—白云石晶间灰泥中等溶蚀成岩相	0.73	0.80	Ⅰ
粉砂质泥晶云岩	0.8	凝灰质—长石—白云石晶间灰泥中等溶蚀成岩相	0.73	0.77	Ⅱ
云质粉砂岩	0.5	白云石晶间灰泥中等溶蚀成岩相	1	0.75	Ⅱ
正混积岩	0.71	凝灰质—长石—白云石晶间灰泥中等溶蚀成岩相	0.73	0.72	Ⅱ
云质粉砂岩	0.5	凝灰质—长石混合溶蚀成岩相	0.88	0.69	Ⅱ
粉砂质泥晶云岩	0.8	白云石晶间灰泥弱溶蚀成岩相	0.57	0.69	Ⅱ
云质粉砂岩	0.5	凝灰质—长石—白云石晶间灰泥中等溶蚀成岩相	0.73	0.62	Ⅱ
泥晶云岩	0.65	白云石晶间灰泥弱溶蚀成岩相	0.57	0.61	Ⅱ
泥晶云岩	0.65	白云石晶间灰泥弱溶蚀成岩相	0.57	0.61	Ⅱ
云质粉砂岩	0.5	强压实成岩相	0.17	0.34	Ⅲ
泥岩	0.13	强压实成岩相	0.17	0.15	Ⅲ
泥质粉砂岩	0	强压实成岩相	0.17	0.09	Ⅲ
泥质粉砂岩	0	方解石强胶结成岩相	0	0.00	Ⅲ
灰质粉砂岩	0	方解石强胶结成岩相	0	0.00	Ⅲ

根据储层定量分类评价结果，对页岩油层进行分级评价，并总结各类储层不同控制因素的组合。根据分类评价结果如下：

Ⅰ类储层：综合得分大于 0.8，岩性主要为火山碎屑岩、凝灰质含量高的凝灰质粉砂岩、凝灰质泥晶云岩，以及白云石晶间灰泥中等溶蚀成岩相的泥晶-粉晶白云岩，成岩作用主要为凝灰质与长石、白云石等的强烈溶蚀增孔，孔隙度差值大于 3.0%，多为优质储层。

Ⅱ类储层：综合得分为 0.8~0.6，岩性主要为凝灰质含量较低的（含凝灰）云质粉砂岩、粉砂质泥晶云岩、泥晶云岩以及正混积岩，成岩作用主要由于少量凝灰质、长石、白云石溶蚀增孔，孔隙度差值为0~3.0%，储层质量中等。

Ⅲ类储层：综合得分小于0.6，岩性主要为泥质泥晶云岩、泥质粉砂岩、灰质粉砂岩以及粉砂质/灰质/云质泥岩，由于泥质杂基充填、方解石强胶结、强压实、溶蚀作用弱导致孔隙不发育，孔隙度差值一般小于0，多为无效储层。

6.3 页岩油层优质储层控制因素

吉木萨尔凹陷芦草沟组储层岩石类型复杂，储层有效性受到岩相、成岩作用、矿物成分等的综合控制。为了明确各个因素对“甜点”控制作用的重要性，这就涉及评价指标的建立和指标权重的确定问题。灰色关联分析方法不需要大量数据，对数据要求不高，也不要求数据有典型的分布规律，同时具有计算方法简便、运算量小的优点，用于储层控制因素分析具有可行性。因此，在页岩油层单因素分析的基础上，采取灰色关联分析方法对影响页岩油“甜点”发育的权重系数进行计算，利用“主因素”评价方法对页岩油层“甜点”进行综合定量评价。

6.3.1 页岩油优质储层单因素分析

6.3.1.1 岩性对储层的控制因素

吉木萨尔凹陷芦草沟组岩性为陆源碎屑、火山碎屑、碳酸盐组分混杂堆积形成的一套复杂混积页岩岩层，主要可以分为陆源碎屑岩类、碳酸盐岩类、火山碎屑岩类以及正混积岩类四种类型，可进一步细分为粉砂岩类、泥晶云岩类、泥岩类、正混积岩类、凝灰质岩类、灰岩类6类主要岩石，以物性下限为界限对吉174井6类主要储层甜点厚度、甜点厚度占该类储层总厚度比例、平均孔隙度以及甜点层数比可以看出，研究区芦草沟组“甜点”储层主要为粉砂岩类和泥晶云岩类为主，“甜点”厚度可达25m以上，凝灰质岩类以及灰岩类储层虽然物性好、有效储层比例高，但是其总厚度小，不是研究区的主要储层(图6.5)。

1）陆源碎屑岩类

陆源碎屑岩类储层又可以细分为（凝灰质）粉砂岩、云质粉砂岩、泥质（灰质）粉砂岩、粉砂质泥岩、云质泥岩。对每一小类岩性层有效储层平均孔隙度分布可以看出，凝灰质粉砂岩、云质粉砂岩储层有效储层含量高，多数层段均为“甜点”储层，云质泥岩储层次之，粉砂质泥岩以及泥质/灰质粉砂岩有效储层含量最低（图6.6、图6.7)。

2）碳酸盐岩类

碳酸盐岩类储层又可以细分为凝灰质泥晶云岩、粉砂质/泥质泥晶云岩、泥晶云岩以及灰岩4类。其中，凝灰质泥晶云岩虽然其孔隙度高物性好，但厚度小，不是碳酸盐岩类储层的主体；粉砂质/泥质泥晶云岩物性相对较好，厚度大，是碳酸盐岩类储层最为发育的储层类型（图6.8)。对每一小类岩性层有效储层平均孔隙度分布可以看出，凝灰质泥晶云岩、粉砂质/泥质泥晶云岩储层有效储层含量高，多数层段均为“甜点”储层，石灰岩储层次之但厚度薄，泥晶云岩有效储层含量最低（图6.9)。

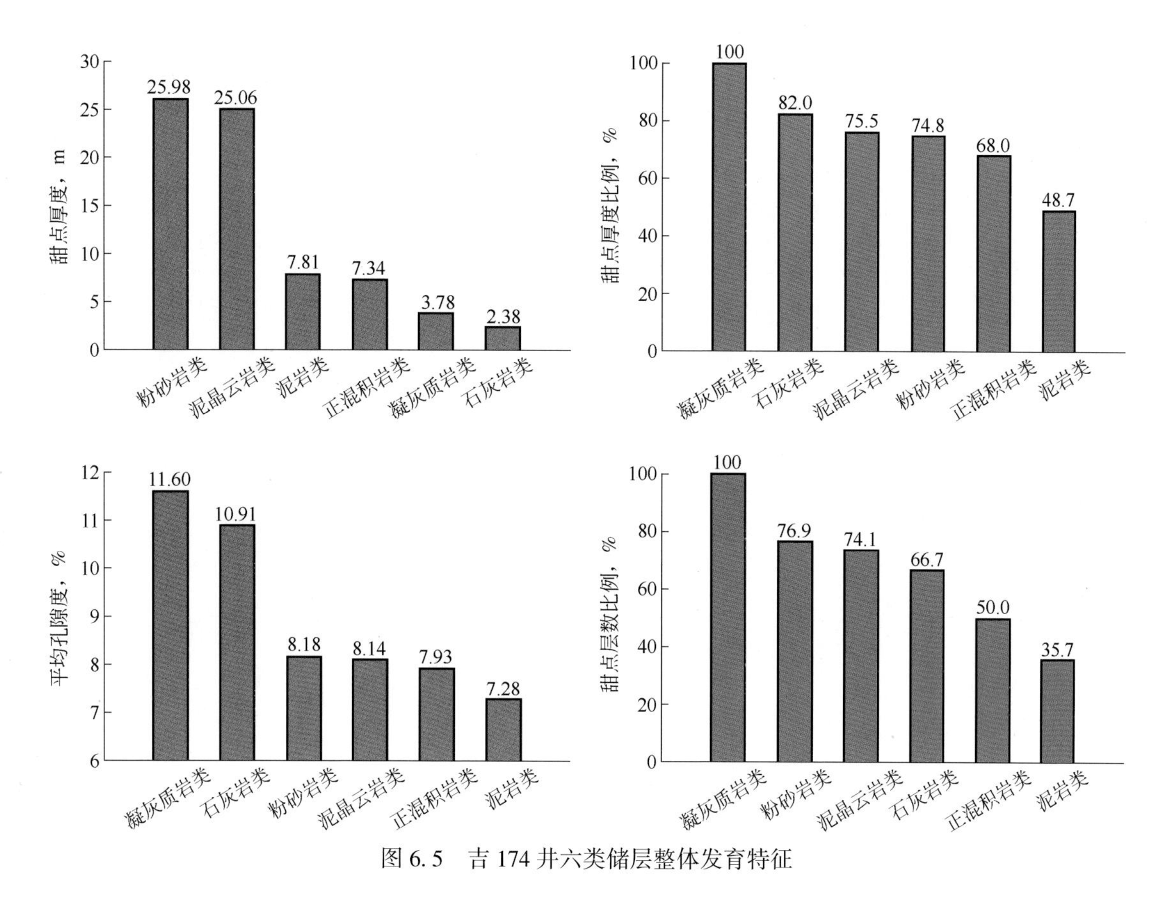

图 6.5　吉 174 井六类储层整体发育特征

图 6.6　吉 174 井陆源碎屑岩类储层整体发育特征

3）火山碎屑岩类

火山碎屑岩类主要包括凝灰岩和沉凝灰岩，在工区发育较少，但由于凝灰物质极易发生溶蚀作用产生次生孔隙，使得火山碎屑岩类储层具有极好的物性，储层均为有效储层［图 6.10(a)］。

4）正混积岩类

正混积岩类主要包括火山碎屑型正混积岩、陆源碎屑型正混积岩、碳酸盐岩型正混积岩，其中火山碎屑型正混积岩物性好于陆源碎屑型正混积岩和碳酸盐岩型正混积岩，岩类整体物性中等［图 6.10(b)］。

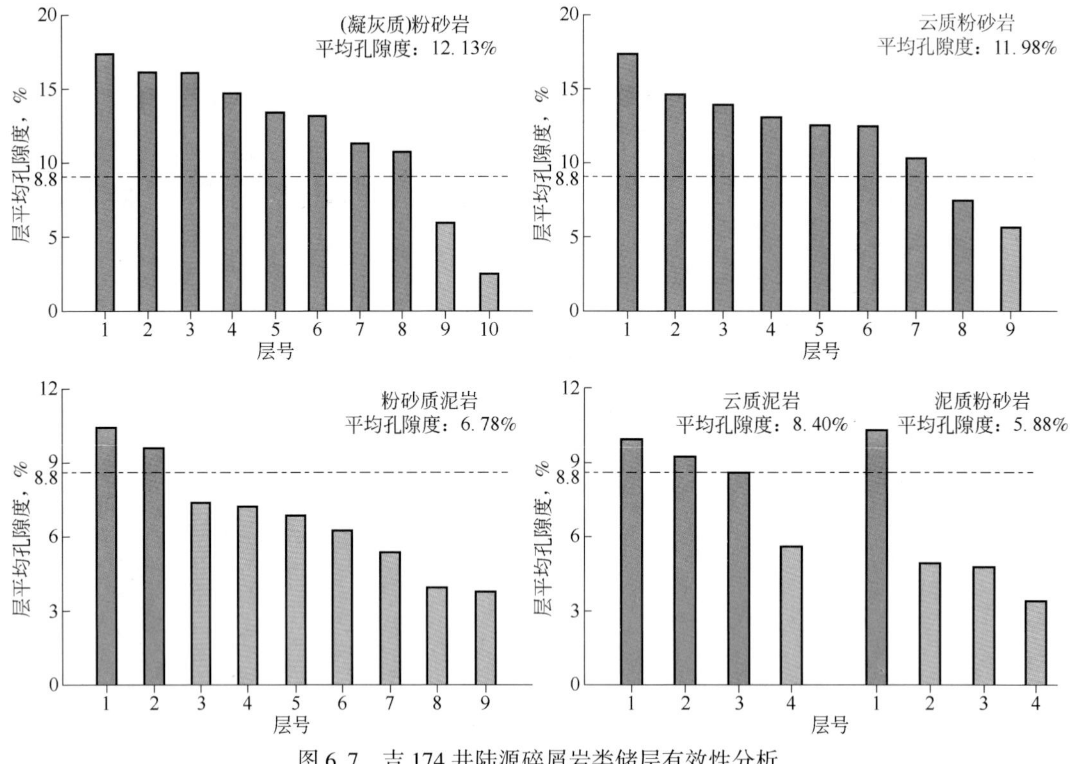

图 6.7　吉 174 井陆源碎屑岩类储层有效性分析

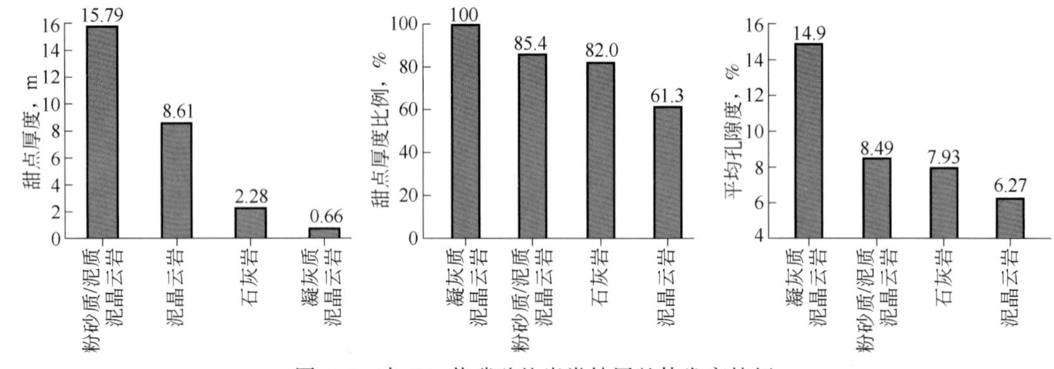

图 6.8　吉 174 井碳酸盐岩类储层整体发育特征

6.3.1.2　成岩作用对储层的控制因素

吉木萨尔凹陷芦草沟组地层成岩作用类型复杂多样，根据对储层质量影响可以划分为强压实成岩相、方解石强胶结成岩相、凝灰质强溶蚀成岩相、凝灰质—长石混合溶蚀成岩相、凝灰质—长石—白云石晶间灰泥中等溶蚀成岩相、凝灰质—白云石晶间灰泥中等溶蚀成岩相、白云石晶间灰泥中等溶蚀成岩相以及白云石晶间灰泥弱溶蚀成岩相等 8 种成岩相类型。通过统计 8 种成岩相类型岩孔隙度分布（图 6.11），可以看出，以凝灰质溶蚀作用为主的凝灰质强溶蚀成岩相、凝灰质—长石混合溶蚀成岩相、凝灰质—白云石晶间灰泥中

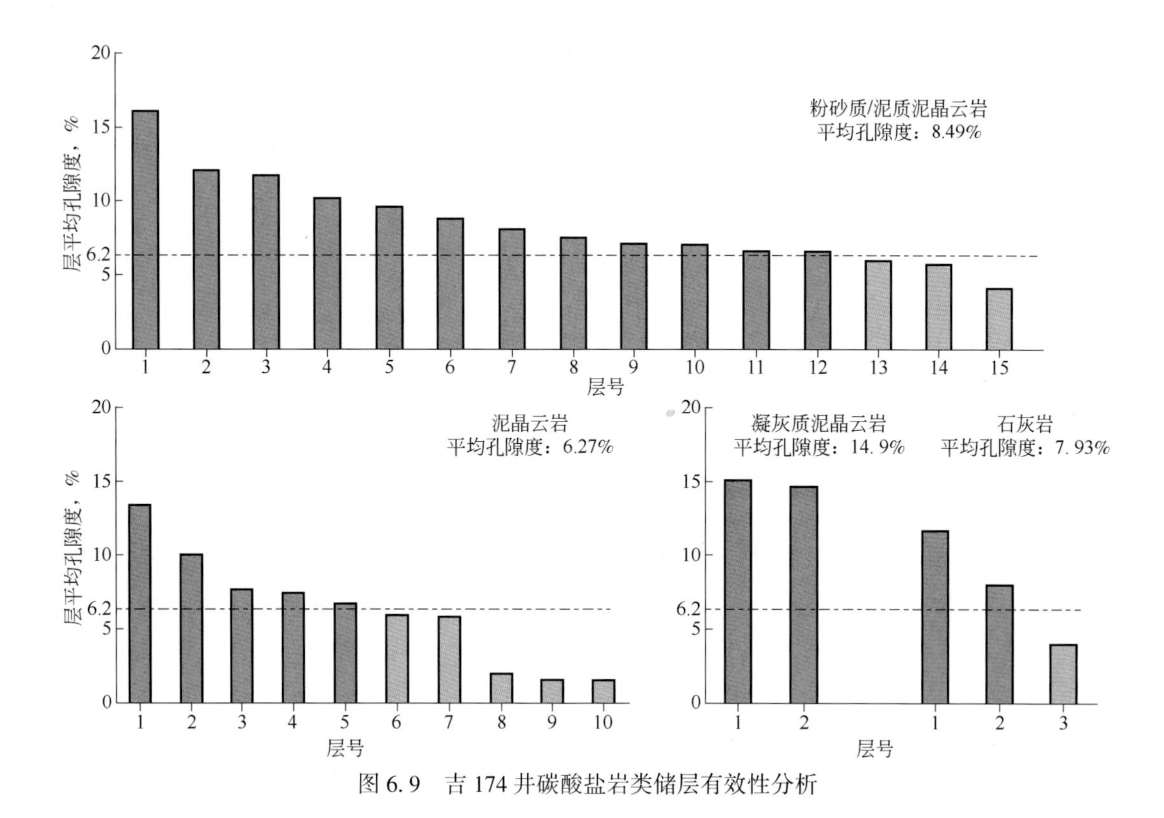

图 6.9　吉 174 井碳酸盐岩类储层有效性分析

图 6.10　吉 174 井火山碎屑岩与正混积岩储层有效性分析

等溶蚀成岩相、凝灰质—长石—白云石晶间灰泥中等溶蚀成岩相 4 种成岩相类型孔隙度含量均较高，其中以凝灰质强溶蚀成岩相和凝灰质—白云石晶间灰泥中等溶蚀成岩相物性最好，所有样品孔隙度均为 9%以上；白云石晶间灰泥中等溶蚀成岩相也是十分有利的成岩相类型，孔隙度同样达 9%以上，白云石晶间灰泥弱溶蚀成岩相相对较差，孔隙度分布范围主要为 6%~9%之间；强压实成岩相和方解石强胶结成岩相为最不利的成岩相类型，孔隙度大部分小于 9%，无效储层比例高。

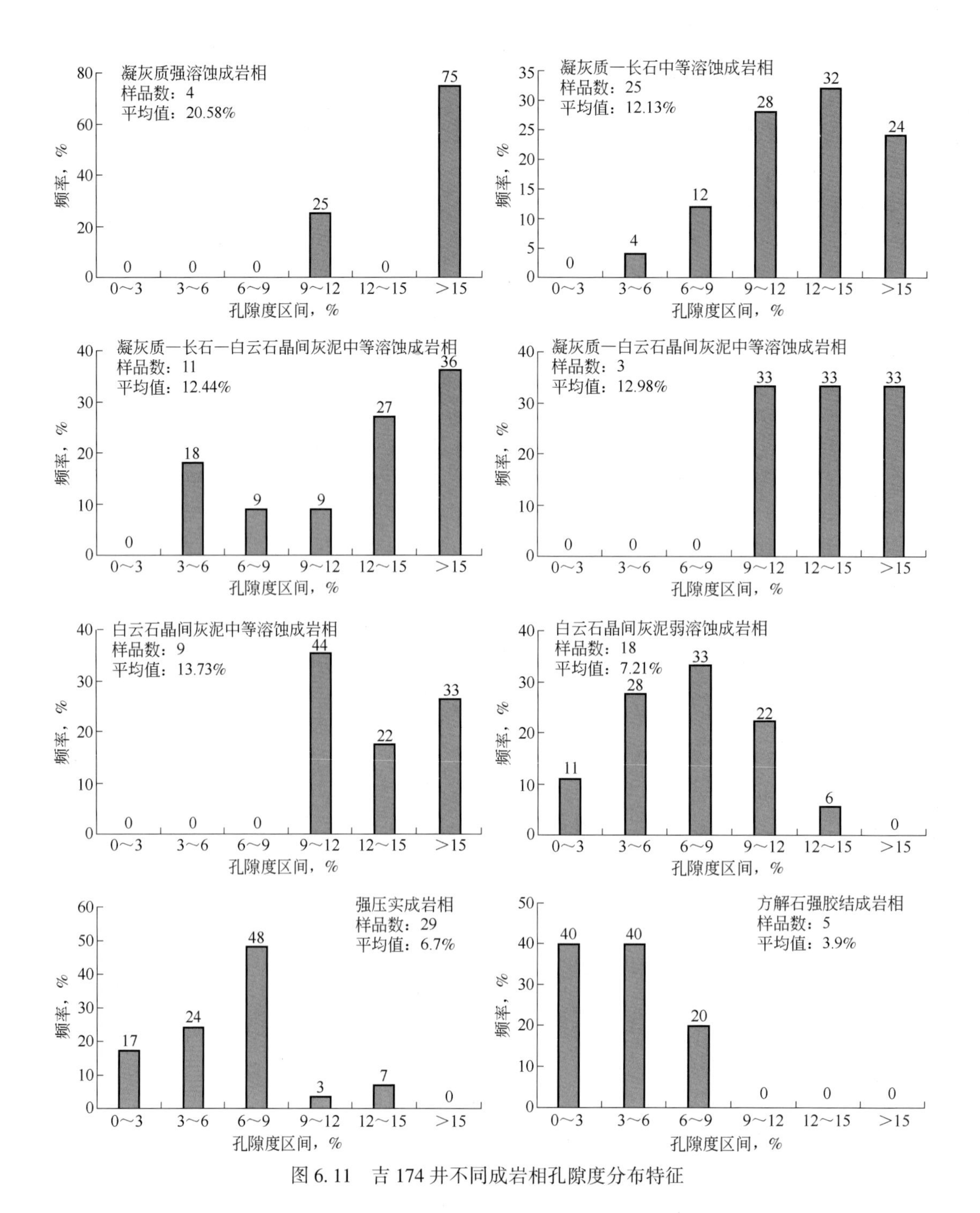

图 6.11　吉 174 井不同成岩相孔隙度分布特征

6.3.1.3　矿物成分对储层的控制因素

吉木萨尔凹陷芦草沟组地层岩石矿物成分主要为长石、石英、白云石、方解石、黏土矿物等，不同层段矿物成分含量分布具有明显差异：上甜点体储层物性与白云石、方解石及长石含量相关性好，白云石含量对储层的物性的控制作用最为显著，因白云石的含量高低与溶蚀孔隙结构相关；石英与黏土矿物含量则对储层物性影响不明显（图 6.12）；下甜点体储层物性与白云石、长石及黏土矿物含量相关性好，长石与黏土含量对储层的物性的控制作用最为显著，下甜点含云质含量普遍较高，因此长石与黏土含量对物性影响更加显著；石英与方解石含量对储层物性影响不明显（图 6.13）。

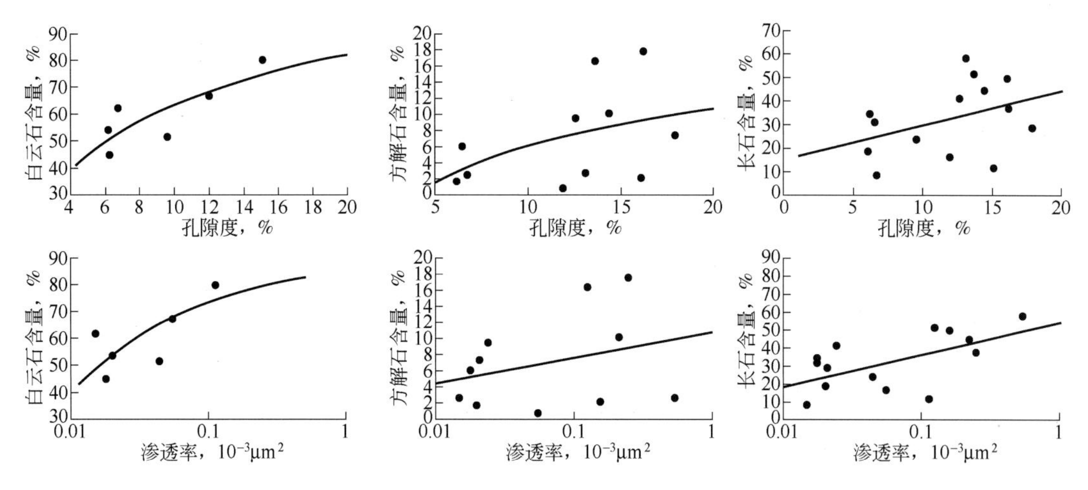

图 6.12　吉 174 井上甜点体矿物成分与物性相关关系

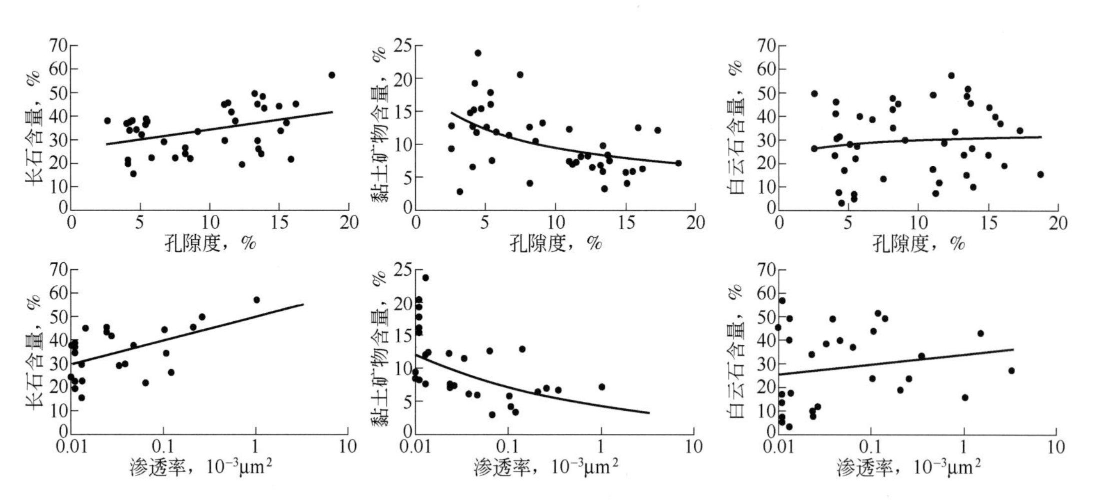

图 6.13　吉 174 井下甜点体矿物成分与物性相关关系

6.3.1.4 火山碎屑对储层的控制因素

吉木萨尔凹陷芦草沟组地层火山碎屑物质分布广泛，虽然含量普遍较低，但火山凝灰物质极易发生溶蚀形成次生孔隙，有效地改善储层的物性。吉 174 井岩石凝灰质含量与岩石孔隙度、渗透率具有明显的正相关性，说明了凝灰质的存在对储层质量的改善起到了重要的控制作用。

6.3.2 页岩油层主控因素分析

吉木萨尔凹陷页岩油层的有效储层控制因素分析可以看出，岩性、成岩作用控制了有效储层的发育，凝灰质含量和白云石含量对储层的发育也具有重要影响。因此，本次研究采用灰色关联分析方法，通过讨论岩性、成岩相、凝灰质含量、白云石含量对页岩油层发育的控制作用，来判断不同因素的主次关系。

本次研究在页岩油控制因素分析的基础上，通过控制因素有效储层百分含量确定单项评分，以孔隙度差值为母因子，其他影响因素为子因子，借助灰色关联分析确定各评价参数的权重系数，在单项评分的基础上求取综合评价得分并开展评价分类。灰色关联分析，即系统的因素分析，能够分清因素的主次及其影响的大小，在1982年由邓聚龙教授首次提出后得到了广泛的应用，其好处有：对数据要求不严，不需要有大量数据，也不要求数据有典型的分布规律，同时计算方法简便。前人做了很多工作，将灰色关联分析方法引入储层评价领域，并取得了很好的效果。在具体应用中主要包括母序列与子序列的选定、关联系数、关联度、权重系数和综合评价因子的计算等。

6.3.2.1 控制因素单项评分

在明确页岩油层控制因素的基础上，选择岩性、成岩相、凝灰质含量、白云石含量作为有效储层综合分类评价的控制因素，以不同控制因素有效储层百分含量的相对大小为控制因素单项评分的标准。

不同岩性有效储层（孔隙度大于下限）相对含量分别为：火山碎屑岩100%、凝灰质泥晶云岩100%、凝灰质粉砂岩86%、粉砂质泥晶云岩80%、正混积岩71%、泥晶云岩65%、云质粉砂岩50%、泥岩13%、泥质粉砂岩0%、灰质粉砂岩0%（图6.14）。

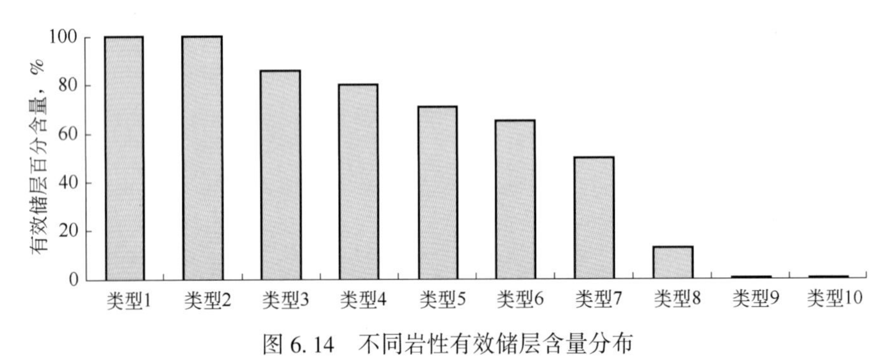

图6.14 不同岩性有效储层含量分布

类型1~类型10分别为火山碎屑岩、凝灰质泥晶云岩、凝灰质粉砂岩、粉砂质泥晶云岩、正混积岩、泥晶云岩、云质粉砂岩、泥岩、泥质粉砂岩、灰质粉砂岩

不同成岩相有效储层（孔隙度大于下限）相对含量分别为：凝灰质强溶蚀成岩相100%、凝灰质—白云石晶间灰泥中等溶蚀成岩相100%、白云石晶间灰泥中等溶蚀成岩相100%、凝灰质—长石混合溶蚀成岩相88%、凝灰质—长石—白云石晶间灰泥中等溶蚀成岩相73%、白云石晶间灰泥弱溶蚀成岩相57%、强压实成岩相17%、方解石强胶结成岩相0%（图6.15）。

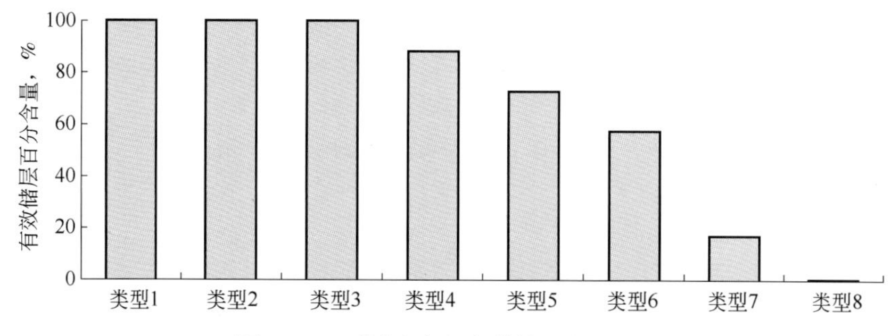

图 6.15 不同成岩相有效储层含量分布

类型 1~类型 8 分别为凝灰质强溶蚀成岩相、凝灰质—白云石晶间灰泥中等溶蚀成岩相、白云石晶间灰泥中等溶蚀成岩相、凝灰质—长石混合溶蚀成岩相、凝灰质—长石—白云石晶间灰泥中等溶蚀成岩相、白云石晶间灰泥弱溶蚀成岩相、强压实成岩相、方解石强胶结成岩相

根据凝灰质含量以 10%、25%、50%为界限将岩石凝灰质含量划分为极高凝灰质（>100%）、高凝灰质（25%～50%）、中凝灰质（10%～25%）、低凝灰质（0%～10%）、无凝灰质（0%）。不同级别凝灰质含量有效储层（孔隙度大于下限）相对含量分别为：极高凝灰质 100%、高凝灰质 91%、中凝灰质 68%、低凝灰质 64%、无凝灰质 41%（图 6.16）。

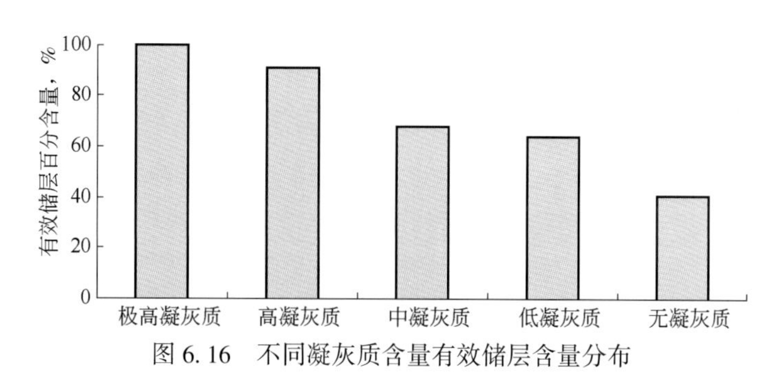

图 6.16 不同凝灰质含量有效储层含量分布

根据白云石含量以 10%、25%、50%为界限将岩石白云石含量划分为极高白云石（>100%）、高白云石（25%～50%）、中白云石（10%～25%）、低白云石（0%～10%）、无白云石（0%）。不同级别白云石含量有效储层（孔隙度大于下限）相对含量分别为：极高白云石 74%、高白云石 40%、中白云石 61%、低白云石 76%、无白云石 63%（图 6.17）。

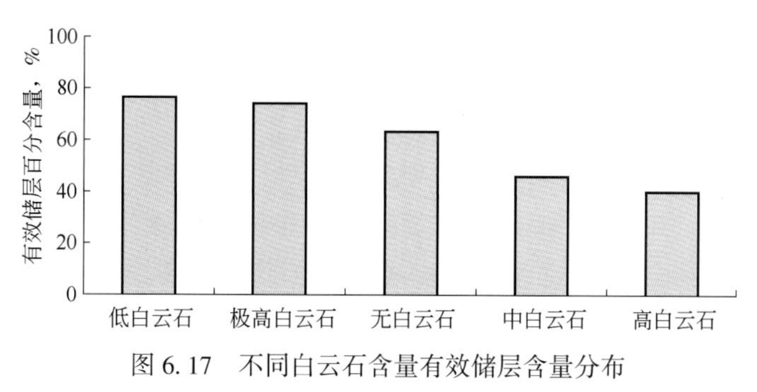

图 6.17 不同白云石含量有效储层含量分布

以不同控制因素有效储层百分含量的相对大小为控制因素单项评分的标准，进行极大值标准化后作为每一项的评分（表 6.4）。

表 6.4　页岩油层综合分类评价控制因素单项评分

岩性 单项评分	火山碎屑岩	凝灰质泥晶云岩	凝灰质粉砂岩	粉砂质泥晶云岩	正混积岩
	1.00	1.00	0.86	0.80	0.71
岩性 单项评分	泥晶云岩	云质粉砂岩	泥岩	泥质粉砂岩	灰质粉砂岩
	0.65	0.50	0.13	0.00	0.00
成岩相 单项评分	凝灰质强溶蚀成岩相	凝灰质—白云石晶间灰泥中等溶蚀成岩相	白云石晶间灰泥中等溶蚀成岩相	凝灰质—长石混合溶蚀成岩相	凝灰质—长石—白云石晶间灰泥中等溶蚀成岩相
	1.00	1.00	1.00	0.88	0.73
成岩相 单项评分	白云石晶间灰泥弱溶蚀成岩相	强压实成岩相	方解石强胶结成岩相		
	0.57	0.17	0.00		
凝灰质含量 单项评分	极高凝灰质	高凝灰质	中凝灰质	低凝灰质	无凝灰质
	1.00	0.91	0.68	0.64	0.41
白云石含量 单项评分	低白云石	极高白云石	无白云石	中白云石	高白云石
	1.00	0.97	0.83	0.61	0.53

6.3.2.2　评价指标标准化

为了能从数据信息分析被评判事物与其影响因素之间的关系，需要用某个能够定量地反映被评判事物性质的数量指标，这种按照一定的顺序排列的数量指标称作关联分析的母序列，则有母序列：

$$\{X_t^{(0)}(0)\},t=1,2,\cdots,n \tag{6.1}$$

子序列是从一定程度上影响或决定被评判事物性质的各子因素数据的有序排列，则有子序列：

$$\{X_t^{(0)}(i)\},i=1,2,\cdots,m;t=1,2,\cdots,n \tag{6.2}$$

根据母序列、子序列，可以构成如下的原始数据矩阵：

$$\boldsymbol{X}^{(0)}=\begin{bmatrix} X_1^{(0)}(0) & X_1^{(0)}(1) & \cdots & X_1^{(0)}(m) \\ X_2^{(0)}(0) & X_2^{(0)}(1) & \cdots & X_2^{(0)}(m) \\ \vdots & \vdots & & \vdots \\ X_n^{(0)}(0) & X_n^{(0)}(1) & \cdots & X_n^{(0)}(m) \end{bmatrix} \tag{6.3}$$

选择不同岩性、成岩相、凝灰质含量、白云石含量的样品点作为控制因素权重分析的基础数据，将有效储层控制因素最终划分为岩性、成岩相、凝灰质含量、白云石含量的控制。在页岩油层物性下限计算的基础上以孔隙度差值作为母因素，其他有效储层控制因素作为子因素，在不同井控制因素单项评分的基础上建立原始数据矩阵。采用极大值标准化的数据处理方法，对孔隙度差值进行标准化处理，建立灰色关联数据分析矩阵（表 6.5）。

表 6.5 页岩油层主控因素分析初始数据矩阵（部分）

井号	深度，m	孔隙度差值，%	孔隙度差值标准化	岩性单项评分	成岩相单项评分	凝灰岩含量单项评分	白云石含量单项评分
吉 174 井	3114.86	9.9	0.61	0.5	0.73	0.64	0.53
吉 174 井	3115.56	-0.1	0.236	0.65	0.57	0.41	0.97
吉 174 井	3116.51	3.6	0.375	0.8	0.57	0.64	0.97
吉 174 井	3117.10	0.2	0.247	0.65	0.57	0.41	0.97
吉 174 井	3117.31	4.2	0.397	0.8	0.57	0.41	0.97
吉 174 井	3119.23	7.4	0.517	0.65	1	0.64	0.97
吉 174 井	3120.90	-4.8	0.06	0.65	0.57	0.41	0.97
吉 174 井	3121.10	1	0.277	0.8	0.57	0.41	0.97
吉 174 井	3121.38	9.1	0.581	1	1	0.91	0.97
吉 174 井	3125.08	7.5	0.521	0.65	1	0.64	0.97
吉 174 井	3127.53	5.6	0.449	0.5	0.17	0.41	1
吉 174 井	3130.76	-1	0.202	0.13	0.17	0.41	1
吉 174 井	3134.79	4.1	0.393	0.65	1	0.64	0.97
吉 174 井	3139.70	0	0.24	0.65	0.57	0.64	0.97
吉 174 井	3141.89	-0.6	0.217	0.13	0.17	0.41	0.61
吉 174 井	3142.13	6.1	0.468	0.86	0.88	0.68	0.61
吉 174 井	3142.52	6.9	0.498	0.5	0.17	0.64	0.61
吉 174 井	3142.95	5.1	0.431	0.5	0.88	0.68	0.61
吉 174 井	3143.64	10.1	0.618	0.8	1	0.41	0.97

6.3.2.3 评价指标权重计算

衡量各评价指标在决定储层有效性时的重要程度，就是计算各指标相对于储层孔隙度差值的权重值。标准化后的评价参数数据可以利用下式计算出各子因素与主因素（孔隙度差值）之间的灰关联系数，进而确定各个子因素评价指标与诸因素指标的灰关联度，将灰关联度进行归一化处理，处理后的数据结果即为各评价指标相对于储层有效性的权重系数。

1）灰关联系数的计算

同一观测时刻各子因素与母因素之间的绝对差值为

$$\Delta_t(i,0)=\left|X_t^{(1)}(i)-X_t^{(1)}(0)\right| \tag{6.4}$$

同一观测时刻各子因素与母因素之间的绝对差值最大值为

$$\Delta_{\max}=\max_i\max_t\left|X_t^{(1)}(i)-X_t^{(1)}(0)\right| \tag{6.5}$$

同一观测时刻各子因素与母因素之间的绝对差值的最小值为

$$\Delta_{\min}=\min_i\min_t\left|X_t^{(1)}(i)-X_t^{(1)}(0)\right| \tag{6.6}$$

母序列与子序列的关联系数为

$$L_t(i,0)=\frac{\Delta_{\min}+\xi\Delta_{\max}}{\Delta_t(i,0)+\xi\Delta_{\max}} \tag{6.7}$$

式中，$L_t(\mathrm{i},0)$ 为关联系数；ξ 为分辨系数，通常 $\xi\in[0.1,1]$，本次分析取0.5，其作用是为了削弱由于最大绝对差数值太大而造成数据失真的影响，进而提高灰关联系数之间的差异显著性。经计算，吉木萨尔凹陷页岩油层主控因素分析评价参数关联系数数据见表6.6。

表6.6　页岩油层主控因素分析评价参数关联系数数据（部分）

井号	深度，m	孔隙度差值，%	岩性	成岩相	凝灰质含量，%	白云石含量，%
吉174井	3114.86	1.000	0.8162	0.8041	0.9432	0.8590
吉174井	3115.56	1.000	0.5423	0.5949	0.7381	0.4006
吉174井	3116.51	1.000	0.5355	0.7150	0.6488	0.4517
吉174井	3117.1	1.000	0.5491	0.6031	0.7508	0.4043
吉174井	3117.31	1.000	0.5490	0.7393	0.9742	0.4612
吉174井	3119.23	1.000	0.7865	0.5038	0.7993	0.5198
吉174井	3120.9	1.000	0.4539	0.4902	0.5835	0.3502
吉174井	3121.1	1.000	0.4840	0.6262	0.7869	0.4145
吉174井	3121.38	1.000	0.5390	0.5390	0.5982	0.5574
吉174井	3125.08	1.000	0.7913	0.5057	0.8042	0.5219
吉174井	3127.53	1.000	0.9066	0.6371	0.9256	0.4712
吉174井	3130.76	1.000	0.8716	0.9383	0.7025	0.3807
吉174井	3134.79	1.000	0.6564	0.4470	0.6653	0.4596
吉174井	3139.7	1.000	0.5445	0.5976	0.5506	0.4018
吉174井	3141.89	1.000	0.8490	0.9122	0.7179	0.5553
吉174井	3142.13	1.000	0.5559	0.5436	0.6984	0.7757
吉174井	3142.52	1.000	0.9962	0.5992	0.7757	0.8143
吉174井	3142.95	1.000	0.8762	0.5219	0.6630	0.7323
吉174井	3143.64	1.000	0.7293	0.5622	0.7022	0.5822

2）灰关联度的计算

各子因素与母因素之间的关联度为

$$r_{i,0}=\frac{1}{n}\sum_{t=1}^{n}L_t(i,0) \tag{6.8}$$

式中，$r_{i,0}$ 为子序列 i 与母序列0的灰关联度；n 为序列的长度，即评价指标的个数。

关联度r的取值范围在0.1~1之间，子因素与母因素之间的关联度越接近1，则该子因素对主因素的影响越大。将标准化后的数据在计算机内进行处理，计算出各指标对母因素孔隙度差值的关联度 r=(1.000,0.6506,0.6606,0.6676,0.5313)，根据关联度排序，可以看出对储层有效性的影响由大到小依次是凝灰质含量、成岩相、岩性、白云石含量，但是凝灰质含量、成岩相、岩性关联系数比较接近，表明三者与储层有效性的关联度较为接近。

3）权重系数的计算

将获得的关联度进行归一化处理，得到的结果就是各项评价指标相对于储层有效性评价时的权重系数，归一化表达式为

$$a_i = r_{i,0} / \sum_{i=1}^{m} r_{i,0} \tag{6.9}$$

式中，a_i 为归一化后的权重系数。根据计算得出 4 个指标的权重系数分别为 $a=(0.259, 0.263, 0.266, 0.212)$，根据权重系数可以得出各评价指标的相关关联序为：凝灰质含量>成岩相>岩性>白云石含量。

灰色关联确定各评价参数的权重结果表明，凝灰质含量、成岩相、岩性之间的权重系数差别不大，一方面体现了凝灰质组分在储层发育重要作用，另一方面说明岩性和成岩相对储层具有相近的控制作用。究其原因是由于发生岩石中的不同组分选择性溶蚀造成的，特别是凝灰质组分的溶蚀，而白云石含量对储层整体控制作用并不明显。

综上，本书在充分阐述页岩油定义、页岩油的分类及评价等方面的研究现状基础上，采用了岩心分析化验资料、生产动态资料、测录井资料，结合地质分析方法、岩性图版分类方法、分形方法及灰关联方法等，以关键全井段取心井吉 174 井为例，开展了页岩储层岩石学特征及划分方案、页岩储层成岩作用类型及不同阶段的特点、页岩油储层储集特征及定量表征、页岩油七性关系研究及效果综合评价，最后分析了页岩油优质储层评价及其控制因素。主要结论如下：

（1）提出了源储一体的混积页岩油“四组分三端元”的分类方案，对二叠系芦草沟组页岩油储层岩石类型进行划分。四组分是指有机质组分、陆源碎屑组分、碳酸盐组分及火山碎屑组分，三端元是指陆源碎屑含量、碳酸盐含量及火山碎屑含量。

（2）阐述了研究区成岩作用类型及过程。陆源碎屑组分和火山碎屑组分的成岩作用主要体现在压实作用、交代作用、胶结作用、溶蚀作用，碳酸盐组分的成岩作用主要表现为压溶作用、重结晶作用、溶蚀作用、白云石化与去白云化作用等。此外，还存在硅化作用、方沸石化作用以及黄铁矿胶结等成岩作用类型。成岩相划分为强压实成岩相、方解石强胶结成岩相、凝灰质强溶蚀成岩相、凝灰质—长石混合溶蚀成岩相、凝灰质—长石—白云石晶间灰泥中等溶蚀成岩相、凝灰质—白云石晶间灰泥中等溶蚀成岩相、白云石晶间灰泥中等溶蚀成岩相、白云石晶间灰泥弱溶蚀成岩相等 8 种成岩相类型。

（3）分析了页岩油储层孔隙—裂缝—溶洞储集体系及定量化表征了研究区孔缝洞型储层。根据排驱压力 p_{d} 与中值压力 p_{c50}，将研究区页岩分为 5 大类 9 小类。Ⅰ类储层物性最好，孔隙度一般大于 12%，渗透率大于 $0.1\times10^{-3}\mu m^2$；Ⅱ类储层物性次之，孔隙度为 10%~12%，渗透率为（0.05~0.1）$\times10^{-3}\mu m^2$；Ⅲ类储层孔隙度为 7%~10%，渗透率为（0.018~0.05）$\times10^{-3}\mu m^2$；Ⅳ类储层孔隙度为 4%~7%，渗透率为（0.01~0.018）$\times10^{-3}\mu m^2$；Ⅴ类储层物性最差，孔隙度一般小于 4%，渗透率小于 $0.01\times10^{-3}\mu m^2$，基本上为无效储层。Ⅰ类储层主要为剩余原生孔隙与溶蚀孔隙共存，以收缩喉道和片状喉道为

主；Ⅱ类储层主要为少量或极少量剩余原生孔隙与溶蚀孔隙，喉道形态为片状或弯片状为主；Ⅲ类储层主要为晶间孔隙与溶蚀孔隙共存或者孤立状分布的溶蚀孔隙，发育少量管束状喉道；Ⅳ类储层、Ⅴ类储层主要发育少量、极少量孤立状分布的溶蚀孔隙，孔隙之间不连通，主要发育纳米级喉道。利用分形理论定量表征研究区页岩油储层。大孔隙和小孔隙具有不同的分形特征。一般来说，溶蚀程度较弱，孔隙分布较为均匀的粉砂岩储层可见整体分形；溶蚀程度较强、溶蚀大孔隙的存在使得大孔隙和微孔存在较为明显的分形特征，为分段分形特征；孤立状孔隙的存在使得大孔隙和小孔隙具有明显的差异性，多为分段分形。凝灰质粉砂岩、云质粉砂岩一般具有良好的分形特征，灰质粉砂岩、泥质粉砂岩、泥晶云岩分性特征一般较差或者不具备分形特征。

（4）提出了关键井的七性关系特征。岩性决定物性、烃源岩特性以及脆性、岩石力学性质。岩石物性决定含油性，在烃源岩排烃压力一定的情况下，孔喉半径较大物性较好的储层，含油饱和度相对较高。岩石物性控制脆性，对一般的碎屑岩，孔隙度越大，脆性越差。但是对碳酸盐岩或钙质、硅质胶结的粉细砂岩，岩石的脆性一般不受物性的控制，并且会出现孔隙度越大，脆性越好。不同类型的储层其产能效果受到多因素的控制而非常复杂。选定产能参数（试油日产油量）、富集参数（射孔段厚度、核磁共振测井有效厚度、核磁共振测井有效厚度/层数比）、物性参数（实测孔隙度、实测渗透率、核磁共振有效孔隙度、核磁共振渗透率）、流体性质（50℃原油黏度、原油密度）、工程因素（压裂级数）作为综合评价的指标，以日产油量为母因素、其他参数为子因素进行相关分析评价优质储层。

（5）探讨了岩性、成岩相、凝灰质含量、白云石含量对页岩油层发育的控制作用，来判断不同因素的主次关系。以孔隙度差值为母因子其他影响因素为子因子，借助灰色关联分析确定各评价参数的权重系数，在单项评分的基础上求取综合评价得分并开展评价分类。

陆相湖盆页岩油的勘探开发还刚刚开始，页岩油储层的评价有别于常规储层，本书所述内容受到研究时间、资料和研究水平的限制，侧重页岩油地质因素的优质储层评价，然而从页岩油开发的角度来说，因工程改造后可以弥补地质要素的不足，对于工程改造后优质储层的综合评价研究还存在不足，为下步重点研究方向。

参考文献

白斌，朱如凯，吴松涛，等，2013. 利用多尺度 CT 成像表征致密砂岩微观孔喉结构［J］. 石油勘探与开发，40（3）：329-333.

白斌，朱如凯，吴松涛，等，2014. 非常规油气致密储层微观孔喉结构表征新技术及意义［J］. 中国石油勘探，19（3）：78-86.

操应长，朱宁，张少敏，等，2019. 准噶尔盆地吉木萨尔凹陷二叠系芦草沟组致密油储层成岩作用与储集空间特征［J］. 地球科学与环境学报，41（3）：253-266.

曹寅，朱樱，黎琼，2001. 扫描电镜与图像分析在储层研究中的联合应用［J］. 石油实验地质，23（2）：221-225.

陈会军，2010. 油页岩资源潜力评价及开发优选方法［D］. 长春：吉林大学.

陈杰，周改英，赵喜亮，等，2005. 储层岩石孔隙结构特征研究方法综述［J］. 特种油气藏，12（4）：11-14.

邓宏文，钱凯，1990. 深湖相泥岩的成因类型和组合演化［J］. 沉积学报，8（3）：1-21.

崔立伟，汤达祯，王炜，等，2011. 鄯勒地区西山窑组成岩作用及储层评价［J］. 天然气地球科学，22（2）：260-266.

邓泳，杨龙，李琼，等，2015. 准噶尔盆地二叠系芦草沟组致密油岩心覆压孔渗变化规律［J］. 岩性油气藏，27（1）：39-43.

董桂玉，陈洪德，何幼斌，等，2007. 陆源碎屑与碳酸盐混合沉积研究中的几点思考［J］. 地球科学进展，22（9）：931-939.

杜金虎，何海清，杨涛，等，2014. 中国致密油勘探进展及面临的挑战［J］. 中国石油勘探，19（1）：1-9.

方世虎，郭召杰，宋岩，等，2005. 准噶尔盆地南缘侏罗系沉积相演化与盆山格局［J］. 古地理学报，7（3）：347-356.

方世虎，郭召杰，张志诚，等，2006. 准噶尔盆地南缘侏罗系碎屑成分及其对盆山格局、构造属性的指示意义［J］. 地质学报，80（2）：196-209.

冯子辉，印长海，陆加敏，等，2013. 致密砂砾岩气形成主控因素与富集规律：以松辽盆地徐家围子断陷下白垩统营城组为例［J］. 石油勘探与开发，40（6）：650-656.

方邺森，方金满，刘长荣，1987. 左云粘土矿的地质特征及其粘土的性能［J］. 电瓷避雷器（5）：9-16，28.

冯增昭，鲍志东，1994. 滇黔桂地区中下三叠统油气储集岩研究［J］. 矿物岩石地球化学通讯（4）：199-200.

冯进来，曹剑，胡凯，等，2011. 柴达木盆地中深层混积岩储层形成机制［J］. 岩石学报，27（8）：2461-2472.

伏美燕，张哨楠，赵秀，等，2012. 塔里木盆地巴楚—麦盖提地区石炭系混合沉积研究［J］. 古地理学报，14（2）：155-164.

付茜，2015. 中国页岩油勘探开发现状、挑战及前景［J］. 石油钻采工艺，37（4）：58-62.

付茜，刘启东，刘世丽，等，2019. 中国“夹层型”页岩油勘探开发现状及前景［J］. 石油钻采工艺，41（1）：63-70.

高辉，孙卫，2010. 特低渗砂岩储层微观孔喉特征的定量表征［J］. 地质科技情报，29（4）：67-72.

高智梁，康永尚，刘人和，等，2011. 准噶尔盆地南缘芦草沟组油页岩地质特征及主控因素［J］. 新疆地质，29（2）：189-193.
葛岩，黄志龙，宋立忠，等，2012. 松辽盆地南部长岭断陷登娄库组致密砂岩有利储层控制因素［J］. 中南大学学报（自然科学版），43（7）：2691-2700.
公言杰，柳少波，方世虎，等，2014. 四川盆地侏罗系致密油聚集孔喉半径下限研究［J］. 深圳大学学报（理工版），31（1）：103-110.
韩宝福，何国琦，王式洸，1999. 后碰撞幔源岩浆活动、底垫作用及准噶尔盆地基底的性质［J］. 中国科学（D辑），29（1）：16-21.
韩守华，余和中，斯春松，等，2007. 准噶尔盆地储层中方沸石的溶蚀作用［J］. 石油学报，28（3）：51-62.
韩卓，陈晓燕，马道荣，等，2009. 激光扫描共聚焦显微镜实验技术与应用［J］. 科教前沿，19：27-28.
郝芳，陈建渝，1993. 论有机质生烃潜能与生源的关系及干酪根的成因类型［J］. 现代地质，7（1）：57-65.
何文军，杨海波，费李莹，等，2018. 准噶尔盆地新光地区佳木河组致密砂岩气有利地区资源潜力综合分析［J］. 天然气地球科学，29（3）：370-381.
何雨丹，毛志强，肖立志，等，2005. 利用核磁共振 T2 分布构造毛管压力曲线的新方法［J］. 吉林大学学报（地球科学版），35（2）：177-181.
胡罡，2011. 扫描电镜图像处理技术在储层孔隙结构研究中的应用［J］. 内蒙古石油化工，6：95-98.
胡文瑞，2010. 中国非常规天然气资源开发与利用［J］. 大庆石油学院学报，34（5）：9-16，165.
胡志明，把智波，熊伟，2006. 低渗透油藏微观孔隙结构分析［J］. 大庆石油学院学报，30（3）：51-53.
黄薇，梁江平，赵波，等，2013. 松辽盆地北部白垩系泉头组扶余油层致密油成藏主控因素［J］. 古地理学报，15（5）：635-644.
贾承造，郑民，张永峰，2012a. 中国非常规油气资源与勘探开发前景［J］. 石油勘探与开发，39（2）：129-136.
贾承造，邹才能，李建忠，等，2012b. 中国致密油评价标准、主要类型、基本特征及资源前景［J］. 石油学报，33（3）：343-350.
姜洪福，陈发景，张云春，等，2006. 松辽盆地三肇地区扶、杨油层储集层孔隙结构及评价［J］. 现代地质，20（3）：465-472.
姜在兴，梁超，吴靖，等，2013. 含油气细粒沉积岩研究的几个问题［J］. 石油学报，34（6）：1031-1039.
蒋宜勤，柳益群，杨召，等，2015. 准噶尔盆地吉木萨尔凹陷凝灰岩型致密油特征与成因［J］. 石油勘探与开发，42（6）：741-749.
金强，熊寿生，卢培德，1998. 中国断陷盆地主要生油岩中的火山活动及其意义［J］. 地质论评，44（02）：136-142.
金强，朱光有，王娟，等，2008. 咸化湖盆优质烃源岩的形成与分布［J］. 中国石油大学学报（自然科学版），32（4）：19-23.
康玉柱，2012. 中国非常规泥页岩油气藏特征及勘探前景展望［J］. 天然气工业，32（4）：1-5，117.
匡立春，唐勇，雷德文，等，2012. 准噶尔盆地二叠系咸化湖相云质岩致密油形成条件与勘探潜力［J］. 石油勘探与开发，39（6）：657-667.
匡立春，胡文瑄，王绪龙，等，2013a. 吉木萨尔凹陷芦草沟组致密油储层初步研究：岩性与孔隙特征分析［J］. 高校地质学报，19（3）：529-535.
匡立春，孙中春，欧阳敏，等，2013b. 吉木萨尔凹陷芦草沟组复杂岩性致密油储层测井岩性识别［J］.

测井技术，37（6）：638-642.
李朝霞，王健，刘伟，等，2014. 西加盆地致密油开发特征分析［J］. 石油地质与工程，28（4）：79-82.
李传亮，2007. 孔喉比对地层渗透率的影响［J］. 油气地质与采收率，14（5）：78-87.
李红，柳益群，梁浩，等，2012. 新疆三塘湖盆地中二叠统芦草沟组湖相白云岩成因［J］. 古地理学报，14（1）：45-58.
李婧婧，2009. 博格达山北麓二叠系芦草沟组油页岩地球化学特征研究［D］. 北京：中国地质大学（北京）.
李书琴，印森林，高阳，等. 准噶尔盆地吉木萨尔凹陷芦草沟组混合细粒岩沉积微相［J］. 天然气地球科学，2020，31（2）：235-249.
李太伟，郭和坤，李海波，2012. 应用核磁共振技术研究页岩气储层可动流体［J］. 特种油气藏，19（1）：107-109.
李玮，柳益群，董云鹏，等，2012. 新疆三塘湖地区石炭纪火山岩年代学、地球化学及其大地构造意义［J］. 中国科学（D辑）：地球科学，42（11）：1716-1731.
李相博，付金华，陈启林，等，2011. 砂质碎屑流概念及其在鄂尔多斯盆地延长组深水沉积研究中的应用［J］. 石油学报，26（3）：286-294.
李耀华. 准噶尔盆地南缘储层特征及评价［J］. 天然气勘探与开发，23（2）：1-6.
连小翠，2018. 东海西湖凹陷深层低渗-致密砂岩气成藏的地质条件与模式［J］. 海洋地质前沿，34（2）：23-30.
廖群山，胡华，林建平，等，2011. 四川盆地川中侏罗系致密储层石油勘探前景［J］. 石油与天然气地质，32（54）：815-838.
林森虎，邹才能，袁选俊，等，2011. 美国致密油开发现状及启示［J］. 岩性油气藏，23（4）：25-30.
刘吉余，彭志春，郭晓博，2005. 灰色关联分析法在储层评价中的应用：以大庆萨尔图油田北二区为例［J］. 油气地质与采收率，12（2）：13-16.
刘吉余，刘曼玉，徐浩，2009. 基于聚类分析的低渗透储层评价参数优选研究［J］. 石油地质与工程，23（3）：104-108.
刘堂宴，马在田，傅容珊，2003a. 核磁共振谱的岩石孔喉结构分析［J］. 地球物理学进展，18（4）：737-742.
刘堂宴，王绍民，傅容珊，等，2003b. 核磁共振谱的岩石孔喉结构分析［J］. 石油地球物理勘探，38（3）：328-333.
刘新，张玉纬，张威，等，2013. 全球致密油的概念、特征、分布及潜力预测［J］. 大庆石油地质与开发，32（4）：168-174.
刘新伟，王延斌，郭莉，等，2006. 扫描电镜/环境扫描电镜在油气地质研究中的应用［J］. 电子显微学报（增刊），25：321-322.
柳益群，周鼎武，焦鑫，等，2013. 一类新型沉积岩：地幔热液喷积岩：以中国新疆三塘湖地区为例［J］. 沉积学报，31（5）：773-781.
卢文东，肖立志，李伟，2007. 核磁共振测井在低孔低渗储层渗透率计算中的应用［J］. 中国海上油气，19（2）：103-106.
鲁雪松，赵孟军，刘可禹，等，2018. 库车前陆盆地深层高效致密砂岩气藏形成条件与机理［J］. 石油学报，39（4）：365-378.
罗承先，周韦慧，2013. 美国页岩油开发现状及其巨大影响［J］. 中外能源，18（3）：33-39.
罗文军，李延钧，李其荣，等，2008. 致密砂岩气藏高渗透带与古构造关系探讨：以川中川南过渡带内江—大足地区上三叠统须二段致密砂岩气藏为例［J］. 天然气地球科学，19（1）：70-74.

吕红华，任明达，柳金诚，等，2006. Q 型主因子分析与聚类分析在柴达木盆地花土沟油田新近系砂岩储层评价中的应用［J］. 北京大学学报（自然科学版），42（6）：740-745.
吕明久，付代国，何斌，等，2012. 泌阳凹陷深凹区页岩油勘探实践［J］. 石油地质与工程，26（3）：85-87，139.
金之钧，白振瑞，高波，等，2019. 中国迎来页岩油气革命了吗？［J］. 石油与天然气地质，40（3）：451-458.
马洪，李建忠，杨涛，等，2014. 中国陆相湖盆致密油成藏主控因素综述［J］. 石油实验地质，36（6）：668-677.
马永生，冯建辉，牟泽辉，等，2012. 中国石化非常规油气资源潜力及勘探进展［J］. 中国工程科学，14（6）：22-30.
马中振，戴国威，盛晓峰，等，2013. 松辽盆地北部连续型致密砂岩油藏的认识及其地质意义［J］. 中国矿业大学学报，42（2）：221-229.
孟元林，胡安文，乔德武，等，2012. 松辽盆地徐家围子断陷深层区域成岩规律和成岩作用对致密储层含气性的控制［J］. 地质学报，86（2）：325-334.
邱欣卫，刘池洋，李元昊，等，2009. 鄂尔多斯盆地延长组凝灰岩夹层展布特征及其地质意义［J］. 沉积学报，27（6）：1138-1146.
邱振，李建忠，吴晓智，等，2015. 国内外致密油勘探现状、主要地质特征及差异［J］. 岩性油气藏，21（4）：119-126.
邱振，施振生，董大忠，等，2016. 致密油源储特征与聚集机理：以准噶尔盆地吉木萨尔凹陷二叠系芦草沟组为例［J］. 石油勘探与开发，43（6）：928-939.
裘亦楠，薛叔浩，1994. 油气储层评价技术［M］. 北京：石油工业出版社.
沙庆安，2001. 混合沉积和混积岩的讨论［J］. 古地理学报，3（3）：63-66.
邵维志，丁娱娇，刘亚，2009. 核磁共振测井在储层孔隙结构评价中的应用［J］. 测井技术，33（1）：52-56.
申辉林，朱伟峰，刘美杰，2010. 核磁共振录井 T2 谱截止值确定方法及其适应性研究［J］. 录井工程，21（2）：39-42.
师调调，孙卫，张创，等，2012. 鄂尔多斯盆地华庆地区延长组长 6 储层成岩相及微观孔隙结构［J］. 现代地质，26（4）：769-777.
斯春松，陈能贵，余朝丰，等，2013. 吉木萨尔凹陷二叠系芦草沟组致密油储层沉积特征［J］. 石油实验地质，35（5）：528-533.
苏奥，陈红汉，吴悠，等，2018. 东海盆地西湖凹陷中西部低渗近致密-致密砂岩气成因、来源及运聚成藏［J］. 地质学报，92（1）：184-196.
苏俊磊，孙建孟，王涛，等，2011. 应用核磁共振测井资料评价储层孔隙结构的改进方法［J］. 吉林大学学报（地球科学版），41（1）：380-386.
孙洪志，刘吉余，2004. 储层综合定量评价方法研究［J］. 大庆石油地质与开发，23（6）：8-11.
孙卫，史成恩，赵惊蛰，等，2006. X—CT 扫描成像技术在特低渗透储层微观孔隙结构及渗流机理研究中的应用：以西峰油田庄 19 井区长 8 储层为例［J］. 地质学报，80（5）：775-779.
孙玉平，熊伟，姚振华，等，2009. 低渗透储层渗流能力模糊综合评价新方法［J］. 辽宁工程技术大学学报（自然科学版），28：294-296.
童姜楠，2015. 我国页岩油发展现状与展望［J］. 地下水，37（2）：207-208.
童晓光，郭建宇，王兆明，2014. 非常规油气地质理论与技术进展［J］. 地学前缘，21（1）：9-20.
涂乙，谢传礼，刘超，等，2012. 灰色关联分析法在青东凹陷储层评价中的应用［J］. 天然气地球科学，

23（2）：381-386.
万文胜，杜军社，佟国彰，等，2006. 用毛细管压力曲线确定储集层孔隙喉道半径下限［J］. 新疆石油地质，27（1）：104-106.
王国亭，冀光，程立华，等，2012. 鄂尔多斯盆地苏里格气田西区气水分布主控因素［J］. 新疆石油地质，33（6）：657-659.
王宏语，樊太亮，肖莹莹，等，2010. 凝灰质成分对砂岩储集性能的影响［J］. 石油学报，31（3）：432-439.
王建伟，鲍志东，陈孟晋，等，2005. 砂岩中的凝灰质填隙物分异特征及其对油气储集空间影响：以鄂尔多斯盆地西北部二叠系为例［J］. 地质科学，40（3）：429-438.
王杰琼，刘波，罗平，等，2014. 塔里木盆地西北缘震旦系混积岩类型及成因［J］. 成都理工大学学报（自然科学版），41（3）：339-346.
王强，2018. 鄂尔多斯盆地延长组长 7 段致密油与页岩油的地球化学特征及成因［D］. 北京：中国科学院大学.
王瑞飞，陈明强，2007. 储层沉积—成岩过程中孔隙度参数演化的定量分析：以鄂尔多斯盆地沿 25 区块、庄 40 区块为例［J］. 地质学报，81（10）：1432-1440.
王瑞飞，沈平平，宋子齐，2009. 特低渗透砂岩油藏储层微观孔喉特征［J］. 石油学报，30（4）：560-563.
王为民，2001. 核磁共振岩石物理研究及其在石油工业中的应用［D］. 北京：中国科学院研究生院.
王学武，杨正明，刘霞霞，等，2008. 榆树林油田特低渗透储层微观孔隙结构特征［J］. 石油天然气学报（江汉石油学院学报），30（2）：508-510.
王学武，杨正明，李海波，等，2010. 核磁共振研究低渗透储层孔隙结构方法［J］. 西南石油大学学报（自然科学版），32（2）：69-73.
王宜林，张义杰，王国辉，等，2002. 准噶尔盆地油气勘探开发成果及前景［J］. 新疆石油地质，23（6）：449-456.
王越，2017. 博格达地区中二叠世咸化湖盆混积相带沉积特征及有利岩相预测［D］. 青岛：中国石油大学（华东）.
王振奇，侯国伟，张昌民，等，2001. 赵凹油田安棚区深层系低渗致密砂岩储层特征［J］. 石油与天然气地质，22（4）：372-377.
王志战，许小琼，2010. 利用核磁共振录井技术定量评价储层的分选性［J］. 波普学杂志，27（2）：215-220.
王志战，2011. 利用核磁共振录井技术精细评价油气储层［J］. 分析仪器，6：60-63.
吴勇，康毅力，季卫华，等，2013. 巴喀地区八道湾组致密砂岩储层“甜点”预测［J］. 西南石油大学学报（自然科学版），35（6）：48-56.
葸克来，操应长，朱如凯，等，2015. 吉木萨尔凹陷二叠系芦草沟组致密油储层岩石类型及特征［J］. 石油学报，36（12）：1495-1507.
肖亮，2008. 利用核磁共振测井资料评价储集层孔隙结构的讨论［J］. 新疆石油地质，29（2）：260-263.
肖艳梅，付道林，李安生，等，1999 . 激光扫描共聚焦显微镜（LSCM）及其生物学应用［J］. 激光生物学报，8（4），305-311.
熊伟，刘华勋，高树生，等，2009. 低渗透储层特征研究［J］. 西南石油大学学报（自然科学版），31（5）：89-92.
许丞，2015. 致密油形成机理与烃源岩评价：以马朗—条湖凹陷中二叠统为例［D］. 大庆：东北石油大学.
闫伟鹏，杨涛，马洪，等，2014. 中国陆相致密油成藏模式及地质特征［J］. 新疆石油地质，35（2）：131-136.
杨华，李士祥，刘显阳，等，2013. 鄂尔多斯盆地致密油、页岩油特征及资源潜力［J］. 石油学报，34（1）：1-11.
杨秋莲，李爱琴，孙燕妮，等，2007. 超低渗储层分类方法探讨［J］. 岩性油气藏，19（4）：51-56.
杨升宇，张金川，黄卫东，等，2013. 吐哈盆地柯柯亚地区致密砂岩气储层“甜点”类型及成因［J］. 石油学报，34（2）：272-282.
杨晓萍，赵文智，邹才能，等，2007. 低渗透储层成因机理及优质储层形成与分布［J］. 石油学报，28（4）：57-61.
应凤祥，杨式升，张敏，2002. 激光扫描共聚焦显微镜研究储层孔隙结构［J］. 沉积学报，20（1）：75-79.
尤源，刘建平，冯胜斌，等，2015. 块状致密砂岩的非均质性及对致密油勘探开发的启示［J］. 大庆石油地质与开发，34（4）：168-174.
于炳松，2012. 页岩气储层的特殊性及其评价思路和内容［J］. 地学前缘，19（3）：252-258.
于德利，2003. 扫描电镜在砂岩孔隙铸钵上的应用［J］. 电子显微学报，22（6）：639-640.
于俊波，郭殿军，王新强，2006. 基于恒速压汞技术的低渗透储层物性特征［J］. 大庆石油学院学报，30（2）：22-25.
张凡芹，王伟峰，王建伟，等，2006. 苏里格庙地区凝灰质溶蚀作用及其对煤成气储层的影响［J］. 吉林大学学报（地球科学版），36（3）：365-369.
张洪，张水昌，柳少波，等，2014. 致密油充注孔喉下限的理论探讨及实例分析［J］. 石油勘探与开发，41（3）：367-374.
张金川，林腊梅，李玉喜，等，2012. 页岩油分类与评价［J］. 地学前缘（中国地质大学（北京）；北京大学），19（5）：322-321.
张宁生，任晓娟，魏金星，等，2006. 柴达木盆地南翼山混积岩储层岩石类型及其与油气分布的关系［J］. 石油学报，27（1）：42-46.
张琴，朱筱敏，2008. 山东省东营凹陷古近系沙河街组碎屑岩储层定量评价及油气意义［J］. 古地理学报，10（5）：465-472.
张哨楠，2008. 致密天然气砂岩储层：成因和讨论［J］. 石油与天然气地质，29（1）：1-18.
张审琴，谢丽，杨体源，等，2004. 最小流动孔隙喉道半径法确定物性下限在油砂山油田的应用［J］. 青海石油，22（4）：44-46.
张文正，杨华，彭平安，等，2009. 晚三叠世火山活动对鄂尔多斯盆地长 7 优质烃源岩发育的影响［J］. 地球化学，38（6）：573-582.
张旭，颜其彬，李祖兵，2007. 陆相碎屑岩储层定量评价的新方法—以河南某油田为例［J］. 天然气地球科学，18（1）：141-148.
张学庆，戴宗，刘林，等，1998. 水膜理论在致密低渗透砂岩储层改造中的应用［J］. 矿物岩石，18：161-163.
赵加凡，陈小宏，张勤等，2012. 灰色关联分析法在青东凹陷储层评价中的应用［J］. 天然气地球科学，23（2）：381-386.
赵靖舟，2012. 非常规油气有关概念、分类及资源潜力［J］. 天然气地球科学，23（3）：393-406.
赵文杰，2009. 利用核磁共振测井资料计算平均孔喉半径［J］. 油气地质与采收率，16（2）：43-45.
赵政璋，杜金虎，邹才能，等，2011. 大油气区地质勘探理论及意义［J］. 石油勘探与开发，38（5）：

513-522.
周丽梅，李德发，刘文碧，1999. 大丘构造S组储层孔隙结构特征及储层评价［J］. 矿物岩石，19（2）：47-51.
周鹏，2014. 新疆吉木萨尔凹陷二叠系芦草沟组致密油储层特征及储层评价［D］. 西安：西北大学.
周庆凡，杨国丰，2012. 致密油与页岩油的概念与应用［J］. 石油与天然气地质，33（4）：541-544.
周庆凡，金之钧，杨国丰，等，2019. 美国页岩油勘探开发现状与前景展望［J］. 石油与天然气地质，40（3）：469-477.
朱如凯，邹才能，张鼐，等，2009. 致密砂岩气藏储层成岩流体演化与致密成因机理：以四川盆地上三叠统须家河组为例［J］. 中国科学，39（3）：327-339.
朱如凯，白斌，崔景伟，等，2013. 非常规油气致密储集层微观结构研究进展［J］. 古地理学报，15（5）：615-623.
朱筱敏，潘荣，朱世发，等，2018. 致密储层研究进展和热点问题分析［J］. 地学前缘（中国地质大学（北京）；北京大学），25（2）：141-146.
祝海华，钟大康，李其荣，等，2013. 四川盆地蜀南地区上三叠统须家河组低孔低渗储层特征及形成机理［J］. 沉积学报，31（1）：167-175.
邹才能，陶士振，谷志东，2006. 中国低丰度大型岩性油气田形成条件和分布规律［J］. 地质学报，80（11）：1739-1751.
邹才能，陶士振，张响响，等，2009. 中国低孔渗大气区地质特征、控制因素和成藏机制［J］. 中国科学，39（11）：1607-1624.
邹才能，陶士振，袁选俊，等，2011. 非常规油气纳米孔储层特征及连续油气聚集机理［J］. 矿物岩石地球化学通报，40：378.
邹才能，陶士振，杨智，等，2012a. 中国非常规油气勘探与研究新进展［J］. 矿物岩石地球化学通报，31（4）：312-322.
邹才能，杨智，陶士振，等，2012b. 纳米油气与源储共生型油气聚集［J］. 石油勘探与开发，39（1）：13-26.
邹才能，朱如凯，吴松涛，等，2012c. 常规与非常规油气聚集类型、特征、机理及展望：以中国致密油和致密气为例［J］. 石油学报，33（2）：173-187.
邹才能，张国生，杨智，等，2013. 非常规油气概念、特征、潜力及技术—兼论非常规油气地质学［J］. 石油勘探与开发，40（4）：385-454.
邹才能，朱如凯，白斌，等，2015. 致密油与页岩油内涵、特征、潜力及挑战［J］. 矿物岩石地球化学通报，34（1）：3-17.
邹才能，潘松圻，荆振华，等，2020. 页岩油气革命及影响［J］. 石油学报，41（1）：1-12.
CAROZZI A，1955. Some Remarks on Cyclic Calcareous Sedimentation as an Index of Climatic Variations［J］. Journal of Sedimentary Research，25（1）：78-79.
CAMPBELL A E，2005. Shelf-geometry response to changes in relative sea level on a mixed carbonate-siliciclastic shelf in the Guyana Basin［J］. Sedimentary Geology，175（1-4）：259-275.
COFFEY B P，2004. FRED READ J. Mixed carbonate-siliciclastic sequence stratigraphy of a Paleogene transition zone continental shelf，Southeastern USA［J］. Sedimentary Geology，166（1）：21-57.
DAVIS H R，BYERS C W，1989. Shelf sandstones in the Mowry shale：Evidence for deposition during Cretaceous sea level falls［J］. Joumal of Sedimentary Research，54（4）：548-560.
DORSEY R J，KIDWELL S M，1999. Mixed carbonate-siliciclastic sedimentation on a tectonically active margin：Example from the Pliocene of Baja California Sur，Mexico［J］. Geology，27（10）：935-938.

Dubiel R F, Pitman J K, Pearson O N, et al. , 2011. Assessment of undiscovered oil and gas resources in the Upper Cretaceous Eagle Ford Group, U. S. Gulf Coast region [R/OL]. U. S. Geological Survey Fact Sheet, 2012-3003.

Doyle L J, Roberts H H, 1988. Carbonateclastic transitions: Developments in Sedimentology, Elsevier, Amsterdam-Oxford-New York, Tokyo, 42: 304.

HARPER B B, PUGA-BERNABEU A, DROXLER A W, et al. , 2015. Mixed carbonate-siliciclastic sedimentation along the Great Barrier Reef upper slope: A challenge to the reciprocal sedimentation model [J]. Journal of Sedimentary Research, 85 (9): 1019-1036.

LABAJ M A, PRATT B R, 2016. Depositional dynamics in a mixed carbonate siliciclastic system: Middle-Upper Cambrian Abrigo Formation. Southeastern Arizona, U. S. A. [J]. Joumnal of Sedimentary Research, 86 (1): 11-37.

Administration (EIA). Shale in the UnitedStates [EB/OL]. (2018-10). https: //www. Eia. gov/energy _ in _ brief / article /shale_ in_ the_ united_ states. Cfm.

FredrichJT, 1999. 3D imaging of porous media using Laser Scanning Confocal Microscopy with application to microscale transport processes [J]. Phys. Chem. Earth (A), 24 (7): 551-561.

Klett T R, Charpentier R. FORSPAN model user's guide [R/OL]. U. S. Geological Survey Open-File Report: 03-384.

MOUNT J F, 1984. Mixing of siliciclastic and carbonate sediments in shallow shelf environments [J]. Geology, 12 (12): 431-435.

KOMATSU T, NARUSE H. SHIGETA Y, et al. , 2014. Lower Triassic mixed carbonate and siliciclastic setting with smithian-spathian anoxic to dysoxic facies, an Chau Basin, Northeastern Vietnam [J]. Sedimentary Geology, 300: 28-48.

MOUNT J F, 1985. Mixed Siliciclastic and Carbonate Sediments: A proposed firstor-der textural and compositional classification [J]. Sedimentology, 32 (3): 435-442.

Olea R A, Cook T A, Coleman J L, 2010. A methodology for the assessment of unconventional (continuous) resources with an application to the greaternatural b ttes gas field, Utah [J]. Natural Resources Research, 19 (4): 237-251.

PARCELL W C. WILLIAMS M K, 2005. Mixed sediment deposition in a retro-arc foreland Basin: Lower Ellis Group (M. Jurassic), Wyoming and Montana, U. S. A. [J]. Sedimentary Geology, 177 (3-4): 175-194.

REIS HL S, SUSS J F, 2016. Mixed Carbonate-Siliciclastic Sedimentation in Forebul-ge Grabens: An Example From the Ediacaran Bambui Group, Sao Francisco Basin, Brazil [J]. Sedimentary Geology, 339: 83-103.

Surdam RC, Crossey LJ, Hagen ES, 1989. Organic-inorganic and sandstone diagenesis [J]. AAPG Bulletin, 73 (1): 1-23.

TOMASSETTI L, BRANDANO M, 2013. Sea level changes recorded in mixed siliciclastic-carbonate shallow-water deposits: The Cala di Labra Formation (Burdigalian, Corsica) [J]. Sedimentary Geology, 294: 58-67.

YANG Zhi, ZOU Caineng, WU Songtao, et al. , 2019. Formation, distribution and resource potential of the "sweet areas (sections) " of continental shale oil in China [J]. Marine and Petroleum Geology, 102: 48-60.